"十一五"国家重点图书出版规划项目
21世纪先进制造技术丛书

拟人双臂机器人技术

丁希仑 著

科学出版社
北 京

内 容 简 介

本书全面介绍了与冗余度拟人双臂机器人系统相关的基础理论和前沿技术,书中内容是根据作者所带领的研究团队近十年来依托国家 863 计划和北京市科技新星计划等课题以及 211 和 985 学科建设经费支持所取得的学术研究及技术实践成果整理撰写而成的。主要内容包括:拟人双臂机器人系统平台方案设计、冗余度机器人运动灵活性和可靠性分析、双臂协调操作的运动规划和协调任务规划方法、基于多传感器信息的分阶段控制及双臂协调控制方法、虚拟仿真环境平台的开发、拟人双臂机器人系统遥操作技术研究等。

本书对冗余度拟人双臂机器人的相关理论、方法以及关键技术问题等做了较为系统深入的论述,不仅包括了对冗余度机器人运动灵活性与可靠性及双臂协调操作运动规划等基础理论和科学问题的阐述,同时加入了冗余度拟人双臂机器人系统的技术发展前沿,如多传感器信息融合技术、智能控制技术、虚拟现实技术、遥操作技术等的实践应用,力求内容上与国内外最新研究成果同步。

本书可供机械电子工程、控制理论与控制工程、机械设计及理论等相关专业的研究生阅读,也可作为机器人研究及自动化相关方向的科研人员与工程技术人员的参考书。

图书在版编目 CIP 数据

拟人双臂机器人技术/丁希仑著. —北京:科学出版社,2011

("十一五"国家重点图书出版规划项目:21 世纪先进制造技术丛书)

ISBN 978-7-03-029864-5

Ⅰ.①拟… Ⅱ.①丁… Ⅲ.①双臂机器人 Ⅳ.①TP242.2

中国版本图书馆 CIP 数据核字(2010)第 264021 号

责任编辑:耿建业 迟 慧/责任校对:陈玉凤
责任印制:徐晓晨/封面设计:耕者设计工作室

科学出版社 出版
北京东黄城根北街 16 号
邮政编码:100717
http://www.sciencep.com

北京九州迅驰传媒文化有限公司 印刷
科学出版社发行 各地新华书店经销

*

2011 年 1 月第 一 版　开本:B5(720×1000)
2021 年 7 月第三次印刷　印张:21
字数:406 000

定价:150.00 元
(如有印装质量问题,我社负责调换)

《21世纪先进制造技术丛书》编委会

主　编：熊有伦(华中科技大学)

编　委：(按姓氏笔画排序)

丁　汉(上海交通大学/华中科技大学)　　李涵雄(香港城市大学/中南大学)

王田苗(北京航空航天大学)　　周仲荣(西南交通大学)

王立鼎(大连理工大学)　　查建中(北京交通大学)

王国彪(国家自然科学基金委员会)　　柳百成(清华大学)

王越超(中科院沈阳自动化所)　　赵淳生(南京航空航天大学)

王　煜(香港中文大学)　　钟志华(湖南大学)

冯　刚(香港城市大学)　　徐滨士(解放军装甲兵工程学院)

冯培恩(浙江大学)　　顾佩华(汕头大学)

任露泉(吉林大学)　　黄　强(北京理工大学)

江平宇(西安交通大学)　　黄　真(燕山大学)

刘洪海(朴次茅斯大学)　　黄　田(天津大学)

孙立宁(哈尔滨工业大学)　　管晓宏(西安交通大学)

宋玉泉(吉林大学)　　熊蔡华(华中科技大学)

张玉茹(北京航空航天大学)　　翟婉明(西南交通大学)

张宪民(华南理工大学)　　谭　民(中科院自动化研究所)

李泽湘(香港科技大学)　　谭建荣(浙江大学)

李涤尘(西安交通大学)　　雒建斌(清华大学)

《21世纪先进制造技术丛书》序

21世纪，先进制造技术呈现出精微化、数字化、信息化、智能化和网络化的显著特点，同时也代表了技术科学综合交叉融合的发展趋势。高技术领域如光电子、纳电子、机器视觉、控制理论、生物医学、航空航天等学科的发展，为先进制造技术提供了更多更好的新理论、新方法和新技术，出现了微纳制造、生物制造和电子制造等先进制造新领域。随着制造学科与信息科学、生命科学、材料科学、管理科学、纳米科技的交叉融合，产生了仿生机械学、纳米摩擦学、制造信息学、制造管理学等新兴交叉科学。21世纪地球资源和环境面临空前的严峻挑战，要求制造技术比以往任何时候都更重视环境保护、节能减排、循环制造和可持续发展，激发了产品的安全性和绿色度、产品的可拆卸性和再利用、机电装备的再制造等基础研究的开展。

《21世纪先进制造技术丛书》旨在展示先进制造领域的最新研究成果，促进多学科多领域的交叉融合，推动国际间的学术交流与合作，提升制造学科的学术水平。我们相信，有广大先进制造领域的专家、学者的积极参与和大力支持，以及编委们的共同努力，本丛书将为发展制造科学，推广先进制造技术，增强企业创新能力做出应有的贡献。

先进机器人和先进制造技术一样是多学科交叉融合的产物，在制造业中的应用范围很广，从喷漆、焊接到装配、抛光和修理，成为重要的先进制造装备。机器人操作是将机器人本体及其作业任务整合为一体的学科，已成为智能机器人和智能制造研究的焦点之一，并在机械装配、多指抓取、协调操作和工件夹持等方面取得显著进展，因此，本系列丛书也包含先进机器人的有关著作。

最后，我们衷心地感谢所有关心本丛书并为丛书出版尽力的专家们，感谢科学出版社及有关学术机构的大力支持和资助，感谢广大读者对丛书的厚爱。

熊有伦

华中科技大学

2008 年 4 月

前　　言

　　拟人双臂机器人是继类人机器人和两个单机器人协调作业之后的一个新的研究课题，是在机器人学研究中刚刚起步的基础性课题，有着重要的学术研究价值和现实的应用需求。目前，大多数的研究都建立在低自由度的双机械手或两个单臂机器人一起工作的条件下，并且对双臂协调的控制研究大多是针对某一特定工作状况下所进行的理论探讨，尚缺乏对整个系统架构的综合考虑。因此，作为最接近于模拟人类动作的自动化机器，对拟人双臂机器人在理论和应用方面的研究具有重要的意义。开展冗余度拟人双臂机器人的研究可为多机器人协调操作研究奠定理论基础，也可为核电站和空间站等特种应用机器人的研制以及先进制造业的发展提供必要的理论依据和技术支持。

　　两机器人协调系统比单个机器人具有更强的优越性，就某个具体作业任务而言，设计两个简单的机器人实现作业任务比设计复杂的单个机器人要容易、经济，并且具有较强的柔性、鲁棒性、容错性及并行性。双臂协调控制，即由两个单臂机器人相互协调、相互配合去完成某种作业，由于组成双臂协调控制系统的是两个独立的机器人，它们不可能是两个单臂机器人的简单组合，除了其各自操作目标的控制实现外，它们相互间的协调控制以及对环境的适应性就成为组合的关键。

　　拟人双臂机器人近似于人的双臂，能完成对于人来说易于实现的功能，具有很大的实用价值。人类手臂是由骨骼、关节和连接它们的肌肉构成，关节有一个或多个自由度。人类手臂有七个自由度，其中肩关节为三个，肘关节为一个，手关节为三个，属于冗余手臂。由于有这样的冗余性，在固定了指尖方向和手腕位置的情况下，可以通过旋转肘关节来改变手臂的姿态，能够回避障碍物。因此，人类手臂在灵活性和可靠性方面所表现出来的优势是无与伦比的。拟人双臂机器人在某种程度上可以比作两个单臂机器人在一起工作的情况，当把其他机器人的影响看成是一个未知源的干扰时，其中的一个机器人就独立于另一个机器人。但拟人双臂机器人作为一个完整的机器人系统，双臂之间存在着依赖关系。它们分享使用传感数据，双臂之间通过一个共同的连接形成物理耦合，最重要的是两臂的控制器之间的通信，使得一个臂对于另一个臂的反应能够做出对应的动作、轨迹规划和决策，也就是双臂之间具有协调关系，这在某种程度上可以看成像人体双臂的协调动作一样。但是，对于具有四肢的动物（包括人），其运动时很自然地便完成了从目标空间到关节空间坐标的转换。这个变化一方面是随基因与生俱来的，另一方面是通过后天学习来不断加以完善的。在一个躯体中的两个单臂相当于两个高水平的控制器，把所有动作的协调作为一个基准，那么，双臂的动作过程就包含着复杂的机械系统、躯体反馈、视觉反馈、肤体接触、滑移检测以及脑力等在内的数据源，并且用预先获取的数据来确认这一资料数据的储存与处理能力，这正是拟人双臂机器人区别于两个独立单臂机器人组合的关键。

拟人双臂机器人重在面向作业任务的功能模拟，而不苛求"形似"，这一点与一般的类人机器人不尽相同。类人机器人的研究在形体结构模拟和双足行走方面已取得长足进步，但双臂功能还十分有限。在类人机器人的双臂研究上，既追求形体结构模拟又要实现功能模拟，这在一定程度上很难折中。而拟人双臂机器人是从功能上也就是从作业任务的实现能力上模拟人类的双臂功能，重点并不在于形体结构的模拟。因此，拟人双臂机器人是面向实际应用的功能性模拟，是再现人类双臂的功能，而不是简单地再现人类双臂的形体结构。

拟人双臂机器人在实现某些特定作业任务时具有独特的优势。拟人双臂机器人的作用特点主要表现在以下几个方面：一是在末端执行器（手）与臂之间无相对运动的情况下工作，如双臂搬运像钢棒这样的刚性物体，控制效果要优于两个单臂机器人的相应操作；二是在末端执行器（手）与臂之间有相对运动的情况下，通过两臂间较好的配合（协调）能对柔性物体如薄板等进行控制操作，而两个单臂机器人要做到这一点是比较困难的；三是拟人双臂机器人工作时，能够更有效地避免两个单臂机器人在一起工作时产生的冲突；四是拟人双臂机器人比两个单臂机器人更容易实现对多目标的有序操作与控制，如将螺帽放到螺钉上的配合操作。虽然拟人双臂机器人是在单臂机器人的基础上发展起来的，但由于拟人双臂机器人的特殊性，不能将单臂机器人的有关研究成果简单地移植到拟人双臂机器人上。因此，有必要对拟人双臂机器人的协调操作机理及应用做更深入的研究。

北京航空航天大学机器人研究所在 211 和 985 学科建设以及"十五"总装 863 项目的支持下，于 2001 年设计搭建了面向空间舱内作业的拟人冗余度双臂空间机器人系统实验平台，并在此平台上就拟人双臂机器人的各种相关理论与技术开展了大量的研究工作。本书是根据作者所带领的研究团队近十年来在此基础上所取得的学术研究及技术实践成果整理与归纳撰写而成的。一方面期望能够在此基础上推动进一步的深入研究，另一方面也期望可以为同行提供有借鉴价值的参考。

近十年来，本书作者在拟人双臂机器人技术研究中获得了国家 863 计划、国家自然科学基金（50720135503）、北京市科技新星计划等项目的资助，在此对有关部门表示感谢。另外，作者要特别感谢已故的中国工程院院士张启先教授对作者工作的支持，也要感谢研究小组里的战强、丑武胜、张武、杨巧龙、解玉文、何延辉、李海涛、张俊强、周军、李建伟、孙鹏飞和方承等同事和同学们对本书相关研究工作所做出的贡献。

拟人双臂机器人技术内容广泛，涉及诸多学科领域。由于作者水平和经验所限，书中难免存在不妥之处，恳请各位专家和读者批评指正。

目 录

《21 世纪先进制造技术丛书》序
前言
第 1 章 绪论 ··· 1
  1.1 引言 ··· 1
  1.2 研究现状与发展趋势 ·· 2
    1.2.1 拟人双臂机器人协调技术的国内外研究现状 ············· 2
    1.2.2 遥操作机器人发展概述 ·· 14
  1.3 研究基础、主要成果与涉及的关键技术 ························ 18
  1.4 本章小结 ··· 19
  参考文献 ·· 19

第 2 章 拟人双臂机器人系统平台方案设计 ···················· 21
  2.1 拟人冗余度双臂空间机器人系统的特点 ······················· 22
  2.2 拟人冗余度双臂空间机器人实验平台简介 ···················· 22
    2.2.1 平台设计思想 ·· 22
    2.2.2 系统设备组成及简介 ··· 23
  2.3 拟人冗余度双臂空间机器人特性分析 ·························· 28
    2.3.1 PA10 机器人的特性分析 ······································ 28
    2.3.2 Module 模块机器人的特性分析 ····························· 33
  2.4 本章小节 ··· 38
  参考文献 ·· 38
  附录 ·· 38

第 3 章 冗余度空间机器人系统在复杂环境下的灵活性和可靠性的理论研究
·· 41
  3.1 引言 ··· 41
  3.2 机器人系统运动学建模与分析 ···································· 41
    3.2.1 PA10 机器人系统运动学建模与分析 ······················ 41
    3.2.2 模块机器人系统运动学建模与分析 ························ 48
  3.3 机器人系统运动学优化 ·· 54
    3.3.1 机器人系统运动学优化的传统方法 ························ 54
    3.3.2 基于容错控制的冗余度机器人运动学优化 ··············· 60

3.4 笛卡儿空间运动控制 ·· 66
3.4.1 直线姿态位置插补 ·· 66
3.4.2 圆弧轨迹插补 ·· 71
3.5 机器人系统运动学计算机仿真 ······································ 73
3.5.1 传统方法的机器人系统运动学计算机仿真 ······················ 73
3.5.2 基于容错控制的冗余度机器人运动学优化方法计算机仿真 ········ 79
3.6 实验 ·· 83
3.6.1 模块机器人插孔实验 ·· 83
3.6.2 PA10 机器人抓杯实验 ·· 85
3.7 本章小结 ·· 86
参考文献 ·· 87

第 4 章 冗余度空间机器人双臂协调操作运动规划方法 ·················· 89
4.1 双臂机器人协调操作任务的特点及分类 ······························ 89
4.1.1 双臂机器人协调操作任务的特点 ································ 89
4.1.2 双臂机器人协调操作任务的分类 ································ 90
4.2 国内外研究现状 ·· 91
4.3 双臂机器人协调操作的约束关系 ···································· 93
4.4 双臂机器人协调操作的运动学方程 ·································· 93
4.4.1 开链运动学方程 ·· 94
4.4.2 闭链运动学方程 ·· 96
4.5 冗余度双臂机器人避关节极限优化 ································ 100
4.5.1 PA10 机器人运动学优化 ···································· 101
4.5.2 Module 机器人运动学优化 ·································· 101
4.6 冗余度机器人双臂协调避碰规划 ·································· 102
4.6.1 单机器人避障规划概述 ······································ 102
4.6.2 冗余度机器人双臂协调避碰规划 ······························ 104
4.7 冗余度机器人双臂协调操作的灵活性 ······························ 108
4.7.1 面向任务的操作度 ·· 108
4.7.2 双臂协调的操作度 ·· 112
4.7.3 面向任务的双臂协调操作度（TODAMM） ···················· 114
4.8 本章小结 ·· 115
参考文献 ·· 115

第 5 章 冗余度双臂空间机器人协调任务规划方法 ······················ 117
5.1 任务分解 ·· 117
5.1.1 操作规划和动作规划 ·· 118

		5.1.2 隐式基本操作 ···	119
		5.1.3 显式基本操作 ···	122
		5.1.4 任务规划、路径规划及轨迹规划的关系 ···························	123
	5.2	任务分配 ···	124
		5.2.1 机器人及任务的能力分类描述 ·······································	125
		5.2.2 任务完成条件 ···	126
	5.3	系统规划流程 ···	126
	5.4	程序编制 ···	128
	5.5	本章小结 ···	129
	参考文献 ···		129
第6章	基于视觉的机器人位姿检测方法 ···		131
	6.1	机器人视觉概述 ··	131
	6.2	视觉检测系统构造 ··	133
		6.2.1 全局检测单元 ···	134
		6.2.2 局部检测单元 ···	134
		6.2.3 系统的特点 ···	135
	6.3	视觉系统标定 ···	136
		6.3.1 摄像机标定 ···	136
		6.3.2 手-眼系统标定 ··	141
		6.3.3 摄像机-超声传感器的标定 ···	144
	6.4	物体空间位姿检测 ··	145
		6.4.1 目标物体识别 ···	146
		6.4.2 物体空间位姿检测方法 ···	149
	6.5	实验 ··	153
		6.5.1 系统标定 ··	153
		6.5.2 手-眼标定 ···	155
		6.5.3 物体位姿检测 ···	156
	6.6	本章小结 ···	157
	参考文献 ···		158
第7章	基于多传感器信息分阶段控制方法 ··		159
	7.1	系统主要传感器及其性能 ···	160
		7.1.1 视觉传感器 ···	160
		7.1.2 超声传感器 ···	161
		7.1.3 六维腕力传感器 ··	162
		7.1.4 指端力传感器 ···	162

7.2 人体感觉与运动控制系统 ································· 164
   7.2.1 人体感觉与运动控制系统的结构 ··················· 164
   7.2.2 人体感觉与运动控制系统的模拟 ··················· 167
7.3 基于多传感器信息的分阶段控制方法 ··················· 168
   7.3.1 多传感器信息的分类 ··················· 168
   7.3.2 分阶段控制系统结构及控制模型 ··················· 169
   7.3.3 基于模型知识库的物体识别方法 ··················· 173
   7.3.4 分阶段控制过程的实现 ··················· 175
7.4 本章小结 ··················· 178
参考文献 ··················· 178

第8章 冗余度双臂空间机器人的协调控制 ··················· 179
8.1 双臂空间机器人的分层递阶控制结构 ··················· 179
   8.1.1 机器人规划系统概述 ··················· 179
   8.1.2 双臂空间机器人的分层递阶控制结构 ··················· 181
8.2 双臂空间机器人的协调控制方法 ··················· 184
   8.2.1 主要协调控制方法分类 ··················· 184
   8.2.2 基于主从式双臂的力/位混合控制方法 ··················· 188
8.3 本章小结 ··················· 204
参考文献 ··················· 204
附录 ··················· 206

第9章 离线编程及虚拟仿真环境 ··················· 217
9.1 机器人仿真技术概述 ··················· 217
9.2 OG-DARSS仿真系统介绍 ··················· 218
   9.2.1 任意构形串联机器人运动学建模 ··················· 218
   9.2.2 机器人三维仿真模型的建立 ··················· 219
   9.2.3 OG-DARSS的模块介绍 ··················· 221
9.3 实时控制环境 ··················· 227
   9.3.1 PA10机器人的实时控制环境 ··················· 228
   9.3.2 模块机器人的实时控制环境 ··················· 228
9.4 本章小结 ··················· 229
参考文献 ··················· 229

第10章 拟人双臂机器人系统遥操作研究 ··················· 230
10.1 单机-单操作者-多人机交互设备-多机器人遥操作体系 ··················· 230
   10.1.1 单机-单操作者-多人机交互设备-多机器人遥操作系统体系结构 ··················· 230
   10.1.2 基于虚拟现实的人机交互技术 ··················· 230

  10.1.3 基于 Internet 遥操作网络通信软件设计 ······················ 240
  10.1.4 多机器人遥操作控制策略的研究 ······························ 251
  10.1.5 遥操作实验研究 ·· 265
  10.1.6 本节小结 ·· 273
 10.2 多操作者-多机器人遥操作体系 ······································ 273
  10.2.1 多操作者多机器人遥操作系统体系结构 ······················ 273
  10.2.2 分布式预测图形仿真子系统 ·· 278
  10.2.3 MOMR 系统的协调控制技术 ·· 289
  10.2.4 多机器人遥操作技术 ·· 292
 参考文献 ·· 296

第 11 章 典型操作任务仿真及实验研究 ······································ 299
 11.1 模拟实验的条件及目的 ·· 299
  11.1.1 模拟实验的条件 ·· 299
  11.1.2 模拟实验的目的 ·· 300
 11.2 实验平台通信结构及协调控制过程 ·· 300
 11.3 空间舱内典型双臂协调操作任务模拟实验 ·································· 302
  11.3.1 双臂协调插孔 ·· 302
  11.3.2 双臂协调拧螺母 ·· 307
  11.3.3 双臂协调搬运箱体 ·· 313
 11.4 本章小结 ·· 317
 参考文献 ·· 317
 附录 ·· 317

第1章 绪 论

1.1 引 言

就目前的机器人技术水平而言,单个机器人在信息的获取、处理、控制及操作能力等方面都存在较大的局限性,对于复杂的工作任务及多变的工作环境,它的能力更显不足,如复杂的装配作业、搬运较重的物体(其质量超过一个机器人的承载能力)或柔软物体、安装或维修复杂的零件以及拉锯等,于是人们考虑采用两个或多个机器人的协调作业来完成单个机器人无法或难以完成的工作[1]。随着操作环境和任务要求的复杂化,一般需要机器人既要有良好的灵活性又要有很高的可靠性,一般的非冗余度机器人难以达到要求。冗余度机器人固有的许多优点使之非常适合复杂任务和工作环境的要求,如:

① 冗余度机器人利用其冗余性可以克服奇异性、避关节角极限、提高灵活性、躲避障碍物及获得最小关节力矩等;

② 冗余度机器人具有容错性,可以在故障条件下进行任务再规划,具有较高的可靠性。

因此,冗余度机器人双臂协调操作的研究得到了越来越多的重视[2]。

进入 21 世纪后,机器人技术进一步向智能化、网络化、与人和谐共存方向发展,其概念、内涵、研究内容、应用领域都发生了很大变化。美国以军事为背景,开发了多种无人作战平台和作战机器人系统;日本以拟人型机器人为重点,不断赋予机器人智能,并开拓新的应用领域;欧洲重点开发医疗、家庭用的智能机器人。从机器人的应用角度来考虑,应用许多最新的智能技术,如临场感技术、虚拟现实技术、多智能体技术、模糊神经网络技术、遗传算法和遗传编程、仿生技术、多传感器集成和信息融合技术以及纳米技术等来增强机器人的智能程度将是今后发展的一个重点。因此,给双臂机器人赋予智能以实现人类双臂的功能是当前研究的热门课题。

随着人类文明的高速发展,人类的生存空间不断扩展和延伸,在许多太空、海底、军事、核废料及有毒物质处理等人类难以到达或者对人类有危险的作业环境中,都可以利用遥操作技术遥控机器人代替人来完成任务,在一定程度上将人类从一些危险、极限、不可达和不确定性的环境中解放出来[3]。遥操作技术不仅扩展了人类自身的能力,也提高和维护了人身安全。

20世纪90年代以后,网络技术的飞速发展使得网络技术与机器人技术的结合也日益紧密。近些年来,基于网络的遥操作机器人技术在远程医疗、远程教育、家庭服务、娱乐、养老助残等方面得到了发展和应用。基于互联网的遥操作技术以其广泛的适用性、功能的多样性、成本的经济性,正成为机器人领域中的一个重要的前沿课题,受到人们越来越多的重视。

机器人遥操作技术作为"桥梁",跨越空间,将操作者、机器人和控制对象闭合到一个环路中,在操作者与控制对象之间存在远距离跨度约束的情况下,实现人与机器人的同步交互操作,帮助人类实现感知能力和行为能力的延伸。将人加入机器人控制回路形成的机器人遥操作系统,是将人的智能与机器人的智能有机地结合起来,利用人的智能进行高层次的感知理解、问题求解、任务规划以及任务分解等,利用机器人完成低级感知控制、路径规划、精密运动、信息处理、常规和重复性的任务等工作,这样组成的人机智能系统就可以充分发挥人和机器人各自的优点。通过这种人机之间的协调和交互,不但可以增强机器人完成操作任务的能力,同时还拓展了机器人的应用领域。

1.2 研究现状与发展趋势

1.2.1 拟人双臂机器人协调技术的国内外研究现状

1.2.1.1 国外研究现状

双臂机器人最早在工业自动化生产线、社会服务等方面得到发展和应用,近年来逐渐向空间作业、深海作业和危险品处理等领域扩展。而拟人双臂机器人比普通的双臂机器人具有更高的灵活性,更适合于特殊复杂作业环境的操作任务需求。

图1-1是国外某工厂机器人化装配生产线[4]。该机器人的两个手臂由一固件连接在一起,两臂可同时进行协调操作的工作,如装配、搬运物体等。

日本一家公司曾推出一种机器人产品,它的名字叫:Shakeutron[5],如图1-2所示。其实它就是一个普通感应式便池改装的小便池机器人,方便一些肢体残疾的男士如厕。

众所周知,人类在日常生活和工作中遇到的复杂任务都需要靠双手来完成,而在遥操作任务中同样有许多操作仅靠单个机器人是不可能完成的。有人对空间环境中的操作任务做过统计,在常用的195项EVA任务中有166项需要用双手才能完成[6],因此,至少需要两个机器人臂相互协调配合才能完成各项操作任务。近年来,拟人双臂机器人遥操作系统的应用研究得到了较多的重视。

在加拿大为美国设计的空间站遥操作机器人系统中,使用了两个结构对称的七自由度机械臂,臂上装有视觉相机,两臂末端装有遥操作器和力传感器。该系统

图 1-1　国外某工厂机器人化装配生产线

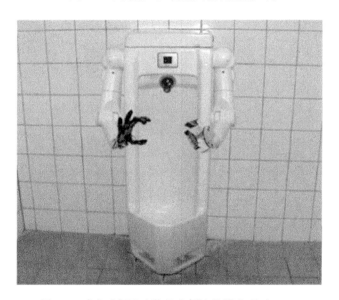

图 1-2　感应式便池改装的小便池机器人 Shakeutron

可实现空间站上大型设备安装、长期维护、探测和修理等工作。日本的 Fujitsu 空间系统实验室,使用了两个七自由度的机械臂系统,在地面空间机器人实验平台上成功地实现了卫星的停泊实验[7]。

德国空间局 DLR 利用分别安装在上、下导轨上的两个机械臂协调操作进行舱内插拔电路板和维修卫星的地面模拟实验[8],如图 1-3 所示。

图 1-3 德国空间局 DLR 双臂机器人平台

美国的 JPL 实验室开发了面向空间作业的先进遥操作多机器人系统（ATOP），如图 1-4 所示，该系统由两个固定位置的八自由度 AAI 型机器人、固接于机器人腕部的灵巧手、本地分布式机器人控制系统和远端的遥操作系统组成。ATOP 可以使操作者进行双手协调遥操作，进行大量模拟空间作业的实验研究，完成诸如更换卫星主电气控制盒等较复杂的任务[9]。

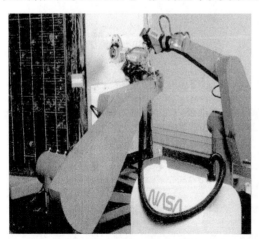 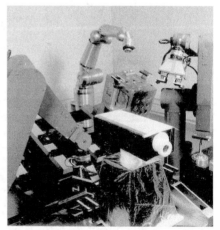

图 1-4 美国 JPL 实验室双臂机器人平台

美国 Stanford 大学 ARL 实验室搭建的双臂机器人系统[10]，如图 1-5 所示，可以完成一些较复杂的操作任务，如从传送带上抓取移动的物体、对柔性物体的装配等。

图 1-5　美国 Stanford 大学双臂机器人系统

NASA 向太空发射的 Ranger 飞行器带有一对机器人手臂[11]，如图 1-6 所示。在轨道上，Ranger 在地面的遥控制下进行各种空间操作，从相对简单的太空舱的安装到复杂的人造卫星的维修和燃料补给。Ranger 是双臂机器人在空间操作的一个典型应用。

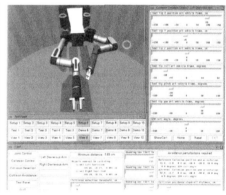

图 1-6　Ranger 的双臂系统及其控制界面

NASA 的 JSC 实验室建立的双臂机器人平台可实现空间站上设备维护和修理等工作[12]，如图 1-7 所示。

美国 NASA Johnson 空间中心正在研制可代替或帮助宇航员出舱活动的舱外灵巧机器人 Robonaut（机器人宇航员）[13]，它的主要任务是代替宇航员进行舱外活动，或者担当宇航员的助手共同执行任务，可减少宇航员在舱外活动的时间，如图 1-8 所示。在 2004 ANS（American Nuclear Society）10th Int. Conf. on Robotics and Remote System for Hazardous Environments 上，NASA 的研究人员详细介绍了应用于搭建空间站的协调操作机器人系统，该系统可以完成搬运建筑材料、

图 1-7　JSC 实验室的双臂机器人平台

图 1-8　NASA 空间站双操作臂机器人

传递工具和绳索等较为复杂的作业任务,并特别强调这些机器人的设计充分考虑了其可靠性和容错性能。

日本的 Tohoku 大学宇宙机械实验室搭建了一个双臂空间机器人系统 DARTS,如图 1-9 所示,双臂是由两个七自由度的 PA10 机器人、两个 Barrett 手和两个装在臂末端的六维力/力矩传感器构成。整个系统是一个由空间系统、地面系统和软件开发系统组成的遥操作机器人系统[14]。他们对遥操作技术进行了系统研究,此外还研究了采用一个控制器来控制两个 Slave 机器人的方法。

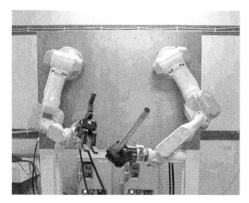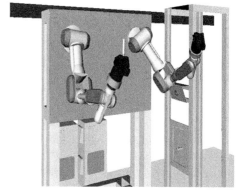

图 1-9　日本 Tohoku 大学双臂机器人平台

在核电站和核武器等领域有大量的设备必须在核材料加工地点拆除,对重金属铅进行运输、分类和包装等,这些任务需要使用大量的工具和很长的工作时间。采用遥操作冗余度双臂机器人可极大地降低处理费用和减少人员的参与,目前 University of Texas at Austin 正在进行这方面的研究工作。

深海领域同样需要具有灵活性和广泛应用的冗余度双臂机器人进行采样、打捞失事飞机的黑匣子、海洋环境保护等。欧洲委员会(Council of Europe)支持了一项计划 AMDUS(Advanced Manipulation for Deep Underwater Sampling),对深海领域的冗余度双臂机器人的协调控制和遥操作控制进行了研究,可以在人类不可达到的深海地区进行精细操作。

1.2.1.2　国内研究现状

我国在双臂机器人及遥操作发展方面正处于战略决策及预研阶段,在使用方面几乎一片空白,只是在国内大型企业和部分高校内进行研发和使用。在非空间机器人方面,较多地对普通的非冗余度双臂机器人进行了研究,如国防科技大学、南开大学等单位较早地研究了双臂的协调问题,并建立了实验平台[15]。复旦大学、上海交通大学对仿人双臂机器人进行了深入研究,并建立了机器人实验样机。此外,清华大学、哈尔滨工业大学、北京工业大学和中国科学院沈阳自动化研究所等单位也在多机器人和双臂协调操作等方面做了非常积极有益的研究工作,取得了较多的研究成果。在空间机器人方面,主要也是进行一些前期研究工作,以及地面的模拟演示试验。例如,航天工业总公司中国空间技术研究院 502 所对双臂空间机器人协调操作的稳定性和鲁棒性进行了研究,并取得了一定的研究成果[16]。哈尔滨工业大学、福州大学针对双臂自由飞行空间机器人,在运动学和动力学的控制方面进行了深入的研究[17]。西北工业大学和北京航空航天大学则建立了真正意义上的面向空间舱内操作的双臂空间机器人系统。

首钢莫托曼机器人有限公司开发了许多弧焊、点焊、涂胶、切割、搬运、码垛、喷漆、科研教学等高性能、高精度、高可靠性的 MOTOMAN 机器人和应用系统。图 1-10 和图 1-11 是莫托曼机器人有限公司研制的双机器人协调弧焊系统和双机器人协调倒水、下棋演示系统[18]。

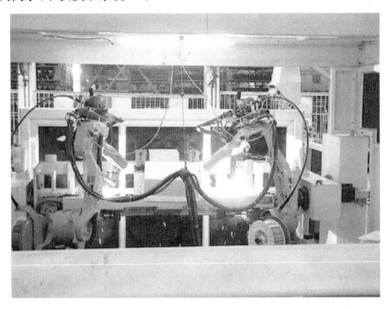

图 1-10　双机器人协调弧焊系统

图 1-11　双机器人协调倒水、下棋演示系统

图 1-12 是复旦大学自行研发的第一台心智发育机器人"复旦一号",该机器人不仅能实现视、听、读、写、行走等功能,而且训练机器人的"老师"可通过话音、姿态或触摸等与机器人沟通;和其他机器人相比,"复旦一号"显得比较魁梧,但是它的"内心"其实非常细腻,这也是为何称之为心智机器人的原因[19]。

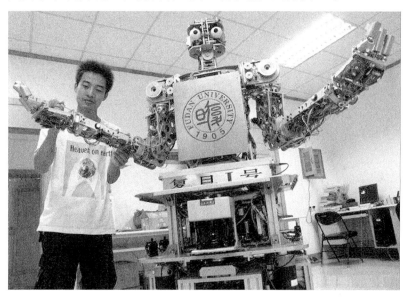

图 1-12 心智发育机器人"复旦一号"

图 1-13 和图 1-14 是上海交通大学研发的类人型双臂机器人,这是一部类人

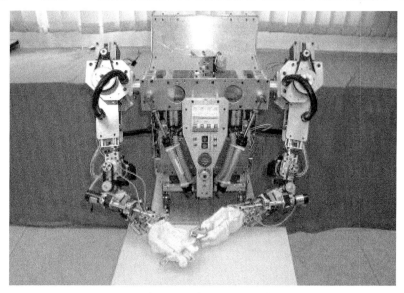

图 1-13 类人型双臂机器人——搬运扳手

图 1-14 类人型双臂机器人——抓杯倒水

型机器人的上半身,共有十六个自由度,其中左手七个,右手七个,头部两个。双手可模拟人手的动作,进行双臂抓杯倒水、搬运提取物体以及为人按摩等协调操作[20]。

清华大学的智能技术与系统国家重点实验室针对存在障碍物的空间中双臂机器人协调操作搬运物体的规划问题,提出了基于快速探索随机树的改进算法,并在完全按照真实机器人模型建立的 3D 仿真平台上设计和完成了运动规划的仿真实验[21],如图 1-15 所示。

图 1-15 双臂协调搬运避碰规划仿真

哈尔滨工业大学以深空探测、危险与极限环境作业为背景，针对空间大时延、Internet 传输时延下的空间遥操作及网络遥操作技术，开展时延传输特性、虚拟环境建模、遥编程、人机交互接口设备、双向力反馈控制、力觉临场感、系统体系结构、网络协调控制、系统性能评价、多传感器信息融合等相关理论及关键技术的研究，建立了基于 Web 的遥操作机器人系统、基于 Internet 的多操作者多机器人遥操作系统[22]，如图 1-16 所示。

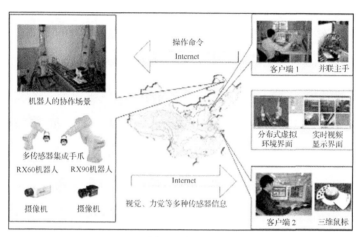

(a) 基于 Internet 的多操作者多机器人遥操作系统

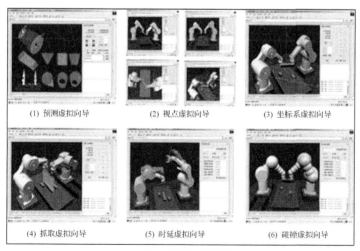

(b) 分布式虚拟环境系统

图 1-16　哈尔滨工业大学基于 Internet 的多操作者多机器人遥操作系统

图 1-17 是北京工业大学机电学院机器人及机械动力学实验室正在进行研究

的模块化双臂机器人协调操作实验系统[23]。双臂是由德国 Amtec 公司的 PowerCube模块组装而成的、具有七个自由度的冗余度机器人。该双臂模块机器人组成简单、操作方便、灵活性好,主要用于进行多种形式的单机械臂控制和双臂协调操作等方面的实验研究。

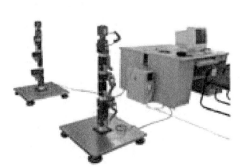

图 1-17　北京工业大学 PowerCube 模块化双臂协调机器人

中国科学院机器人学开放实验室的双机器人系统由 PUMA-562 和 PUMA-760 组成[24]。该系统基于集散控制理论,采用分层递阶结构,建立了一个三级结构的双机器人协调控制系统。在上层控制计算机上,用 C 语言开发了一个机器人离线编程与仿真环境,可以进行机器人协调作业的离线编程和仿真,以及无碰撞路径规划的研究,通过接口与两机器人的控制器相连。该双臂机器人系统可以完成一些复杂的双臂协调作业,但是该双臂机器人的智能化程度不高,尤其是在任务规划和多传感器感知等方面研究的还不是很深入。

图 1-18 是西北工业大学机电学院机器人主题实验室搭建的一个双臂空间机器人系统及其地面遥操作平台[25]。该双臂机器人由两个六自由度的工业机器人组成,在机器人手腕末端装有六维力和力矩传感器以及手眼视觉系统。该平台的虚拟仿真系统比较发达,能进行双臂的在线仿真规划与控制。

北京航空航天大学机器人研究所在 211 和 985 学科建设以及"十五"总装 863 项目的支持下,于 2001 年设计搭建了面向空间舱内作业的冗余度双臂空间机器人系统实验平台,较早地开展了冗余度双臂空间机器人的协调操作关键技术研究[26]。如图 1-19 所示,该平台由七自由度 PA10 机器人和德国模块化机器人组成,其中 PA10 机器人末端装有腕力传感器和具有指端力传感器的三指十二自由度灵巧手,模块化机器人末端亦安装有腕力传感器和电动两指夹持器。两个机器人臂/手集成系统可分别在两导轨上运动。

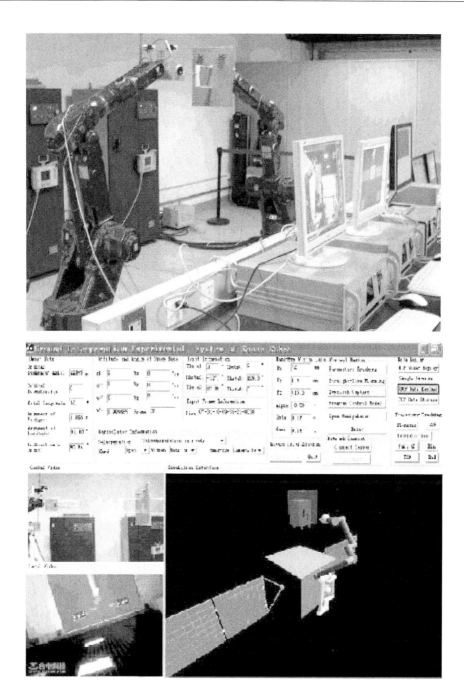

图 1-18 西北工业大学双臂空间机器人系统及其地面遥操作平台

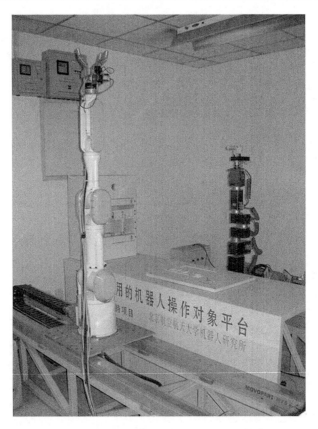

图 1-19 北京航空航天大学冗余度双臂空间机器人系统实验平台

1.2.2 遥操作机器人发展概述

遥操作机器人的发展历史最早可以追溯到 1945 年,当时美国阿尔贡实验室为了解决原子堆中核放射物质的抓取问题,由 Goertz 等开发了第一个主从机械式遥操作机械手 Model-M1[27]。这种依靠机械方式连接的主从机械手只能工作在十几米的范围内,随着电气技术的发展,它很快被电气伺服控制的遥操作机械手所取代,这就是现代意义下的遥操作系统的开端。

20 世纪 50 年代到 70 年代,随着对空间和海洋的探索与开发的不断深入,特别是各国在空间领域的竞争与合作的进一步加强,遥操作技术进入了发展的黄金时期。期间形成了双向力反馈的控制系统,出现了临场感等概念,遥操作机器人系统基本结构已形成。

20 世纪 80 年代末到 90 年代初,出现了几个非常著名的空间遥操作系统。加拿大 Spar 公司建造的遥操作臂 RMS(remote manipulator system)长 20m,具有六个自由度,空间站内的宇航员可以通过两个三自由度手柄,控制其进行空间站的装配与货物搬运等工作。1993年,在宇航员及地面人员的遥操作下,德国宇航中心的 Rotex 空间机器人顺利完成了在哥伦比亚号航天飞机上空间实验室内的任务[28]。

1993年7月,意大利米兰理工大学的 Rovetta 教授等和美国 JPL 实验室合作进行了遥医疗的实验研究[29,30]。他们利用卫星和 ISDN 作为通信工具,成功地完成了两地间超远距离的遥外科手术实验,如图 1-20 所示。

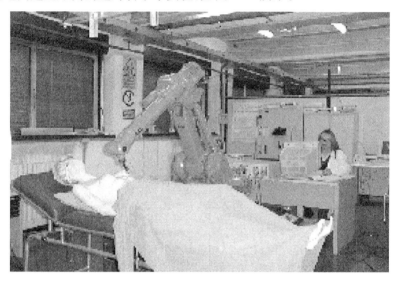

图 1-20　意大利 Rovetta 教授等的遥医疗实验

自 20 世纪 90 年代以来,国际互联网的高速发展和普及,将整个世界迅速连接在一起,为加速社会的信息处理和提高工作效率做出了巨大贡献。将机器人遥操作的通信媒介改成 Internet 将大大拓宽机器人遥操作技术的应用领域,并把遥操作技术从面向航天、军事、核工业等尖端科学技术领域扩展到面向多种行业、广大人群的技术,使得机器人遥操作技术平民化。

1993年9月,由 Goldberg 等开发的 Mercury Project[31]将一台 SCARA 类型的机器人与 Internet 连接,如图 1-21 所示,远程操作者可以使用鼠标与键盘控制机器人在半圆形的沙堆中进行物品挖掘。Mercury Project 很快引起了广泛关注,平均每天接受近 1000 次来自网络的操作命令。此后,Goldberg 等又开发了 Telegarden[32]等多个基于 Internet 的遥操作机器人系统,如图 1-22 所示。

1994年9月,西澳大利亚大学的 Taylor 等把一台 ABB 工业机器人连接到 Internet 上,实现了通过 Web 浏览器控制机器人对工作台上的物体进行抓取和搬运[33],如图 1-23 所示。该机器人引起了全世界的关注,在不到一年的时间里,通过 Internet 访问人数超过 30 万次。

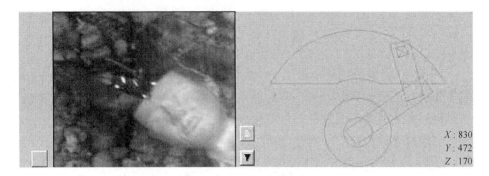

图 1-21　美国南加州大学的 Mercury Project

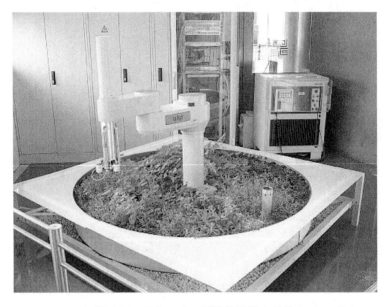

图 1-22　Telegarden 遥操作机器人系统

　　1998 年 6 月，美国 Wilkes 大学的 Stein 建立的 PumaPaint 系统是将一台用于画图的 PUMA760 机器人与 Internet 连接[34]。如图 1-24 所示，机器人末端配有绘画用的刷子，使用者可以通过 Web 浏览器控制机器人选择红、绿、蓝、黄四种颜色，在画布上作画。

　　国内，北京航空航天大学开展了基于互联网的拟人双臂机器人系统遥操作技术研究。利用分布式预测仿真技术来克服遥操作中的通信时延问题，实现冗余度拟人双臂机器人系统的协调遥操作，完成 3～5 种空间舱内模拟作业，诸如插拔电路板、更换晶体炉料棒等任务。

　　今天，随着美、日、德、意等各国纷纷开展大量的基于 Internet 机器人遥操作技术的研究，一些成果已走向实际应用并发挥着不可替代的重大作用。

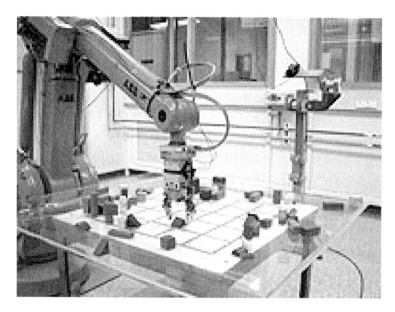

图 1-23 西澳大利亚大学的 Telerobot

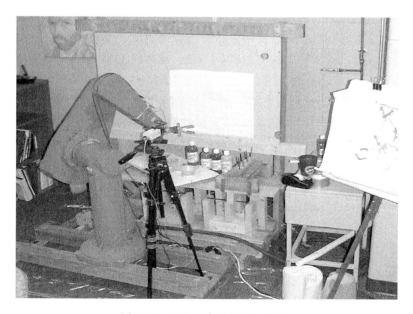

图 1-24 Wilkes 大学的 PumaPaint

1.3 研究基础、主要成果与涉及的关键技术

北京航空航天大学机器人研究所在该方向研究上处于国内领先优势。研制出的我国第一台七自由度机器人和三指灵巧手分别获中国航天科技集团总公司科技进步二等奖,并先后提供给国内五所大学和加拿大两所大学应用,基于多传感器的臂手集成系统获中国航天科技集团总公司科技进步二等奖。在冗余度机器人运动学、动力学与控制理论研究成果的基础上,深入开展了自由漂浮的空间机器人非完整约束运动规划与控制、载体受控的柔性空间机器人动力学与控制技术、基于远程遥操作的机械臂与灵巧手集成系统研究、空间机器人遥操作技术,并初步建立了面向太空舱内服务的冗余度双臂空间机器人协调作业的实验平台。

拟人双臂机器人遥操作协调控制实验平台由七自由度PA10机器人和德国模块化机器人组成,其中PA10机器人末端装有腕力传感器和具有指端力传感器的三指十二自由度灵巧手,模块化机器人末端亦安装有腕力传感器和电动两指夹持器。这两个机器人臂手集成系统可分别在两导轨上运动。

我们根据现有的条件开展了基于互联网的拟人双臂机器人系统遥操作研究、空间物体的位姿检测与识别技术研究以及虚拟现实仿真平台遥操作技术研究。实现了双冗余度臂空间机器人系统的协调控制、容错控制与智能控制,并利用虚拟现实仿真技术来克服遥操作中的通信时延问题。具体研究中,利用提出的"单机-单操作者-多人机交互设备-多机器人"的遥操作体系结构,降低了多操作者-多机器人遥操作系统的复杂度,减小了多操作者之间的通信时延,并通过提出的基于比例速度控制和虚拟斥力场的协调控制方法,有效地解决了多机器人遥操作协调作业时的碰撞问题,实现了冗余度拟人双臂机器人系统的协调遥操作,完成3~5种空间舱内模拟作业,诸如插拔电路板、更换晶体炉料棒等任务。

该研究涉及的关键技术如下:
① 空间机构的设计方法及其航天应用;
② 冗余度机器人系统的容错控制技术;
③ 多机器人系统的协调控制技术;
④ 基于多传感器信息的机器人智能控制与自主操作技术;
⑤ 大时延下基于预测仿真的遥操作控制技术;
⑥ 虚拟仿真图形与实际视频图像进行融合的增强现实技术;
⑦ 分布式环境中的信息同步技术;
⑧ 多机器人系统的异地协调遥操作技术;
⑨ 灵巧手的操作规划与基于多传感器的控制技术;
⑩ 机器人视觉,包括目标物体识别与物体空间位姿检测技术。

1.4 本章小结

本章分析了拟人双臂机器人协调操作的特点和优势,指出了遥操作技术在机器人应用领域的重要性;介绍了拟人双臂机器人协调技术国内外的研究状况、发展趋势以及遥操作机器人技术的发展概述;最后,给出了北京航空航天大学机器人研究所的研究基础、研究成果以及所涉及的关键技术问题。

参考文献

[1] 赵京.冗余度机器人、弹性关节冗余度机器人及其协调操作的运动学和动力学研究[D].北京:北京工业大学,1997:45-46.
[2] 李海涛.基于互联网的拟人双臂机器人遥操作系统研究[D].北京:北京航空航天大学,2006.
[3] Sheridan T B. Teleoperation, automation, and human supervisory control [D]. Cambrige: MIT Press,1992.
[4] http://mail.fsrtvu.net/home/reggie/foshan/7.files/1.htm.
[5] http://tech.china.com.
[6] Hu Y R,Goldenberg A A. Motion and force control of coordinated robots during constrained motion tasks [J]. International Journal of Robotics Research, 1995,14(4):351-365.
[7] Ejiri A. Satellite berthing experiment with a two-armed space robot[C]. Space System Laboratory,Fujitsu Laboratories Ltd, Kawasaki,Japan,1996:136-142.
[8] http://www.dlr.de/DLR-Homepage.
[9] http://robotics.jpl.nasa.gov/tasks/ATOP.
[10] http://sun-valley.stanford.edu/arl.html.
[11] http://ranier.oact.hq.nasa.gov/telerobotics_page/telerobotics.html.
[12] http://www.jsc.nasa.gov/jsc/home.html.
[13] http://robonaut.jsc.nasa.gov/default.asp.
[14] Yoon W K, Tsumaki Y,Uchiyama M. An experimental teleoperation system for dual-arm space robotics [J]. Journal of Robotics and Mechatronics, 2000,12(4):55-59.
[15] http://robot.nankai.edu.cn/robotweb/index.
[16] 梁斌.空间机器人双臂协调柔顺控制与仿真[R].北京:中国空间技术研究院502所,1999.
[17] 陈志煌,陈力.漂浮基双臂空间机器人关节运动的模糊变结构滑模控制[J].福州大学学报(自然科学版),2008,36(1):100-104.
[18] http://www.sg-motoman.com.cn.
[19] http://www.rcdream.net/main/index.asp.
[20] http://forum.itdoor.net/indexla.php?kind0=16.
[21] 唐华斌,孙增圻.基于随机采样的机器人双臂协调运动规划[C].中国智能自动化会议论文集,北京:科学出版社,2005.
[22] http://www.hitrobot.net.
[23] http://www.bjut.edu.cn/college/jdxy/xuekebujieshao/jishe/web/robot/achievement.htm.
[24] 曲道奎,谈大龙,张春杰.双机器人协调控制系统[J].机器人,1991,13(3):6-11.

[25] http://www.nwpu.edu.cn/web/jidian/xygk/jgsz.

[26] 丁希仑. 容错冗余度双臂空间机器人系统的协调控制及遥操作研究——冗余度双臂协调控制技术研究[R]. 中国航空科技报告,2005:2004-553,HK-JB004759M.

[27] Goertz R C,Thompson R C. Electronically controlled manipulator[J]. Nucleonics,1954,8(1):46-47.

[28] Hirzinger G, Brunner B, Dietrich J, et al. Rotex-the first remotely controlled robot in space[C]. Proceedings of 1994 IEEE International Conference on Robotics and Automation, San Diego, 1994: 2604-2611.

[29] Angelini L, Lirici M M, Rovetta A. Robotics in telemedicine[C]. 1st European Conference on Medical Robotics,Barcelona,1994:37-40.

[30] Rovetta A,Sala R,Wen X,et al. Telerobotic surgery project for laparoscopy[J]. Robotica,1995,13(4): 397-400.

[31] Goldberg K, Mascha M, Gentner S,et al. Desktop teleoperation via the world wide web[C]. Proceedings of 1995 IEEE International Conference on Robotics and Automation,Nagoya,1995:654-659.

[32] Goldberg K,Gentner S, Sutter C,et al. The mercury project:A feasibility study for internet robots[J]. IEEE Robotics and Automation Magazine,2000,7(1):35-40.

[33] Taylor K,Dalton B,Trevelyan J. Web-based telerobotics[J]. Robotica,1999,17(1):49-57.

[34] Stein M R. Painting on the world wide web:The pumapaint project[C]. Proceedings of 1998 IEEE International conference on IROS,Victoria,1998:825-829.

第 2 章 拟人双臂机器人系统平台方案设计

如今,人类在太空的活动越来越多,将有大量的空间舱内和舱外任务如大型空间站的建筑、维护及服务;空间设备的维修;卫星的捕捉及维修等。这些大量而危险的工作不可能仅靠宇航员去完成,采用空间机器人协助或代替宇航员的工作在经济性和安全性方面都具有重要的意义。"神州"系列飞船的发射成功标志着我国空间技术又跨上了一个新台阶。我们的载人飞船已经成功遨游于太空,在不远的将来我们也将建立自己的空间实验室。为了提高空间实验室的使用效率,在无人值守期间,空间实验室必须进行空间科学实验,这就需要空间多机器人协调操作来完成大量的空间实验以及诸如电池更换等维护和服务。

我们搭建的拟人冗余度双臂空间机器人系统实验平台是面向空间舱内应用以及危险复杂环境下作业的机器人实验平台,其目的是对相关的科学技术问题进行系统的研究,为我国拟人双臂机器人的应用奠定理论技术基础。该平台主要包括臂-手集成系统、移动导轨系统、多协议通信网络系统以及视觉与超声融合的检测系统等。系统的整体结构如图 2-1 所示。

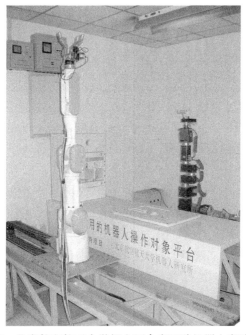

图 2-1 北京航空航天大学拟人冗余度双臂机器人实验平台

2.1 拟人冗余度双臂空间机器人系统的特点

人类手臂是由骨骼和连接它们的关节构成,关节有一个或多个自由度。人类手臂有七个自由度,其中肩关节为三个,肘关节为一个,手关节为三个,属于冗余手臂。人类手臂由于有这样的冗余性,在固定了指尖方向和手腕位置的情况下,可以通过旋转肘关节来改变手臂的姿态,能够回避障碍物。因此,人类手臂在灵活性和可靠性方面所表现出来的优势是无与伦比的。

为了使双臂空间机器人更具有人类双臂的构型和功能,我们采用了两个七自由度的冗余度机器人 PA10 和 Module 构成异构形式的双臂机器人系统。目前,国内外双臂机器人协调操作的研究主要集中于非冗余度机器人,即使是冗余度机器人也是自由度数低且结构相同的,对于两个不同结构类型的冗余度机器人协调操作的研究到目前为止还不多。因为两个不同结构的冗余度机器人协调操作在运动约束、轨迹规划、协调控制算法等许多方面都表现得很复杂,控制将变得更加困难,这说明两个不同结构的冗余度双臂机器人协调操作存在许多有待进一步研究解决的问题。本系统中的两个冗余度机器人属于轻巧、灵活型手臂,并且在容错性、重复定位精度以及系统布置的合理性、经济性等方面都优于其他双臂机器人。

2.2 拟人冗余度双臂空间机器人实验平台简介

2.2.1 平台设计思想

北京航空航天大学机器人研究所搭建的拟人冗余度双臂空间机器人系统实验平台主要包括臂-手集成系统、移动导轨系统、网络通信系统、视觉与超声融合检测系统、力觉检测系统等,构成具有局部自主能力的双臂空间机器人系统,可完成操作指令的执行、自主任务规划、运动规划以及协调控制等功能[1]。

拟人双臂机器人系统实验平台主要用于空间站或危险复杂环境下的自动作业以及设备、仪器的自动维护、修理。由于我国尚未确定应用空间机器人的空间实验舱的结构尺寸,因此在搭建我们的空间机器人实验平台时参考了美国空间实验舱的结构与尺寸。美国设计的空间舱内机器人的工作空间为 $4m \times 2m \times 2m$(长×宽×高)。如果采用固定基座,则机器人的工作空间很难覆盖整个舱内环境,因此通常将机器人放在移动导轨上,依此来扩大机器人的工作范围。由于重力等因素的影响,我们无法按照空间的实际情况设计我们的空间机器人实验平台,因此我们设计的拟人双臂机器人系统实验平台是一个满足空间服务或危险复杂环境下作业需求的实验演示平台,这些服务主要包括抓取、搬运、检测和维修等。为了保持子系统的独立性和完整性,便于对子系统进行独立研究和系统集成,同时也为了满足空间系统的要求,我们采用功能模块化的设计思想设计了该空间机器人实验平台,设计方案如图 2-1 所示。我们假设机器人系统平台的工作范围为 $2m \times 2m \times 2m$,即美国空间舱的一半空间,我们采用的导轨行程为 2m。

2.2.2 系统设备组成及简介

两个七自由度的机器人分别安装在两套移动导轨上,机器人的末端装有六维腕力传感器、CCD 视觉传感器、超声传感器和机械手。CCD 视觉传感器和超声传感器构成机器人的局部感知系统,腕力传感器用来感知单臂操作及双臂协调操作时的载荷或作用力。一台视觉处理器负责三套视觉检测系统的图像采集和处理工作,两只机械手也是采用一个控制器来控制。

该平台由以下主要设备组成:
① PA10 七自由度机器人一台,日本三菱公司产品;
② 七自由度 Module 模块机器人一台,德国 Amtec 公司产品;
③ BH-3 九自由度三指灵巧手两个,自制产品;
④ 两种二指夹持器各一个,自制产品;
⑤ 直线移动导轨两套,瑞典 Warner 公司产品;
⑥ 六维腕力传感器两个,美国 ATI 公司产品;
⑦ CCD 视觉传感系统三套,日本 Sony 公司和 Watec 公司产品;
⑧ 超声测距传感器两套,美国 Banner 公司产品。

拟人冗余度双臂空间机器人系统实验平台的主要功能如下所述。

1) PA10 机器人

PA10 机器人是日本三菱公司生产的一种七自由度机器人产品,它提供了一个动态链接库,可以在 VC++ 环境下对机器人进行编程控制。我们为该机器人配了一台 PⅢ450 的工控机作为该机器人的运动控制器,该工控机通过运动控制卡上的 ArcNet 接口与伺服控制器通信。如图 2-2 所示。

2) Module 模块机器人

模块机器人是近期机器人发展的一个新方向,它是由一系列标准模块组成的机器人,其最大的优点就是便于根据需要改变机器人的构型。标准化和可重构性是模块机器人的基本特点,这些特点使得系统很容易被快速再构成特定结构形式以完成特定任务的各类机器人,即使其中一个模块出现故障,替换起来也非常容易。总之这种模块化机器人系统具有很高的灵活性和易维护性。由于 Amtec 公司是一家生产模块而非生产机器人的公司,因此该公司只为我们提供了单个关节的控制函数。我们测量了该机器人的几何参数,建立了机器人的运动学模型,并为其开发了一个运动学的动态链接库。该链接库提供了该机器人的正向运动学、逆

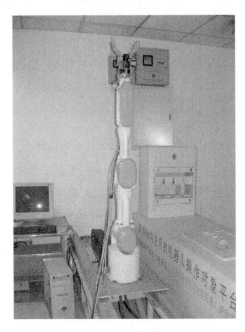

图 2-2 PA10 七自由度机器人

向运动学和矩阵运算等函数,便于对机器人进行位姿控制及算法的研究、实验。如图 2-3 所示。

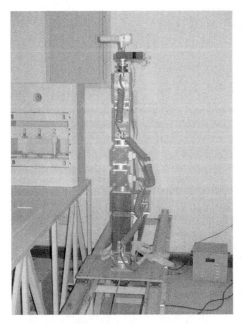

图 2-3 Module 模块化七自由度机器人

3) 三指灵巧手

机械手是机器人手臂末端的一种执行装置,机器人通过机械手实现对物体的夹持、搬运、放置和装配等操作。目前存在的机械手按手指个数可分为三指灵巧手、二指夹持器和多指拟人机械手。

我们自制的三指灵巧手是我们前期所开发的 BH-3 型灵巧手的改进型,它具有九个自由度,能够对不同形状的物体进行抓持和灵巧操作。如图 2-4 所示。

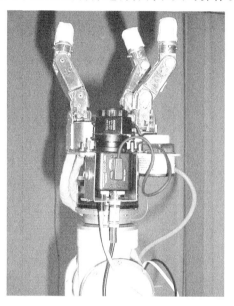

图 2-4　BH-3 九自由度三指灵巧手

4) 二指夹持器

三指灵巧手和多指拟人机械手具有关节多、操作灵活等优点,但是它们很难得到被抓取物体的准确位姿,而且其结构与控制系统复杂,可靠性较差,成本也较高[2,3]。因此,针对典型空间实验和操作(例如,空间实验室晶体生长炉的棒料更换、电路板插拔维修、简单螺栓螺母装配等)的具体要求,可采用两种简单实用的二指夹持器,如图 2-5 所示。

这两种二指夹持器是北京航空航天大学空间机器人实验室自己研制的产品,具有结构和控制系统简单、操作稳定可靠、成本低等优点,而且可以做到对操作物体的准确抓持。该类夹持器采用了一种基于力控制的方法,可以根据受力大小自动调节抓持物体的程度。双臂机器人与二指夹持器构成臂-手集成系统,不仅仅是简单实现在机械关系上的连接,而且还体现在臂-手之间的指令和信息交互,形成一个协调运动的整体。

图 2-5　两种二指夹持器

图 2-6 是臂-手集成系统的通信结构,其中双臂机器人控制器通过 ISA 和 PCI 总线与上位机通信,夹持器控制器采用标准的 RS232 异步串行接口与上位机通信,两者通过上位机进行指令、信息和数据的传输,构成一个统一的有机整体[2,3]。臂-手集成的程序实现见附录。

图 2-6　臂-手集成系统的通信设计

5) 双直线移动导轨

两套机器人臂-手集成系统都安装在移动导轨上,导轨的行程为 2m。我们选用的导轨是瑞典 Warner 公司的带传动导轨,重复位置精度为 0.5mm。由于该导轨抵抗纵向侧弯力矩的能力较差,因此通过计算每个机器人对导轨产生的反作用力和力矩,最后确定两个机器人系统都采取双导轨的方案,PA10 机器人采用的是 M75 型导轨,模块机器人采用的是 M55 型导轨。设计时我们设定导轨的最大运动速度为 1m/s,最大加速度为 1m/s^2。两套导轨系统共用一台 486 计算机作为控制器,该导轨控制器通过两条 RS232 串行总线分别与 PA10 机器人和模块机器人的控制器通信。导轨系统也是整个平台的一个独立的模块,导轨控制器负责两套导轨的运动规划与控制,与两个机器人控制器通信。每个机器人控制器可以通过设定导轨的速度、加速度及运动距离来控制自己所属导轨的运动。如图 2-7 所示。

6) 六维腕力传感器

安装于机械臂的腕部,用来感知单臂操作及双臂协调操作时的载荷或作用力/力矩信息,以及负责负载平衡,起保护作用。

图 2-7 移动导轨系统全局图

7) 局部视觉与全局视觉

该平台采用了三套 CCD 相机,其中两套分别安装在两个机器人的腕部,与安装在一起的超声传感器构成每个机器人的局部视觉系统,如图 2-4 所示;另一套安装在平台的上方,构成平台的全局视觉系统,同时为遥操作系统提供监测图像。手部的视觉传感器采用的是日本 Watec 公司的相机 WAT-202D 和日本精工的镜头 SSG0612,监测视觉传感器采用的是日本 Sony 公司的 CCD 相机 SSC-DC18P 和日本精工的镜头 SL08551A。超声传感器采用的是美国 Banner 公司的 TUNN3A。为了提高图像处理的速度,我们将三套 CCD 相机和两套超声传感器共用一台 PⅢ 550 计算机作为处理器,采用加拿大 Matrox 公司的 Corona 四通道图像采集卡对图像进行采集。视觉检测系统首先通过摄像机采集图像,经过处理并结合超声传感器信息,确定目标物体的位姿信息。然后通过该局域网将物体位姿信息传给 PA10 机器人和模块机器人。PA10 机器人和模块机器人可以通过查询的方式在其需要时及时获得所需的物体位姿信息。当出现紧急情况,如机器人运动轨迹上突然出现障碍物时,视觉检测系统又可以及时通知机器人。

全局视觉系统为机器人提供操作对象在空间的大体位置,让机器人实现粗定位;腕部视觉系统为机器人提供操作对象的精确定位,导引机器人进行操作。超声传感器一方面与腕部的 CCD 相机构成局部视觉系统,为 CCD 相机一同提供操作对象在摄像机坐标系中的位姿;另一方面还可用来防止因视觉系统出差错而造成的危险性误动作,例如当超声传感器测得的距离值小于某设定的阈值时,机器人就停止运动。

8) 运动控制单元

运动控制单元包括两机器人的运动控制器:给定运动轨迹,完成机械臂的运动控制。

9) 规划控制单元

主要是指离线仿真系统和实时控制系统,其功能是借助视觉信息和结构化信息进行冗余度双臂协调的任务规划、路径规划及轨迹规划,并分阶段对多传感器信息进行处理和应用。

10) 网络通信接口部分

主要实现仿真系统与两机器人之间的通信,完成指令、数据等信息的传递。

综上所述,该平台主要由 PA10 机器人和灵巧手集成系统、模块机器人和灵巧手集成系统、移动导轨系统、视觉检测系统,以及各个子系统互相之间的通信网络组成。其整个实验平台的结构图如图 2-8 所示。

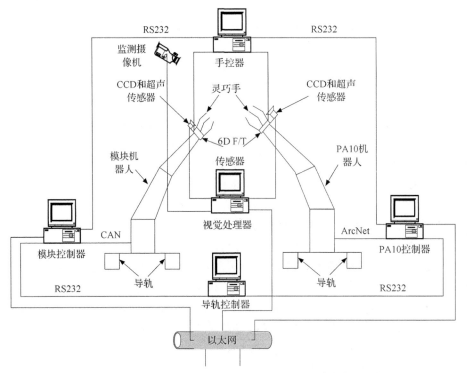

图 2-8 拟人冗余度双臂空间机器人实验平台结构图

2.3 拟人冗余度双臂空间机器人特性分析

2.3.1 PA10 机器人的特性分析

2.3.1.1 PA10 机器人的特点及性能指标

PA10 机器人是日本三菱公司生产的一种七自由度便携式工业机器人,其外形如图2-9所示,可应用于3K(日本术语:危险、多尘、强度大)环境下。该操作臂腕部的三个旋转自由度轴线共点,因而灵活性较高,具有较大的操作空间,如图2-10所示。该机器人运行平稳,工作可靠,末端重复定位精度可达0.1mm,因而更适合于复杂的操作任务,其主要性能如表2-1所示。

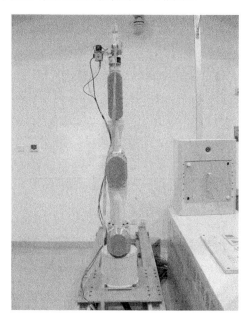

图2-9　PA10机器人外形

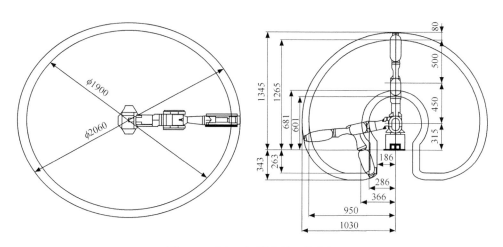

图2-10　PA10机器人的工作空间

表 2-1　PA10 机器人的性能指标

项目	说明
型号	PA10
类型	垂直多关节机器人
关节数	7
关节构型	R-P-R-P-R-P-R（R：rotation 旋转；P：pivot 枢轴旋转）
关节名称	S1-S2-S3-E1-E2-W1-W2（S：肩关节；E：肘关节；W：腕关节）
臂长	1345mm
末端最大运动速度	1550mm/s
最大负载	10kg
重复定位精度	0.1mm
臂重	35kg
驱动方式	交流伺服电机驱动

2.3.1.2　PA10 机器人的坐标系建立和 D-H 参数

PA10 机器人的连杆坐标系分别建立在每个关节的轴线上，如图 2-11 所示；D-H 参数和各关节的运动范围分别如表 2-2 和表 2-3 所示。

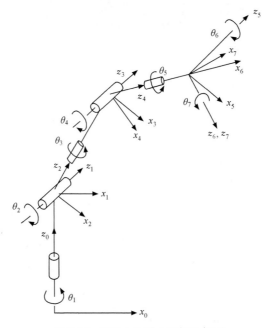

图 2-11　PA10 机器人连杆坐标系

表 2-2 PA10 机器人 D-H 参数

杆件	$\theta_i/(°)$	d_i/mm	a_i/mm	$\alpha_i/(°)$
1	$\theta_1(0)$	315	0	−90
2	$\theta_2(0)$	0	0	90
3	$\theta_3(0)$	450	0	−90
4	$\theta_4(0)$	0	0	90
5	$\theta_5(0)$	500	0	−90
6	$\theta_6(0)$	0	0	90
7	$\theta_7(0)$	80	0	0

注：括号内的度数为 PA10 机器人初始状态时的角度值。

表 2-3 PA10 机器人关节范围极限值

关节 i	1	2	3	4	5	6	7
最小值/(°)	−177	−91	−174	−137	−255	−165	−360
最大值/(°)	+177	+91	+174	+137	+255	+165	+360

2.3.1.3 PA10 机器人控制系统结构

PA10 机器人控制系统的特点是分层开放式系统，便于系统的维护与升级，共分为四层，即操作控制层、运动控制层、伺服驱动层和机械手臂层，智能程度由上到下依次降低，如图 2-12 所示。

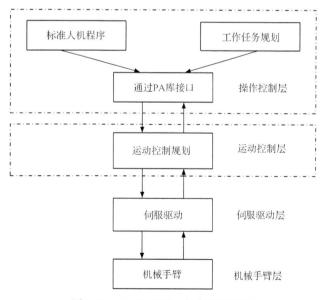

图 2-12 PA10 机器人控制系统结构

上层为操作控制层:该层可进行任务工作流程的规划,因此在该层的编程将随着工作任务的不同而不同。该层提供了一个动态链接库 PA-Library(包含了控制机器人运动所用到的头文件(.h)和源文件(.cpp)),可以在 VC++开发环境下对机器人进行编程控制,它是一个标准的人机程序,主要实现与运动控制层的连接。此外,为了实现与运动控制层的连接,除了 PA-Library 以外,还提供了 WinRT 系统设置程序和设备驱动程序。

第二层为运动控制层:该层是执行基本控制的控制器,提供了操作控制层和伺服驱动层的接口,它有许多控制模式,运动控制周期为 10ms。运动控制层与操作控制层通过 ISA 总线连接,使用一块 ISA(MHI-D6780)运动控制卡作为运动控制器,它主要计算与机器人末端位姿相应的每个关节的速度命令值。

第三层为伺服驱动层:该层提供了运动控制层和机械手臂层的接口,也提供了驱动能力。该层有一个伺服驱动控制卡,它负责各个关节的伺服控制。伺服驱动控制卡通过一条 ArcNet 电缆与运动控制卡相连,从而接收运动控制层发送来的控制命令,将机器人控制到某一确定位姿。同时,将每一关节的当前值和当前状态返回到运动控制层。考虑到安全要求,在这一层设置了急停开关,事故发生时,直接关闭伺服,停止机械臂运动。

第四层为机械手臂层:主要由 PA10 机器人和 Module 机器人、末端执行器和相应的外部传感器构成。

2.3.1.4　PA10 机器人的控制模式和主要的控制库函数

PA10 机器人的运动控制模式主要有以下几种。

(1) 每一关节轴的角度控制。在此模式中,操作控制器预先给定每一关节轴的目标值,运动控制器执行每一关节轴的插补计算和角度反馈控制。

(2) RMRC 末端位姿控制。在此模式中,操作控制器输入相对于坐标轴的末端位姿偏差值,机器人末端要么以直线运动,要么绕坐标轴方向进行旋转。运动控制器执行直线插补计算和位姿反馈控制。

(3) 速度控制。在此模式中,选择进行速度控制的关节轴并给定速度指令,输入的速度指令相对于每一关节或坐标系的不同轴都是许可的。

(4) 冗余关节轴控制。对于像 PA10 这样具有七个自由度的机械臂来说,当给定末端位姿时,其相应的关节角度可以有许多种解。该机械臂具有"冗余关节轴机械臂"的特点,通过控制冗余关节轴,可进行复杂的操作任务。例如,如果机械臂的肘部受到障碍物的干扰,可通过只改变肘部的位置,而手臂末端位姿不变,即可完成避障的功能。有两种类型的冗余轴控制模式:

① 冗余关节轴受限制不动,而改变手臂末端位姿;

② 只改变冗余关节轴的位置,而手臂末端位姿不变。

(5) 示教再现控制。该控制模式是基于 CP 示教数据（每一关节轴的角度值）的。对于不连续的数据在两示教点之间进行插补,插补的方法取决于数据类型。可应用的数据类型有 CP 数据、PTP 直线插补数据、PTP 圆弧插补数据、PTP 圆插补数据、PTP 每一关节轴插补数据等。相应的插补算法有末端直线插补、末端圆弧插补、末端圆插补和每一轴角度插补等。

(6) 实时控制。在此控制模式中,如果在每个控制周期内给定末端位姿值(或每一轴关节值),则执行末端位姿(或每一轴关节)的实时控制。但是,每一控制周期的末端位姿矩阵(或每一轴关节值)指令必须在每次的第二个暂停周期内发出,暂停周期是控制周期的倍数,范围是 10～300ms。

在实际机器人控制中,可以交替采用这几种控制模式,以提高机器人控制的灵活性。

PA10 机器人为上述控制模式提供了一个动态链接库 PA-Library,可以在 VC++ 环境下对机器人进行编程控制,它是一个标准的人机程序,其主要的控制函数如表 2-4 所示。

表 2-4 PA-Library 主要的库函数

函数名称	意义
Pa_ini_sys	Initializes PA library
Pa_ter_sys	Ends PA library
Pa_opn_arm	Opens arm
Pa_cls_arm	Closes arm
Pa_sta_arm	Control start
Pa_ext_arm	Control end
Pa_stp_arm	Arm brake stopped
Pa_exe_axs	Angle control of each axis
Pa_mov_XYZ	Position deviation control at base coordinate
Pa_mov_YPR	Attitude deviation control at base coordinate
Pa_mov_mat	Absolute position control

2.3.2 Module 模块机器人的特性分析

2.3.2.1 Module 模块机器人的组成特点

模块机器人是近期机器人发展的一个新方向,它是由一系列标准模块组成的,其最大的优点就是便于根据特定的任务需要改变机器人的构型。模块化可重构机器人系统由各个独立的、标准化的杆件和关节单元等组成,它的每一个模块都是独立的运动单元,都有自己的索引号ID,各个关节单元已经将电机、传感器、控制器等集成在一起,并且具有智能化的底层控制命令。因此,这种机器人可以不要控制柜,通过Can总线等串行通信控制技术,仅需要一根电缆便实现了主机对各个关节的控制。对机器人控制只需高层向各个关节发送位置、速度、加速度信息,各关节将自动完成伺服控制。各个模块都提供标准化的机械和电气接口,可以在多个方向上与其他模块连接,这就大大增强了模块机器人的可重构性。此外,还可以根据不同的任务要求任意增减模块的数量,装配成不同结构的机器人。即使其中一个模块出现故障,替换起来也非常容易,机器人的灵活性和可靠性大大提高。

本书中所应用的PowerCube模块为德国Amtec公司生产的高科技产品,我们使用两个Rotary90旋转关节、三个Rotary70转动关节和一个二自由度的腕关节组成一个七自由度的冗余度模块机器人,其外形如图2-13所示。Module机器人操作简单、灵活,容错性也较好,具有较大的工作空间,如图2-14所示。

图2-13 Module机器人外形

2.3.2.2 Module机器人的通信结构和运动控制函数

1) 模块的通信结构

Module机器人的每一个模块都是完全独立的运动单元,无刷直流伺服电机、电机控制器、谐波驱动机构、制动闸、光隔离的数字/模拟输入输出、CAN总线都紧凑的封装在模块内部,模块之间通过适配器机械链接。模块的电源线和通信线集

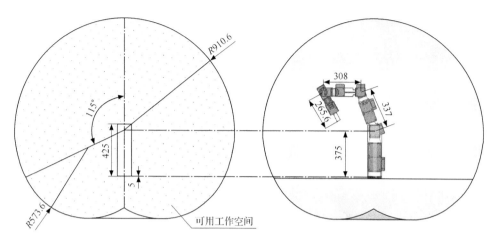

图 2-14 Module 机器人的工作空间

成到一起,模块上面有两个接头,分别用于数据交换以及 24V 电源供给。图 2-15 为模块、电源及计算机之间的通信结构图。

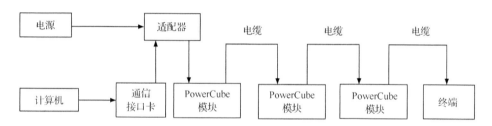

图 2-15 Module 机器人通信结构图

模块之间采用串行通信接口,这个接口传递所有的运动控制命令、参数设置以及监控命令等。

PowerCube 模块有一个操作系统,它的主要任务是:

① 基于增量编码器的实时位置控制;

② 监控电机的电流和温度、变压器温度以及急停开关;

③ 执行主机控制器发出的运动指令;

④ 自动抱闸。

由此可见,模块的功能比较强大,也很完善。

2) 模块的主要控制函数

每个模块都对外提供一些接口函数,通过这些函数可以控制模块运动。这些函数调用结束后,都有一个整数类型的返回值指示函数是否调用成功。如果失败,则可以根据返回值代码判断错误类型。总的来说,这些函数分为以下几类:

① 初始化和管理函数；
② 指令函数；
③ 状态函数；
④ 运动函数；
⑤ 读取当前模块状态函数；
⑥ 读写模块极限参数函数；
⑦ 读写模块伺服周期系数函数；
⑧ 读写内部数字输入输出函数；
⑨ 读写缺省值函数。

调用模块的控制函数后，应该立刻检查其返回值，以判断机器人的运行情况。表 2-5 所示是模块的主要函数返回值代码及其含义，每一个函数的返回值可能是其中的一个或者多个。

表 2-5　模块的函数返回值及其含义

返回代码	意义
CLD_OK	Success
CLERR_INITIALIZATIONERROR	Initialization error
CLDERR_TRANSMISSIONERROR	Transmission error
CLERR_BADPARAM	Wrong parameters passed by function call
CLERR_NOINITSTRING	No initstring passed
CLERR_NODEVICENAME	Interface type not specified
CLERR_BADDEVICEINITSTRING	Invalid initstring
CLERR_HARDWARENOTFOUND	No interface hardware found
CLERR_DEVICENOTOPEN	Hardware interface not open
CLDERR_THREADNOTCREATED	Internal thread creation failed
CLERR_WRONGHANDLE	Invalid device pointer used
CLERR_RECEIVEERROR	Requested parameter could not be received
CLDERR_DRIVE_NOMODULEFOUND	No modules found on the bus
CLDERR_DRIVE_MODULETIMEOUT	Module answer timed out

2.3.2.3　Module 机器人的连杆坐标系及 D-H 参数

由于 Amtec 公司是一家生产模块而非生产机器人的公司，所以该公司仅提供了单个关节的控制函数。我们测量了该机器人的几何参数，建立了机器人的运动学模型，并应用 Matcom4.5 为其开发了一个运动学的动态链接库。该动态链接库提供了 Module 机器人的正、逆向运动学和矩阵运算等函数，便于对机器人进行位姿控制及算法的研究、实验。Module 机器人的连杆坐标系如图 2-16 所示，D-H 参数和各关节转角范围分别如表 2-6 和表 2-7 所示。

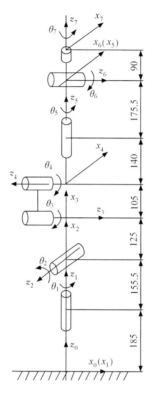

图 2-16 Module 机器人的连杆坐标系

表 2-6 Module 机器人的 D-H 参数

连杆 i	$\theta_i/(°)$	a_{i-1}/mm	$\alpha_{i-1}/(°)$	d_i/mm
1	$\theta_1(0)$	0	180	-340.5
2	$\theta_2(90)$	0	-90	0
3	$\theta_3(0)$	125	90	0
4	$\theta_4(90)$	105	180	0
5	$\theta_5(0)$	0	-90	-315.5
6	$\theta_6(0)$	0	-90	0
7	$\theta_7(0)$	0	90	-90

注：括号内的度数为 Module 机器人初始状态时的角度值。

表 2-7 Module 机器人关节范围极限值

关节 i	1	2	3	4	5	6	7
最小值/(°)	-160	-100	-67.5	-55	-160	-95	-1080
最大值/(°)	$+160$	$+90$	$+55$	$+67.5$	$+160$	$+95$	$+1080$

2.4 本章小结

本章根据平台的设计指导思想,建立了面向空间舱内应用以及危险复杂环境下作业的拟人冗余度双臂空间机器人系统实验平台,分析了系统的组成部分,给出了实验平台结构图,并对平台设备进行了详细介绍,重点对 PA10 机器人和 Module 模块机器人的特性进行了分析。

参 考 文 献

[1] 丁希仑. 容错冗余度双臂空间机器人系统的协调控制及遥操作研究[R]. 北京:北京航空航天大学,2003.
[2] 张俊强. 新型自适应二指机械手的研制和臂手系统智能控制研究[D]. 北京:北京航空航天大学,2005.
[3] 李建伟. 基于力控制的夹持器设计及臂手集成控制研究[D]. 北京:北京航空航天大学,2007.

附　　录

臂-手集成控制程序

1. 利用 MSComm 控件实现对串口的控制

```
void CServerDlg::OnOpenPort() //打开串口
{
    if(m_mscom.GetPortOpen())
    {
        m_mscom.SetPortOpen(FALSE);
    }
    m_mscom.SetCommPort(1);//设置端口为 COM1
    m_mscom.SetSettings("9600,N,8,1");//设置波特率、奇偶校验、数据位、停
                                     //止位
    m_mscom.SetInBufferSize(1024);//输入缓冲区大小
    m_mscom.SetOutBufferSize(1024);//输出缓冲区大小
    m_mscom.SetInputLen(0);//设置从输入缓冲区中一次读出的字节数,0 为全部
    m_mscom.SetInputMode(1);//设置从输入缓冲区中读取数据的方式,0 为以文本
                           //方式读取
    m_mscom.SetInBufferCount(0);//设置当前输入缓冲区中待读取数据的个数,0
                               //为可将输入缓冲区清空
    m_mscom.SetRThreshold(1);//设置获取接收缓冲区产生 onComm 事件的阈值,1
                            //为接收一个字符时
```

```
        m_mscom.SetSThreshold(1);//设置获取发送缓冲区产生 onComm 事件的阈值,1
                                 //为发送一个字符时
    if(!m_mscom.GetPortOpen())
    {
            m_mscom.SetPortOpen(TRUE);
            MessageBox("成功打开串口");
    }
    else
    {
            m_mscom.SetOutBufferCount(0);
    }
}
```

2. 控件事件的处理

```
    void CServerDlg::OnOnCommMscomm1()
    {
        VARIANT variant;
        VARIANT variant1;
        BYTE rxdata[1024];
        long length,k;
        COleSafeArray safearray1;
        char* str,* str1;
        CString input2;
        int counts,i;
        switch(m_mscom.GetCommEvent()) //得到当前事件
        {
        case 1://输出事件
            m_show = senddata;
            UpdateData(false);
                break;
        case 2://输入事件
            variant1 = m_mscom.GetInput();
            safearray1 = variant1;
            length = safearray1.GetOneDimSize();
            for(k = 0;k<length;k ++ )
            {
                safearray1.GetElement(&k,rxdata + k);
            }
            for(k = 0;k<length;k ++ )
```

```
            {
                BYTE a = *(char *)(rxdata + k);
                input2.Format(" %c",a);
                m_receive = input2;
            }
            UpdateData(false);
            break;
        default:
            m_mscom.SetOutBufferCount(0);
            break;
    }
}
```

当机器人运动执行到预定位置时,向串口发送字符"a",二指夹持器开始抓持;向串口发送字符"c",二指夹持器松开,同时向串口返回一个字符"d",串口收到字符"d"后,机器人立刻运动,这样就实现了臂手集成。此方法操作简单,实现方便,实时性好,部分程序如下:

```
BOOL succeed = pa_mov_XYZ(ARM0,0.0,0.0,-70.0,WM_WAIT);//机器人运动结束
if(succeed = = 0)
{
    senddata = "a";//发送字符"a",二指夹持器抓持
    m_mscom.SetOutput(COleVariant(senddata));
} else
    senddata = "c";//发送字符"c",二指夹持器松开
    m_mscom.SetOutput(COleVariant(senddata));
if(m_receive = = "d") //收到字符"d",机器人运动
{
    pa_mov_XYZ(ARM0,0.0,0.0,100.0,WM_WAIT);
}
```

第 3 章 冗余度空间机器人系统在复杂环境下的灵活性和可靠性的理论研究

3.1 引　　言

传统的操作臂安装在固定基座上，其操作空间相对狭小，通过将操作臂安装在移动的机座上来扩大其操作空间。移动式操作臂是将操作臂安装在移动的机座上，按基座的形式可以将移动式操作臂分成以下几类：桁架式移动操作臂、轮式移动操作臂、复合式移动操作臂以及导轨式移动操作臂。桁架式移动操作臂是将操作臂安装在桁架上，操作臂可以做水平和垂直方向的运动，在航天的舱外操作有广泛的应用；轮式移动操作臂是将操作臂安装在轮式移动的车辆上，成为星球探测机器人的主要形式；导轨移动式操作臂是将操作臂安装在水平移动的导轨上，适合空间相对狭小、操作可靠性要求高的太空舱内操作。

1990 年 10 月，NASA 率先提出在 JPL 实验室进行监控式遥操作机器人巡检的实验计划[1]，介绍了该计划中的移动式操作臂。硬件组成方面：RRC（robotics research corporation）模块 K1207 操作臂及控制单元、基于 VME 总线的双 MC68040 处理板及接口卡、双游戏杆、移动式导轨及控制单元、图形工作站（silicon graphics IRIS）；运动学控制方面：将移动的导轨看成附加的一个自由度，通过增加约束的方法建立雅可比矩阵[2]（Kreutz，Long，Seraji，1992），借助位形控制策略[3]（Seraji，Colbaugh，1990），利用附加任务方法进行了避关节角极限的讨论，并进行了计算机仿真。国内，中国科学院沈阳自动化研究所、中国航天工业总公司 502 所在移动导轨式操作臂方面也开展了大量的研究工作。

本章主要介绍面向舱内服务以及危险复杂环境下作业的导轨移动式冗余度拟人双臂机器人系统的灵活性和可靠性的理论研究成果。

3.2 机器人系统运动学建模与分析[4]

3.2.1 PA10 机器人系统运动学建模与分析

PA10 操作臂由七个旋转关节组成，它是一种典型的工业机器人，腕部的三个旋转自由度轴线共点，在运动学分析中会用到这一特点。操作臂具有较大的操作空间，其操作空间分析如图 2-10 所示，末端的重复定位精度可达 0.1mm。

从移动操作臂所具有特殊的物理表现形式出发，利用简单的方法对其运动学进行研究，包括移动操作臂坐标空间的选择，正向运动学、逆向运动学的建模分析与快速有效的求解方法研究。

对机座的运动学单独表达，把其看成直线运动单元。整个操作臂可以看成由两个子系统组成。建立移动式操作臂的坐标系，如图 3-1 所示。定义：机器人坐标系中的世界坐标系$\{w\}$，操作臂移动机座上的坐标系$\{b\}$，操作臂末端工具坐标系$\{e\}$。操作臂末端工具坐标系$\{e\}$和操作臂移动机座上的坐标系$\{b\}$之间的 4×4 齐次转移矩阵为 $T_b^e(\theta_1,\theta_2,\cdots,\theta_7)$，机座坐标系相对世界坐标系的转移矩阵为 $T_w^b(\theta_8)$。坐标系表达如图 3-1 所示。这样可以获得末端工具坐标系相对于世界坐标系的转移矩阵 $T_w^e = T_w^b T_b^e$。

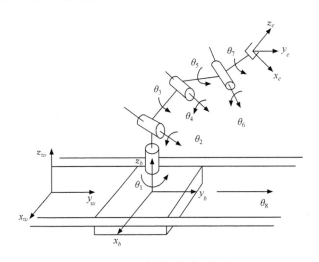

图 3-1　移动式操作臂坐标系

3.2.1.1　移动式操作臂的正向运动学分析

如图 3-2 所示，该移动式操作臂系统共有八个自由度，对于空间操作来说，冗余度为 2（$r=8-6=2$）。对于正向运动学的分析，可以将移动的平台看成一个附加自由度，进行统一分析。PA10 操作臂腕部三关节旋转轴共点，可以进行末端位姿在腕关节中心的解耦；基部五自由度对操作臂的位置影响较大，而腕部三自由度则影响较小，考虑将其分成基于腕部的下部五自由度（$\theta_8、\theta_1、\theta_2、\theta_3、\theta_4$）和腕关节的末端三自由度（$\theta_5、\theta_6、\theta_7$）。正运动学从基部五关节和末端三关节的两部分分析。

首先分析移动操作臂的前五个自由度，选择它的旋量分析坐标系，如图 3-3 所示。腕部坐标系$\{wr\}$相对世界坐标系$\{w\}$的 4×4 齐次转移矩阵为

$$T_w^{wr}(\theta_8,\theta_1,\theta_2,\theta_3,\theta_4) = T_w^b(\theta_8)T_b^{wr}(\theta_1,\theta_2,\theta_3,\theta_4) = \begin{pmatrix} R & p \\ 0 & 1 \end{pmatrix} \quad (3\text{-}1)$$

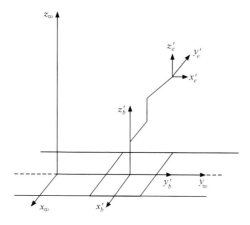

图 3-2 移动操作臂坐标系关系简图

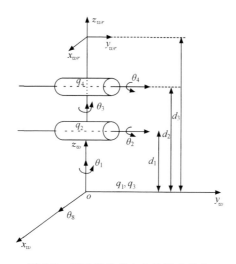

图 3-3 基于腕关节中心的运动关节

考虑图 3-3 所示的移动式操作臂系统基于腕部的下五个关节，取 $\Theta = [\theta_8 \quad \theta_1 \quad \cdots \quad \theta_4]^T = 0$，此时世界坐标系与腕部坐标系变换为

$$g_{st1}(0) = \begin{bmatrix} 1 & 0 & 0 & 0 \\ 0 & 1 & 0 & 0 \\ 0 & 0 & 1 & 1265 \\ 0 & 0 & 0 & 1 \end{bmatrix} \quad (3\text{-}2)$$

各关节运动旋量上的单位向量为

$S_8 = [0 \quad 1 \quad 0]^T \quad S_1 = [0 \quad 0 \quad 1]^T \quad S_2 = [0 \quad 1 \quad 0]^T$

$$S_3 = \begin{bmatrix} 0 & 0 & 1 \end{bmatrix}^T \quad S_4 = \begin{bmatrix} 0 & 1 & 0 \end{bmatrix}^T$$

各关节运动旋量轴线上的一点为

$$q_8 = \begin{bmatrix} 0 & 0 & 0 \end{bmatrix}^T \quad q_1 = \begin{bmatrix} 0 & 0 & 0 \end{bmatrix}^T \quad q_2 = \begin{bmatrix} 0 & 0 & 315 \end{bmatrix}^T$$

$$q_3 = \begin{bmatrix} 0 & 0 & 0 \end{bmatrix}^T \quad q_4 = \begin{bmatrix} 0 & 0 & 765 \end{bmatrix}^T$$

由此产生的旋量为

$$\xi_8 = \begin{bmatrix} 0 & 1 & 0 & 0 & 0 & 0 \end{bmatrix}^T$$

$$\xi_1 = \begin{bmatrix} 0 & 0 & 0 & 0 & 0 & 1 \end{bmatrix}^T$$

$$\xi_2 = \begin{bmatrix} -315 & 0 & 0 & 0 & 1 & 0 \end{bmatrix}^T$$

$$\xi_3 = \begin{bmatrix} 0 & 0 & 0 & 0 & 0 & 1 \end{bmatrix}^T$$

$$\xi_4 = \begin{bmatrix} -765 & 0 & 0 & 0 & 1 & 0 \end{bmatrix}^T$$

利用公式

$$e^{\hat{\xi}\theta} = \begin{bmatrix} e^{\hat{w}\theta} & (I - e^{\hat{w}\theta})(w \times v) + ww^T v\theta \\ 0 & 1 \end{bmatrix} \quad (3\text{-}3)$$

$$g_{st}(\Theta) = \exp(\hat{\xi}_8 \theta_8)\exp(\hat{\xi}_1 \theta_1)\exp(\hat{\xi}_2 \theta_2)\exp(\hat{\xi}_3 \theta_3)\exp(\hat{\xi}_4 \theta_4)g_{st1}(0) \quad (3\text{-}4)$$

其中

$$\Theta = \begin{bmatrix} \theta_8 & \theta_1 & \theta_2 & \theta_3 & \theta_4 \end{bmatrix}^T$$

$$d_1 = 315, \quad d_2 = 765, \quad d_3 = 1265$$

利用程序计算得(依据式(3-3)、式(3-4))

$$g_{st}(\Theta) = \begin{bmatrix} R(\theta) & p(\theta) \\ 0 & 1 \end{bmatrix}$$

三指灵巧手掌心相对于腕部的 4×4 齐次变换矩阵为 $T_{wr}^e(\theta_5, \theta_6, \theta_7)$,求解过程与上面的方法类似。其中

$$g_{st2} = \begin{bmatrix} 1 & 0 & 0 & 0 \\ 0 & 1 & 0 & 0 \\ 0 & 0 & 1 & 240 \\ 0 & 0 & 0 & 1 \end{bmatrix}$$

运动旋量上的单位向量为

$$S_5 = \begin{bmatrix} 0 & 0 & 1 \end{bmatrix}^T$$

$$S_6 = \begin{bmatrix} 0 & 1 & 0 \end{bmatrix}^T$$

$$S_7 = \begin{bmatrix} 0 & 0 & 1 \end{bmatrix}^T$$

取运动旋量轴线上的点

$$q_5 = q_6 = q_7 = \begin{bmatrix} 0 & 0 & 0 \end{bmatrix}^T$$

由此产生的运动旋量为

$$\xi_5 = \begin{bmatrix} 0 & 0 & 0 & 0 & 0 & 1 \end{bmatrix}^T$$
$$\xi_6 = \begin{bmatrix} 0 & 0 & 0 & 0 & 1 & 0 \end{bmatrix}^T$$
$$\xi_7 = \begin{bmatrix} 0 & 0 & 0 & 0 & 0 & 1 \end{bmatrix}^T$$

利用公式

$$g_{st}(\Theta) = \exp(\hat{\xi}_5\theta_5)\exp(\hat{\xi}_6\theta_6)\exp(\hat{\xi}_7\theta_7)g_{st2} \tag{3-5}$$

可以计算出正向运动学公式。

通过数据验证有如下公式成立：

$$\exp(\hat{\xi}_8\theta_8)\exp(\hat{\xi}_1\theta_1)\exp(\hat{\xi}_2\theta_2)\exp(\hat{\xi}_3\theta_3)\exp(\hat{\xi}_4\theta_4)\,g_{st1}(0)\exp(\hat{\xi}_5\theta_5)$$
$$\times \exp(\hat{\xi}_6\theta_6)\exp(\hat{\xi}_7\theta_7)g_{st2}(0) = \exp(\hat{\xi}_8\theta_8)\exp(\hat{\xi}_1\theta_1)\exp(\hat{\xi}_2\theta_2)\exp(\hat{\xi}_3\theta_3)$$
$$\times \exp(\hat{\xi}_4\theta_4)\exp(\hat{\xi}_5\theta_5)\exp(\hat{\xi}_6\theta_6)\exp(\hat{\xi}_7\theta_7)g_{st}(0) \tag{3-6}$$

其中

$$g_{st}(0) = \begin{bmatrix} 1 & 0 & 0 & 0 \\ 0 & 1 & 0 & 0 \\ 0 & 0 & 1 & 1505 \\ 0 & 0 & 0 & 1 \end{bmatrix}$$

该公式的物理意义：移动式操作臂的运动学分析可以分为两部分进行，即基于腕部的位置分析和基于腕部三个自由度的姿态分析。为进行该移动式操作臂的逆向运动学提供了重要的理论依据，简化了逆运动学算法，提高了运动规划的效率。

3.2.1.2 移动式操作臂的逆向运动学分析

给定操作臂末端位姿的齐次矩阵表达：

$$\begin{bmatrix} \alpha_{cx} & \beta_{cx} & \theta_{cx} & x_c \\ \alpha_{cy} & \beta_{cy} & \theta_{cy} & y_c \\ \alpha_{cz} & \beta_{cz} & \theta_{cz} & z_c \\ 0 & 0 & 0 & 1 \end{bmatrix}$$

其中，α_{cx}、α_{cy}、α_{cz} 分别为末端工具坐标系 x_e 轴与世界坐标系的 x_w、y_w、z_w 轴的夹角；β_{cx}、β_{cy}、β_{cz} 分别为末端工具坐标系 y_e 轴与世界坐标系的 x_w、y_w、z_w 轴的夹角；θ_{cx}、θ_{cy}、θ_{cz} 分别为末端工具坐标系 z_e 轴与世界坐标系的 x_w、y_w、z_w 轴的夹角；x_c、y_c、z_c 分别为工具坐标系 $\{e\}$ 的原点在世界坐标系的坐标值。

假设 $X_{wr} = \begin{bmatrix} x_{wr} & y_{wr} & z_{wr} \end{bmatrix}^T$ 为腕关节中心在世界坐标系中的位置坐标，根据空间矢量的关系，有

$$\begin{cases} x_c - x_{wr} = L\cos\theta_{cx} \\ y_c - y_{wr} = L\cos\theta_{cy} \\ z_c - z_{wr} = L\cos\theta_{cz} \end{cases} \tag{3-7}$$

其中，L 表示腕关节中心到工具坐标系原点之间的距离。

进而

$$\begin{cases} x_{wr} = x_c + L\cos\theta_{cx} \\ y_{wr} = y_c + L\cos\theta_{cy} \\ z_{wr} = z_c + L\cos\theta_{cz} \end{cases} \quad (3\text{-}8)$$

这样就可以获得腕部的位置。所以说，末端的位置和姿态一旦规划出来，其腕部中心的位置就唯一地确定下来，如图 3-4 所示。

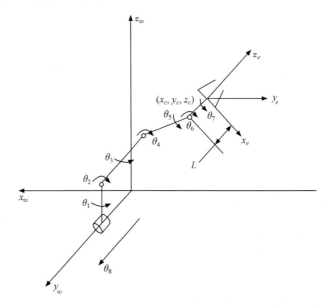

图 3-4　移动操作臂的世界坐标系下位置和姿态分析

由于腕关节的杆件尺寸小，对位置的影响小，考虑主要由基部的五自由度影响位置，导轨的移动不影响姿态，而操作臂的七自由度均影响姿态。分析图 3-5 可知，首先在腕关节中心进行位置和姿态的解耦，然后基于腕关节中心进行位置的速度级的反解，利用公式

$$\dot{\Theta} = J^+ \dot{X}_{wr} + (I - J^+ J)v \quad (3\text{-}9)$$

其中，J^+ 为雅可比矩阵 J 的 M-P 广义逆；$J^+ \dot{X}_{wr}$ 为最小范数解；$(I-J^+J)v$ 为对应的齐次解。

根据末端理想位置和速度的要求，根据式(3-9)求得基部五关节的运动速度。利用公式

$$\Theta(t) = \int_0^t \dot{\Theta}(t)\mathrm{d}t \cong \sum_{i=0}^n \dot{\Theta}(i\Delta t_i)\Delta t_i \quad (3\text{-}10)$$

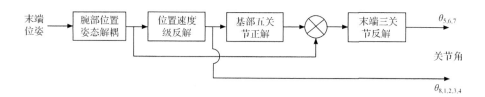

图 3-5 移动式冗余度操作臂逆运动学控制结构

求得基部五关节的位置,其中 $t = n\Delta t_i$。

利用公式

$$J_d^s(\Theta) = \begin{bmatrix} \xi_1' & \xi_2' & \cdots & \xi_n' \end{bmatrix}$$

$$\xi_i' = \mathrm{Ad}(\exp(\hat{\xi}_1\theta_1)\exp(\hat{\xi}_2\theta_2)\cdots\exp(\hat{\xi}_{i-1}\theta_{i-1}))\xi_i \tag{3-11}$$

可以计算出基部五关节的 $J_d^s(\Theta)$。其中,ξ_i' 为当前的关节运动旋量;ξ_i 为初始的关节运动旋量;$\mathrm{Ad}(g)s = gsg^{-1}$ 为群 g 对李代数元素 s 的共轭运算。首先只考虑基部五关节的位置"贡献",所以取 $J_d^s(\Theta)$ 的前三行 $J(\Theta)$,即位置相关的信息。

首先,不考虑腕部的三个自由度,用一个移动自由度和四个转动自由度对应于腕部位置进行运动学分析如下:

$$\dot{X}_{wr} = \begin{bmatrix} \dot{x}_{wr} \\ \dot{y}_{wr} \\ \dot{z}_{wr} \end{bmatrix} = \begin{bmatrix} j_{11} & j_{12} & j_{13} & j_{14} & j_{15} \\ j_{21} & j_{22} & j_{23} & j_{24} & j_{25} \\ j_{31} & j_{32} & j_{33} & j_{34} & j_{35} \end{bmatrix} \begin{bmatrix} \dot{\theta}_8 \\ \dot{\theta}_1 \\ \dot{\theta}_2 \\ \dot{\theta}_3 \\ \dot{\theta}_4 \end{bmatrix} = J(\Theta)\dot{\Theta} \tag{3-12}$$

这样,通过基部五关节的运动学正解获得腕部的姿态矩阵 T_w^{wr},而操作臂末端理想的姿态矩阵为 T_w^e,腕部三关节产生的欧拉变换的姿态矩阵 $\mathrm{Euler}(\theta_5,\theta_6,\theta_7)$,它们满足

$$T_w^e = T_w^{wr}\mathrm{Euler}(\theta_5,\theta_6,\theta_7) \tag{3-13}$$

由式(3-13)得

$$\mathrm{Euler}(\theta_5,\theta_6,\theta_7) = (T_w^{wr})^{-1}T_w^e \tag{3-14}$$

对式(3-14)进行欧拉变换解得到 $(\theta_5,\theta_6,\theta_7)$。这样就实现了系统简化的运动学反解。

腕部的三个自由度满足[5]:先绕 z 轴旋转 θ_5,再绕 y 轴旋转 θ_6,最后绕 z 轴旋转 θ_7。

$$\text{Euler}(\theta_5,\theta_6,\theta_7) = \begin{bmatrix} n_x & o_x & a_x & 0 \\ n_y & o_y & a_y & 0 \\ n_z & o_z & a_z & 0 \\ 0 & 0 & 0 & 1 \end{bmatrix}$$

$$= \begin{bmatrix} c\theta_5 c\theta_6 c\theta_7 - s\theta_5 s\theta_7 & -c\theta_5 c\theta_6 s\theta_7 - s\theta_5 c\theta_7 & c\theta_5 s\theta_6 & 0 \\ s\theta_5 c\theta_6 c\theta_7 + c\theta_5 s\theta_7 & -s\theta_5 c\theta_6 s\theta_7 + c\theta_5 c\theta_7 & s\theta_5 s\theta_6 & 0 \\ -s\theta_6 c\theta_7 & s\theta_6 s\theta_7 & c\theta_6 & 0 \\ 0 & 0 & 0 & 1 \end{bmatrix}$$

(3-15)

其中，$c\theta_5 = \cos\theta_5$；$s\theta_5 = \sin\theta_5$；其余依此类推。

求得等价的欧拉角为

$$\theta_5 = \text{atan2}(a_y, a_x)$$
$$\theta_6 = \text{atan2}(c\theta_5 a_x + s\theta_5 a_y, a_z)$$
$$\theta_7 = \text{atan2}(-s\theta_5 n_x + c\theta_5 n_y, -s\theta_5 o_x + c\theta_5 o_y)$$

3.2.2 模块机器人系统运动学建模与分析

以机器人的连杆和关节的关系为基础，已经提出了许多适用的运动学建模方法，如 D-H 参数法[6]、旋量坐标法[7]、零参考位置法[8]、指数积（POE）公式法[9]。根据模块化可重构机器人的固有特点，以这些方法为基础，也提出了一些针对于模块机器人的建模方法。Kelmar 等[10]提出了基于 D-H 的方法，可以自动生成模块机器人的前向运动学方程。这种方法使用两种类型的坐标系描述一个模块机器人，即模块坐标系和 D-H 坐标系。前一个描述单个模块的连杆和关节参数，后一个是根据 D-H 表示法定义的坐标系。根据给定的模块连接顺序，通过使用从模块坐标系到 D-H 坐标系的转换算法，可以自动获得整个机器人的 D-H 参数。这种方法只适用于所有关节都转动的情况。Chen[11]的方法是以 POE 公式为基础，它只使用一种模块局部坐标系。文中提出了装配并联矩阵（AIM）和二连体运动学的概念。装配并联矩阵完整地描述了模块机器人模块间的装配关系，二连体运动学描述一个关节位移下两个相邻模块间的运动关系。使用二连体运动学根据一定算法搜索 AIM，可以自动生成机器人的前向运动学。D-H 参数法用一个 4×4 阶齐次变换矩阵描述相邻连杆之间的空间相对关系，算法通用，适用于各种类型的机器人，并且可以很方便地求出机器人雅可比矩阵，所以我们在建模时仍然采用这种方法。

3.2.2.1 模块机器人正向运动学分析

机器人的正向运动学是指由给定的关节值求解机器人手部位姿。在机器人学中,机器人的手部姿态和位置可以用 4×4 阶矩阵来表示:

$$T = [\vec{n} \ \vec{o} \ \vec{a} \ \vec{p}] = \begin{bmatrix} n_x & o_x & a_x & p_x \\ n_y & o_y & a_y & p_y \\ n_z & o_z & a_z & p_z \\ 0 & 0 & 0 & 1 \end{bmatrix} \quad (3-16)$$

其中,$\vec{a}$ 为手部接近矢量;$\vec{o}$ 为手部姿态矢量;$\vec{n}$ 为手部法向矢量。此三个矢量构成了右手矢量积,即 $\vec{n} = \vec{o} \times \vec{a}$。手部位置可以用从基础参考系原点指向手部中心的矢量 $\vec{p}$ 来表示,这里,p_x、p_y、p_z 为手部在基础参考坐标系中的坐标。

用 A 矩阵描述一杆件和下一杆件之间的齐次变换关系,用 Denavit-Hartenberg 法建立 A 矩阵为

$$A_i = \text{Rot}(x, \alpha_{i-1}) \text{Trans}(x, a_{i-1}) \text{Rot}(z, \theta_i) \text{Trans}(z, d_i)$$

其中

$$\text{Rot}(x, \alpha_{i-1}) = \begin{bmatrix} 1 & 0 & 0 & 0 \\ 0 & \cos\alpha_{i-1} & -\sin\alpha_{i-1} & 0 \\ 0 & \sin\alpha_{i-1} & \cos\alpha_{i-1} & 0 \\ 0 & 0 & 0 & 1 \end{bmatrix}, \quad \text{Trans}(x, a_{i-1}) = \begin{bmatrix} 1 & 0 & 0 & a_{i-1} \\ 0 & 1 & 0 & 0 \\ 0 & 0 & 1 & 0 \\ 0 & 0 & 0 & 1 \end{bmatrix}$$

$$\text{Rot}(z, \theta_i) = \begin{bmatrix} \cos\theta_i & -\sin\theta_i & 0 & 0 \\ \sin\theta_i & \cos\theta_i & 0 & 0 \\ 0 & 0 & 1 & 0 \\ 0 & 0 & 0 & 1 \end{bmatrix}, \quad \text{Trans}(z, d_i) = \begin{bmatrix} 1 & 0 & 0 & 0 \\ 0 & 1 & 0 & 0 \\ 0 & 0 & 1 & d_i \\ 0 & 0 & 0 & 1 \end{bmatrix}$$

相乘可以得出连杆变换 A_i 的一般表达式,即

$$A_i = \begin{bmatrix} c\theta_i & -s\theta_i & 0 & a_{i-1} \\ s\theta_i c\alpha_{i-1} & c\theta_i c\alpha_{i-1} & -s\alpha_{i-1} & -d_i s\alpha_{i-1} \\ s\theta_i s\alpha_{i-1} & c\theta_i s\alpha_{i-1} & c\alpha_{i-1} & d_i c\alpha_{i-1} \\ 0 & 0 & 0 & 1 \end{bmatrix} \quad (3-17)$$

对于转动关节来说:

① a_{i-1} 为沿杆件的长度,等于从 z_{i-1} 到 z_i 沿 x_{i-1} 测量的距离;

② α_{i-1} 为杆件的扭角,等于从 z_{i-1} 到 z_i 绕 x_{i-1} 旋转的角度;

③ d_i 为连杆的偏置,等于从 x_{i-1} 到 x_i 沿 z_i 测量的距离;

④ θ_i 为关节变量,等于从 x_{i-1} 到 x_i 绕 z_i 旋转的角度。

一旦建立了连杆坐标系,并且确定了相应的连杆参数,那么通过将这些连杆变换依次相乘,就可以得到末端连杆相对于基座的变换矩阵,即

$$_n^0T = A_1(\theta_1)A_2(\theta_2)A_3(\theta_3)\cdots A_n(\theta_n) \tag{3-18}$$

该变换矩阵是所有 n 个关节变量的函数,如果知道了 n 个关节变量的值,就可以由上式计算出末端连杆在基坐标系中的位置和姿态。

七自由度模块机器人由两个 Rotary90、三个 Rotary70 转动关节,以及一个二自由度的腕组成,按照上面的方法,建立它的 D-H 坐标系,如图 2-16 所示,D-H 参数如表 2-6 所示,各个自由度的转角范围在表 2-7 中给出。

为了使 θ_i 的正向与实际机器人转角的正向吻合,应该使用右手系,根据机器人的实际正转向确定 z 轴的正方向。基坐标系的原点选在关节 1 的轴线与机器人底座平面的交点。

选取机器人各关节实际转角均为零时的位形为其初始位形。应该注意到,机器人的初始位形与 D-H 坐标系的零位相比,它的第二个关节和第四个关节已经转了 90°。因此在求机器人末端在基础坐标系中的坐标时,应该在给定关节角旋转度数的基础上,分别使第二个和第四个关节加上 90°。而在求机器人的运动学逆解时,应该在所得的关节角度数上,分别使第二个和第四个关节减去 90°。

根据连杆变换 A_i 的一般表达式,可以得出各个连杆变换矩阵为

$$A_1 = \begin{bmatrix} \cos\theta_1 & -\sin\theta_1 & 0 & 0 \\ \sin\theta_1 & \cos\theta_1 & 0 & 0 \\ 0 & 0 & -1 & 350.5 \\ 0 & 0 & 0 & 1 \end{bmatrix}, \quad A_2 = \begin{bmatrix} \cos\theta_2 & -\sin\theta_2 & 0 & 0 \\ 0 & 0 & 1 & 0 \\ -\sin\theta_2 & -\cos\theta_2 & 0 & 0 \\ 0 & 0 & 0 & 1 \end{bmatrix}$$

$$A_3 = \begin{bmatrix} \cos\theta_3 & -\sin\theta_3 & 0 & 125 \\ 0 & 0 & -1 & 0 \\ \sin\theta_3 & \cos\theta_3 & 0 & 0 \\ 0 & 0 & 0 & 1 \end{bmatrix}, \quad A_4 = \begin{bmatrix} \cos\theta_4 & -\sin\theta_4 & 0 & 105 \\ -\sin\theta_4 & -\cos\theta_4 & 0 & 0 \\ 0 & 0 & 1 & 0 \\ 0 & 0 & 0 & 1 \end{bmatrix}$$

$$A_5 = \begin{bmatrix} \cos\theta_5 & -\sin\theta_5 & 0 & 0 \\ 0 & 0 & 1 & -315.5 \\ -\sin\theta_5 & -\cos\theta_5 & 0 & 1 \\ 0 & 0 & 0 & 1 \end{bmatrix}, \quad A_6 = \begin{bmatrix} \cos\theta_6 & -\sin\theta_6 & 0 & 0 \\ 0 & 0 & 1 & 0 \\ -\sin\theta_6 & -\cos\theta_6 & 0 & 0 \\ 0 & 0 & 0 & 1 \end{bmatrix}$$

$$A_7 = \begin{bmatrix} \cos\theta_7 & -\sin\theta_7 & 0 & 0 \\ 0 & 0 & -1 & 90 \\ \sin\theta_7 & \cos\theta_7 & 0 & 0 \\ 0 & 0 & 0 & 1 \end{bmatrix} \quad (3\text{-}19)$$

将式(3-19)中各式代入式(3-18),即可求得模块机器人的正向运动学方程。

为了验证所建立的模块机器人 D-H 坐标系以及运动学方程的正确性,给定两组关节角值:

第一组:(0 0 0 0 0 0 0)

第二组:(0 90° 0 90° 0 0 0)

第一组为机器人的 D-H 坐标系零位,这时 $\theta_i = 0$ ($i = 1,2,3,4,5,6,7$)。

第二组为机器人的初始位型,这时 $\theta_i = 0 (i = 1, 3, 5, 6, 7)$。

$$\theta_i = 90°, \quad i = 2, 4$$

按照式(3-18)分别求得末端位姿矩阵:

第一组
$$\begin{bmatrix} 1 & 0 & 0 & 230 \\ 0 & 0 & 1 & -405.5 \\ 0 & -1 & 0 & 340.5 \\ 0 & 0 & 0 & 1 \end{bmatrix}$$

第二组
$$\begin{bmatrix} 0 & 1 & 0 & 0 \\ 1 & 0 & 0 & 0 \\ 0 & 0 & -1 & 976.0 \\ 0 & 0 & 0 & 1 \end{bmatrix}$$

与期望的结果相同。

3.2.2.2 模块机器人的逆向运动学及雅可比矩阵

很多机器人都具有球形腕,根据这一机构特点,将末端执行器上任一点的位置、姿态,转换为腕关节中心点的位置和末端执行器的姿态,使位置和姿态分别求解在一定程度上简化了逆运动学的复杂性。北京航空航天大学的周东辉[12]、李鲁亚[13]、唐世明[14]就是采用的这种方法。采用位姿分解的方法,使七自由度的逆运动学分解为腕部中心点位置的四自由度速度逆解和末端执行器的三自由度姿态逆解问题,进而使七自由度冗余求解转化为四自由度的冗余度求解,运动学维数降低,计算也变得简单,在一定范围内得到了应用。但是,这样肯定会丧失机器人的部分冗余特性,并降低了机器人的灵活性。

求解逆向运动学一般有两种方法,即分析法和数值法,应用分析的方法可以求出封闭解,通常就是分离变量,使得每一个关节变量可以用其他已知量显式的表示出来。但是,机器人运动学封闭形式的逆解是否存在,取决于机器人的几何结构。比如我们知道,对于一个六自由度的工业机器人,有封闭解的一个充分条件是有三个相交轴,如一个具有球腕的机器人。但是这个条件并非必要,在三个相邻关节轴平行的情况下,机器人仍然有封闭解。但是,对于冗余度机器人来说,它的逆解有无穷多个,因此没有封闭解,只能通过数值的方法来求解机器人的逆向运动学方程。

利用数值解法求解非冗余度机器人的逆向运动学,一般是利用下面的公式求速度解:

$$\dot{q} = J^{-1}\dot{x} \quad \text{或} \quad \mathrm{d}q = J^{-1}\mathrm{d}x \tag{3-20}$$

对于冗余度机器人,为了在速度级求解模块机器人的数值逆解,需要知道与 J^{-1} 类似的伪逆,因此需要首先计算机器人的雅可比矩阵 J。雅可比矩阵建立了机器人关节速度和机器人末端执行器在基础坐标系下的速度关系,它是在速度级求解逆向运动学的基础。

机器人的雅可比矩阵 J 是 $6 \times n$ 偏导数矩阵。J 的六行中,前三行代表了线速度系数,后三行是角速度系数,J 共有 n 列,第 i 列代表了第 i 个关节角对线速度系数和角速度系数的贡献。因此机器人的雅可比矩阵 J 可以写成分块的形式,即

$$\begin{bmatrix} v \\ \omega \end{bmatrix} = \begin{bmatrix} J_{l1} & J_{l2} & \cdots & J_{ln} \\ J_{a1} & J_{a2} & \cdots & J_{an} \end{bmatrix} \begin{bmatrix} \dot{q}_1 \\ \dot{q}_2 \\ \vdots \\ \dot{q}_n \end{bmatrix}$$

所以末端的线速度 v 和角速度 ω 可以表示为各关节速度 $\dot{q}_i$ 的线性函数,即

$$v = J_{l1}\dot{q}_1 + J_{l2}\dot{q}_2 + \cdots + J_{ln}\dot{q}_n$$
$$\omega = J_{a1}\dot{q}_1 + J_{a2}\dot{q}_2 + \cdots + J_{an}\dot{q}_n$$

末端的微分移动矢量 d、微分转动矢量 δ 与各关节微分运动 $\mathrm{d}q_i$ 之间的关系为

$$d = J_{l1}\mathrm{d}q_1 + J_{l2}\mathrm{d}q_2 + \cdots + J_{ln}\mathrm{d}q_n$$
$$\delta = J_{a1}\mathrm{d}q_1 + J_{a2}\mathrm{d}q_2 + \cdots + J_{an}\mathrm{d}q_n$$

求解雅可比矩阵的方法很多,这里采用文献[7]提出的矢量积方法。因为雅可比矩阵的每一列向量代表相应的关节速度对手部线速度和角速度的影响,所以求雅可比矩阵可以分别求出它的每一列。

模块机器人的所有关节均为转动关节,对于第 i 个关节,它在末端产生的角速度为

$$\omega = z_i \dot{q}_i$$

在末端产生的线速度为

$$v = (z_i \times {}^i p_n^0) q_i$$

所以雅可比矩阵的第 i 列为

$$J_i = \begin{bmatrix} z_i \times {}^i p_n^0 \\ z_i \end{bmatrix} = \begin{bmatrix} z_i \times ({}_i^0 R \cdot {}^i p_n) \\ z_i \end{bmatrix} \tag{3-21}$$

前面已经求出连杆之间的齐次变换 A_i,从中可以提取出连杆之间的旋转矩阵 ${}^{i-1}_{i}R$,即

$${}^{0}_{1}R = \begin{bmatrix} \cos\theta_1 & -\sin\theta_1 & 0 \\ \sin\theta_1 & \cos\theta_1 & 0 \\ 0 & 0 & -1 \end{bmatrix}, \quad {}^{1}_{2}R = \begin{bmatrix} \cos\theta_2 & -\sin\theta_2 & 0 \\ 0 & 0 & 1 \\ -\sin\theta_2 & -\cos\theta_2 & 0 \end{bmatrix}$$

$${}^{2}_{3}R = \begin{bmatrix} \cos\theta_3 & -\sin\theta_3 & 0 \\ 0 & 0 & -1 \\ \sin\theta_3 & \cos\theta_3 & 0 \end{bmatrix}, \quad {}^{3}_{4}R = \begin{bmatrix} \cos\theta_4 & -\sin\theta_4 & 0 \\ -\sin\theta_4 & -\cos\theta_4 & 0 \\ 0 & 0 & -1 \end{bmatrix}$$

$${}^{4}_{5}R = \begin{bmatrix} \cos\theta_5 & -\sin\theta_5 & 0 \\ 0 & 0 & 1 \\ -\sin\theta_5 & -\cos\theta_5 & 0 \end{bmatrix}, \quad {}^{5}_{6}R = \begin{bmatrix} \cos\theta_6 & -\sin\theta_6 & 0 \\ 0 & 0 & 1 \\ -\sin\theta_6 & -\cos\theta_6 & 0 \end{bmatrix}$$

$${}^{6}_{7}R = \begin{bmatrix} \cos\theta_7 & -\sin\theta_7 & 0 \\ 0 & 0 & -1 \\ \sin\theta_7 & \cos\theta_7 & 0 \end{bmatrix}$$

由此可以得到

$${}^{0}_{2}R = {}^{0}_{1}R\,{}^{1}_{2}R = \begin{bmatrix} c_1c_2 & -c_1s_2 & -s_1 \\ -c_2s_1 & s_1s_2 & -c_1 \\ s_2 & c_2 & 0 \end{bmatrix}$$

$${}^{0}_{3}R = {}^{0}_{1}R\,{}^{1}_{2}R\,{}^{2}_{3}R = \begin{bmatrix} c_1c_2c_3 - s_1s_3 & -c_3s_1 - c_1c_2s_3 & c_1s_2 \\ -c_2c_3s_1 - c_1s_3 & -c_1c_3 + c_2s_1s_3 & -s_1s_2 \\ c_3s_2 & -s_2s_3 & -c_2 \end{bmatrix}$$

其中,$c_i = \cos\theta_i$;$s_i = \sin\theta_i$。

按照上面的方法可以计算出 ${}^{0}_{4}R$、${}^{0}_{5}R$、${}^{0}_{6}R$、${}^{0}_{7}R$ 分别为

$${}^{0}_{4}R = {}^{0}_{1}R\,{}^{1}_{2}R\,{}^{2}_{3}R\,{}^{3}_{4}R, \quad {}^{0}_{5}R = {}^{0}_{1}R\,{}^{1}_{2}R\,{}^{2}_{3}R\,{}^{3}_{4}R\,{}^{4}_{5}R, \quad {}^{0}_{6}R = {}^{0}_{1}R\,{}^{1}_{2}R\,{}^{2}_{3}R\,{}^{3}_{4}R\,{}^{4}_{5}R\,{}^{5}_{6}R$$

$${}^{0}_{7}R = {}^{0}_{1}R\,{}^{1}_{2}R\,{}^{2}_{3}R\,{}^{3}_{4}R\,{}^{4}_{5}R\,{}^{5}_{6}R\,{}^{6}_{7}R$$

所以各个连杆坐标系的 z 轴在基础坐标系中表示为

$$z_1 = [0 \quad 0 \quad 1]^{\mathrm{T}}$$
$$z_2 = {}^{0}_{2}R[0 \quad 0 \quad 1]^{\mathrm{T}} = [-s_1 \quad -c_1 \quad 0]^{\mathrm{T}}$$
$$z_3 = {}^{0}_{3}R[0 \quad 0 \quad 1]^{\mathrm{T}} = [c_1s_2 \quad -s_1s_2 \quad -c_2]^{\mathrm{T}}$$

按照上面公式依次求出 z_4、z_5、z_6、z_7,即

$$z_4 = {}^{0}_{4}R[0 \quad 0 \quad 1]^{\mathrm{T}}, \quad z_5 = {}^{0}_{5}R[0 \quad 0 \quad 1]^{\mathrm{T}}$$
$$z_6 = {}^{0}_{6}R[0 \quad 0 \quad 1]^{\mathrm{T}}, \quad z_7 = {}^{0}_{7}R[0 \quad 0 \quad 1]^{\mathrm{T}}$$

又

$${}^{1}_{7}T = A_2A_3A_4A_5A_6A_7, \quad {}^{2}_{7}T = A_3A_4A_5A_6A_7, \quad {}^{3}_{7}T = A_4A_5A_6A_7$$

$${}^4_7T = A_5A_6A_7, \quad {}^5_7T = A_6A_7, \quad {}^6_7T = A_7$$

$${}^7_7T = \begin{bmatrix} I_{3\times3} & 0 \\ 0 & 1 \end{bmatrix}$$

其中，$I_{3\times3}$ 为三维的单位阵，${}^1_7T$ 的右上角 3×1 列向量即为 ${}^1p_7$，依此类推，可分别求出 ${}^2p_7$、${}^3p_7$、${}^4p_7$、${}^5p_7$、${}^6p_7$、${}^7p_7$。

至此，式(3-21)中未知量已经全部求出，将相应的向量和旋转矩阵代入式(3-21)，可以分别求得模块机器人雅可比矩阵的各列 $J_i(i=1,2,3,4,5,6,7)$。

3.3 机器人系统运动学优化

3.3.1 机器人系统运动学优化的传统方法

3.3.1.1 PA10 机器人的运动学优化

1. PA10 机器人的奇异性分析[4,12]

系统的奇异点包括边界奇异点和内部奇异点两类。边界奇异点的集合为操作臂可达空间的外边界，一般来说改善的可能性很小。这里主要讨论的是内部奇异点。该操作臂系统基部的五个自由度主要影响位置，末端的三个自由度主要影响姿态。内部奇异性主要包括末端三关节的姿态奇异和基部五关节的位置奇异，下面分别讨论系统的姿态奇异和位置奇异。

1) 姿态奇异分析

PA10 的腕关节由依次相互正交的关节 5、6、7 组成，因此其姿态变化受到限制，图 3-6 中的阴影部分为工具末端不可达到的姿态范围。操作臂处于位置 1 时，$\theta_6 = 0$，关节 5 和关节 7 的旋转轴共线，此时腕处于奇异姿态。腕安装在前臂上，通过自运动调节前臂到达位置 2，使工具末端可以达到阴影部分；同时也使 $\theta_6 \neq 0$，避开了姿态奇异。

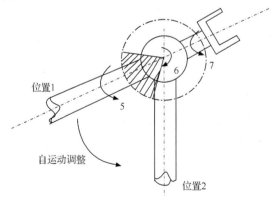

图 3-6 腕关节姿态奇异性分析

2) 位置奇异分析

不考虑移动关节对位置奇异性的影响时,即 $\theta_8 = 0$,通过求解方程

$$\det(JJ^T) = 0 \tag{3-22}$$

研究系统的奇异性,方程左边的含义为雅可比矩阵与其转置的行列式的值。方程(3-22)为

$$(396906 + 2\cos(2\theta_1) + \cos(2\theta_1 - 2\theta_2) - 396902\cos(2\theta_2) + \cos(2\theta_1 + 2\theta_2))\cos^2\theta_3 \sin^2\theta_2 = 0 \tag{3-23}$$

求解方程(3-23)可知:$\theta_3 = \pi/2$,或 $\theta_2 = 0$、$\theta_1 = \pi/2$,或 $\theta_2 = 0$。并且 θ_4 与系统的奇异性无关。通过调整 θ_8,可以减少位置奇异的发生,增大操作可达空间。

2. PA10 机器人系统优化方法研究

长期以来,众多学者对冗余度机器人的运动控制优化进行了深入的研究。影响最大的是梯度投影法,即式(3-9)中的 v 为

$$v = k\nabla H(\Theta_{8,1,2,3,4}) \tag{3-24}$$

其中,∇H 为优化目标函数的梯度,$\nabla H(\theta_{8,1,2,3,4}) = \partial H/\partial \theta$,依据优化指标建立相应的目标函数 $H(\theta_{8,1,2,3,4})$;k 为自运动放大系数。

Yoshikawa[4]利用可操作度来研究机器人的奇异性,定义为

$$W = \sqrt{\det(JJ^T)} \tag{3-25}$$

其中,J 为雅可比矩阵。当 $W < W_0$ 时,考虑进行避奇异优化。建立优化的目标函数为

$$H(\theta_{8,1,2,3,4}) = \cos^2\theta_2 + \cos^2\theta_4 \,^{[13,15]} \tag{3-26}$$

这样可以得到优化目标函数的梯度为

$$\nabla H(\theta_{8,1,2,3,4}) = [0 \quad 0 \quad -\sin(2\theta_2) \quad 0 \quad -\sin(2\theta_4)]^T \tag{3-27}$$

3.3.1.2 模块机器人的运动学优化

1. 模块机器人避关节极限

对于冗余度机器人或处于奇异位置的非冗余度机器人而言,我们只能求雅可比矩阵的广义逆,公式变为 $dq = J^+ dx$,因为解有无数多个,一般只求具有最小范数的解。但是,由于机器人的各个关节实际上存在运动极限位置,每一个关节都有一个运动范围,因此,在某些情况下,最小范数解并不能满足要求,即根据公式求出的解在控制机器人运动时却不能实现,在机器人的末端还没有达到期望的空间位置的时候,一个和多个关节已经超出了机器人实际上能够达到的极限。为了完成预定的任务,需要对其进行优化,利用冗余度机器人的冗余关节以及因此而特有的自运动能力,在保持末端位姿不变的情况下,通过机器人的自运动,调整机器人的关节,使其处于能达到的关节范围内。

机器人末端速度和关节速度之间的关系可以由下面的运动学方程描述:

$$\dot{x} = J(q)\dot{q}$$

其中,$\dot{x} \in \mathbf{R}^m$、$\dot{q} \in \mathbf{R}^n$、$J \in \mathbf{R}^{m \times n}$ 分别为机器人操作空间的末端速度、关节速度、雅可比矩阵。对于冗余度机器人,有 $m < n$。因此,满足上式的逆运动学有无数多个解,即对于给定的 $\dot{x}$,存在无数组关节角速度向量 $\dot{x}$ 满足上式。

关节速度可由下式计算:

$$\dot{q} = J^+ \dot{x} + (I - J^+ J)\alpha \tag{3-28}$$

这里,J^+ 为雅可比矩阵的 Moore-Penrose 广义逆;$J^+ \dot{x}$ 为方程的最小范数解,也就是说方程的解 $\dot{q}$ 具有最小的欧拉范数;$(I - J^+ J)\alpha \in N(J)$ 为方程的齐次解,$N(J)$ 为雅可比矩阵 J 的零空间;$\alpha \in \mathbf{R}^n$ 为任意矢量。齐次解对应机器人操作臂的自运动,不会引起任何末端运动。

利用冗余特性达到避关节极限优化,通常通过全局或局部性能指标优化完成。因为全局优化方法需要事先知道完整的轨迹信息,并且算法复杂,实时性差,在需要根据传感器的信息反馈不断进行轨迹修订的场合,全局优化并不十分合适。尽管局部优化方案可能不能产生最优的关节轨迹,但是它仍然是在线编程控制最适合的优化方法。

梯度投影法 GPM(gradient projection method)和加权最小范数法 WLN(weighted least-norm)是两种最常用的局部优化方案。

1) 梯度投影法

以 $k\mathbf{\nabla} H(q)$ 替换方程式(3-28)中的自由矢量 α,可以得到

$$\dot{q} = J^+ \dot{x} + k(I - J^+ J)\mathbf{\nabla} H(q) \tag{3-29}$$

上面方程中的系数 k 是一个常量实数,$\mathbf{\nabla} H(q)$ 是 $H(q)$ 的梯度向量,它有如下形式:

$$\mathbf{\nabla} H(q) = \left[\frac{\partial H}{\partial q_1}, \quad \frac{\partial H}{\partial q_2}, \quad \cdots, \quad \frac{\partial H}{\partial q_n} \right]^\mathrm{T} \tag{3-30}$$

在文献[15]和[16]中,Dubey 等提出的避关节极限性能指标 $H(q)$ 如下:

$$H(q) = \sum_{i=1}^{n} \frac{1}{4} \frac{(q_{\max}[i] - q_{\min}[i])^2}{(q_{\max}[i] - q[i])(q[i] - q_{\min}[i])} \tag{3-31}$$

上式中,在接近关节角的极限位置,$H(q)$ 趋于无穷大,可以自动给出它们的权值。上式中每一项对应一关节,对于每个关节,如果关节角处于关节极限的中间位置,那么其对应项的值就是1,如果处于接近极限的位置,其对应项就趋向于无穷大。以第三个关节为例,下面的图 3-7 表示了这个关系。

2) 加权最小范数法

加权最小范数法(WLN)最初由 Whitney 提出用来解决冗余度问题。通过使用惯性矩阵作为权值矩阵,这个方法用来减少能量。Hollerbach 和 Suh 用这个方法减少关节力矩。Chan[17]用这种方法来解决避关节极限的问题。

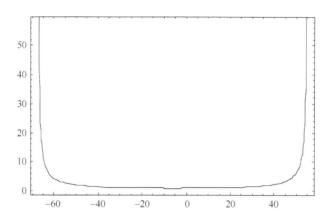

图 3-7 $H(q_3)$ 随 q_3 变化的曲线图($-67.5 < q_3 < 55.0$)

为了限制不利的关节自运动,定义关节速度矢量的加权范数如下:

$$|\dot{q}|_w = \sqrt{\dot{q}^T W \dot{q}} \tag{3-32}$$

其中,W 为加权矩阵,它是一个正的对称矩阵。在大多数情况下,为了使问题简便,认为它是一个对角阵。

引进变换

$$J_w = JW^{-1/2}, \quad \dot{q}_w = W^{1/2} \dot{q} \tag{3-33}$$

使用上述变换,方程(3-20)可重写为

$$\dot{x} = J\dot{q} = JW^{-1/2}W^{1/2}\dot{q} = J_w \dot{q}_w \tag{3-34}$$

这个方程的最小范数解为

$$\dot{q}_w = J_w^+ \dot{x}, \quad |\dot{q}|_w = \sqrt{\dot{q}_w^T \dot{q}_w} \tag{3-35}$$

由伪逆的定义,有

$$J^+ = J^T(JJ^T)^{-1}$$

所以

$$\begin{aligned}
\dot{q} &= (W^{1/2})^{-1}\dot{q}_w = (W^{1/2})^{-1} J_w^+ \dot{x} = (W^{1/2})^{-1} J_w^T (J_w J_w^T)^{-1} \dot{x} \\
&= W^{-1/2} (JW^{-1/2})^T (JW^{-1/2}(JW^{-1/2})^T)^{-1} \dot{x} \\
&= W^{-1/2} W^{-1/2} J^T (JW^{-1/2} W^{-1/2} J^T)^{-1} \dot{x} \\
&= W^{-1} J^T (JW^{-1} J^T)^{-1} \dot{x}
\end{aligned} \tag{3-36}$$

上式就是方程的加权最小范数解,其中雅可比矩阵是满秩的。

权值矩阵通常取为对角矩阵,它的形式如下:

$$W = \begin{bmatrix} w_1 & 0 & 0 & \cdots & 0 \\ 0 & w_2 & 0 & \cdots & 0 \\ \vdots & \vdots & \vdots & & \vdots \\ 0 & 0 & 0 & \cdots & w_n \end{bmatrix} \tag{3-37}$$

其中，w_i 为对角矩阵 W 中的元素，它定义成如下形式：

$$w_i = 1 + \left| \frac{\partial H(q)}{\partial q_i} \right| \tag{3-38}$$

其中

$$\frac{\partial H(q)}{\partial q_i} = \frac{(q_{\max}[i] - q_{\min}[i])^2 (2q[i] - q_{\max}[i] - q_{\min}[i])}{4(q_{\max}[i] - q[i])^2 (q[i] - q_{\min}[i])^2}$$

可以看出，当关节角 i 处于关节范围的中间位置的时候，$\partial H(q)/\partial q_i$ 的值为零，当关节角度值处于任意极限位置时，$\partial H(q)/\partial q_i$ 的值趋向于无穷大。所以，根据 w_i 的定义，当关节角 i 处于关节范围的中间位置的时候，w_i 的值为1，当关节角度值处于任意极限位置时，w_i 的值趋向于无穷大。因此，如果某个关节接近极限位置，它的权值变大，并导致该关节运动的缩减。如果非常接近于关节极限位置，它的权值就接近于无穷大，相应的关节实际上已经停止运动，这样就能保证关节不会超出极限位置。

按照上面的加权最小范数法，无论是向着关节极限的方向运动，还是向离开关节极限位置的方向运动，其处理方法是一样的。如果关节是向离开极限位置的方向运动，即 $|\partial H(q)/\partial q_i|$ 的值非常大，也没有必要消除这种运动。在这种情况下，让关节自由运动，将会使机器人的冗余特性对其他目的，比如避障，非常有用。考虑到这个因素，可以重新定义 w_i 为如下形式：

$$w_i = \begin{cases} 1 + \left| \dfrac{\partial H(q)}{\partial q_i} \right|, & \Delta \left| \dfrac{\partial H(q)}{\partial q_i} \right| \geqslant 0 \\ 1, & \Delta \left| \dfrac{\partial H(q)}{\partial q_i} \right| < 0 \end{cases} \tag{3-39}$$

从上式可以看出，w_i 并不是关节角的连续函数。当 $\Delta|\partial H(q)/\partial q_i|$ 的符号改变时，它可能是不连续的。注意到，当关节向极限方向运动时，$\Delta|\partial H(q)/\partial q_i|$ 的值增加。当关节速度为零时，$\Delta|\partial H(q)/\partial q_i|$ 的值为零。当关节向着离开关节极限的方向运动时，$\Delta|\partial H(q)/\partial q_i|$ 为负值。因此我们有下面两种可能的情况：

(1) 在关节范围的中间，对于 $\Delta|\partial H(q)/\partial q_i| \geqslant 0$ 和 $\Delta|\partial H(q)/\partial q_i| < 0$，都有 $w_i = 0$，因此 w_i 不存在不连续性。

(2) 从相应关节范围中间离开，当 $\Delta|\partial H(q)/\partial q_i|$ 改变符号时，w_i 的值要么从1变为比它大的值，要么从一个很大的正值变为1。由于在这些点相应的关节速度为0，这种变化并不影响它的连续性。

因此，把 w_i 定义成不连续的形式，并不影响关节速度的连续性。

如果给定的任务要求运动有连续的关节加速度，可以确定一个函数，使其在

$\Delta|\partial H(q)/\partial q_i|\geqslant 0$ 和 $\Delta|\partial H(q)/\partial q_i|<0$ 之间平滑过渡。因为权值矩阵被定义成对角矩阵的形式,所以它的逆矩阵也是对角矩阵的形式,逆矩阵的各项是其对应项的倒数。因此,加权最小范数法的计算量比梯度投影法的计算量要小,因为在梯度投影法中,还要计算齐次解。

2. 模块机器人系统优化方案

梯度投影法是机器人运动学优化控制中最有影响、最有效的方案。它的主要问题是自运动大小的选择,它是常系数 k 和 $(I-J^+J)\nabla H$ 乘积。增大 k 的取值,就可以提高机器人的优化能力。但是 k 的取值主要依靠经验或者实验误差分析进行不断修正。它可能很大,也可能很小,对于一种初始位型适合的 k 值,在改变了初始位型以后就可能不适合。如果 k 值取得太小,在机器人运动的初期,投影向量 $(I-J^+J)\nabla H$ 也很小,优化能力就较弱,优化效果不明显,只有在 $(I-J^+J)\nabla H$ 的值变得很大时,才有较强的优化能力,在某些情况下,这种优化就显得很迟。如果值取得很大,使得机器人在运动的初期就表现出很强的优化能力,随着投影向量 $(I-J^+J)\nabla H$ 的不断增加,优化能力也不断增强,在运动的后期,关节角大小可能离关节极限位置已经足够大,不需要再进行优化了,但是优化还在继续进行,这就增加了不必要的终端自运动,并且可能导致严重的关节振荡。因此采用 GPM 优化方案,一旦有优化作用,效果会非常明显、有效,但这也会使关节角运动幅度过大。

对于 WLN 方案,就考虑到了选取合适的自运动大小的问题。WLN 在抑制任何向关节极限位置方向的关节运动时,并不主动增大关节和它的极限位置的距离。这样就避免了不必要的自运动和关节振荡,所以使用这种优化方案,关节运动平缓。无论何时,某一关节角的性能指标梯度增加,意味着关节在接近极限位置时,它就会加上适当的自运动,使关节远离极限位置。这与 GPM 不同,GPM 中,只有梯度沿雅可比矩阵零空间的投影被用来决定自运动幅度的大小。综合以上分析,我们采用比较平稳的优化方案 WLN。

3. 模块机器人系统奇异性分析

在使用 WLN 方案求模块机器人的逆解时,必须使雅可比矩阵 J 是满秩的,对于七自由度机器人而言,就是 $\text{rank}J(q)=6$。如果 $\text{rank}J(q)<6$,机器人就处于奇异位置。在奇异位置处,机器人的手部将失去一个或数个自由度,此时机器人的关节角记为 q_s(下标 s 表示 singularity),q_s 就是机器人的奇异点。有一个指标可以表示接近手臂奇异位置的程度,称为可操作度 w[18]。可以由下式表示:

$$w=\sqrt{\det J(q)J^T(q)} \tag{3-40}$$

当手臂为奇异位置时,w 为 0。所以利用手臂的冗余特性对手臂进行控制时,若尽可能使 w 保持比较大的值,就可以回避奇异位置。

3.3.2 基于容错控制的冗余度机器人运动学优化

3.3.2.1 机器人关节失效状态下的故障分析[13,14,19,20]

机器人在操作运行过程中,可能会因为机械撞击、电磁干扰、老化腐蚀、温度急剧变化等原因导致出现故障的概率显著增加。如果机器人处于空间站、核工业、战场、危害化学品、深海等特殊场合,工作环境危险,则无法及时进行处理或维修。复杂的任务和工作环境不仅要求机器人系统具有灵活性、准确性、稳定性和适应性,也要求机器人在出现故障时能够继续工作、完成任务。这就对机器人的容错性提出了要求。

机器人的关节一般由机械部分和驱动部分构成,计算机上运行的程序通过控制电路来控制驱动部分的运动,从而带动机器人关节运动。

机器人的关节是两个或多个杆件的联结部分。关节的驱动形式包括气压传动、液压传动和电机传动等。种类众多的电机为机器人设计提供了多种选择,而且电机可以用伺服驱动单元驱动和用控制机构运动,现在多数机器人采用电机通过减速装置带动关节运动。由于空间环境的特殊性,空间机器人的驱动通常是由电机实现的。按照机器人关节的运动性质,一般将关节划分为旋转关节和移动关节。机器人的杆件一般由金属材料整体铸造或加工而成,承受负载的能力较强。关节是由轴、联结件、传动件、电机等多个部件组成。电机提供的驱动力通过齿轮、蜗杆、带或链等传动件施加到轴上,带动轴转动或移动。在运动过程中,电机轴、传动轴要传递力矩,还可能受到径向、轴向的力。轴承则要承受压力、摩擦力。螺栓、键等联结也要承受拉力、剪切力等。承受负载时,关节处受力情况复杂,零件容易出现应力集中。在超载、运行速度过快、运行时间过长的情况下,和杆件相比,关节处的零件更易产生变形断裂。

空间机器人位于遥远的太空站中。在空间站里安装了监视系统,通过各种传感器观测机器人的运动,将机器人的运行情况传送到地面的指挥站。当空间机器人运行时,需要人员在地面进行监视观测、遥控操作,根据机器人的运行情况做出反应,如果出现意外时应及时干预。

机器人在运行过程中,可能出现受力零件故障、驱动故障、控制器故障、反馈元件故障等情况。当机器人出现故障时,可以根据不同现象判断关节失效的原因,从而采取相应的解决办法。

如果发生机器人和物体的意外碰撞或者受到破坏时,受力的壳体、杆件、轴、轴承等零件可能会出现变形,以至于出现裂纹、断缝等故障。对于这些碰撞或破坏,一般可以通过肉眼或视觉监视器观测到。如果机器人上安装有力传感器,会检测到故障发生时相应的力信号。

第3章 冗余度空间机器人系统在复杂环境下的灵活性和可靠性的理论研究

在负载超重的情况下,电机会出现温度迅速升高,烧毁线圈。如果长时间处于过载的情况下,还可能会导致减速器、电机出现磨损破坏,运动精度显著下降,甚至无法完成指定的动作。如果电机的轴受到了过大的径向力或轴向力,会导致电机内部损坏。对于液压驱动系统,在温度变化较大、负载超重、密封件老化等情况下,由于液体泄漏、热胀冷缩等原因,关节的运动也会不准确。当驱动部分出现问题时,直接通过肉眼,或者通过视觉监视器,会观察到机器人的关节运动异常,没有运动到指定位置。速度和设定值相比差别很大。如果电机上有数字编码器,我们会得到不正常运动的编码器信号。

现在的机器人应用了先进的控制技术。操作人员运行计算机上的程序,计算机和运动控制卡之间进行通信,运动控制卡通过电路向驱动器发送电信号,由驱动器向电机提供电流、电压,从而驱动机器人关节运动。在某些电磁干扰很严重的情况下,或者由于电路本身设计不合理、电子器件的接触不良等原因,运动控制电路可能出现故障。还可能导致计算机和运动控制卡之间的通信、控制卡和驱动器之间的连接出现故障。这时我们会发现机器人可能无法运动,或者运动情况和我们的指令相差很大。

空间机器人处于太空站中,应用环境特殊,也会遇到一些与地面上不同的情况。在太空中,能否接受到太阳光会导致温度发生急剧变化。在不同的温度下,零件会热胀冷缩,尺寸大小会发生变化。润滑油在不同温度下,黏滞性会发生变化,而且可能发生相态的变化,低温时可能会凝固,高温时可能会挥发。金属在温度相差很大时强度、韧性等性能会有所变化。由于没有大气层的保护,太空中的射线可能会损坏电路,或影响电路的正常工作。空间站和地面之间需要畅通及时的通信,地面的工作人员才能实时观测机器人的运行情况,遥控操作。如果通信出现故障,机器人将无法执行任务。对于空间机器人可能出现的故障,需要从地面的观测情况来判断,及时做出反应,也可以建立故障智能诊断库,实现自动检测。

我们在设计机器人的时候,要考虑到机器人应用的环境,要考虑到上述各种可能出现的故障。在出现关节失效时,为了继续完成指定任务,减小或消除损失,整个机器人系统要具有容错性。尤其对于空间机器人,出现故障时无法及时进行维修。如果因为一个小错误而影响了太空实验的进行,将是对资金、人力、物力的巨大浪费。

容错性机器人系统中某个系统或环节发生故障或运行错误时,通过传感器或者其他途径,故障反应系统应该能够监测到故障的原因。机器人的操作系统能够通过相应的解决办法,在不中断机器人操作的情况下完成预定的任务。容错机器人的故障反应过程如图3-8所示。

对于关节失效,可以设计备用驱动器、备用关节,可以替代失效的驱动器或关节。备用驱动器和备用关节的容错设计虽然能够提高可靠性,但并不改善操作灵

图 3-8 容错机器人的故障反应过程

活性。冗余度机器人则是一种解决关节失效的良好办法,只需要较少的硬件开销就能够改善机器人的灵活性,又能够提高可靠性,但对控制系统提出了较高的要求。

3.3.2.2 冗余度机器人的容错性

在笛卡儿空间中,至少需要三个位置参数和三个姿态参数来描述刚体的位姿,因此传统的工业机器人最多有六个自由度,以便使末端工具能够完成任意位姿的操作。对于确定的末端位姿而言,六自由度机器人仅有几组十分有限的构形能够满足任务要求,这类机器人被称为非冗余度机器人。随着操作环境和任务要求的复杂化,对机器人的适应性、准确性、灵活性和可靠性提出了更高的要求。为了克服非冗余度机器人的局限性,在六自由度机器人的基础上增加一个或几个关节,使关节空间大于任务空间的维数,以适应复杂任务和工作环境的要求。对冗余自由度机器人而言,与任务位姿对应的关节构形有无限多个,或者说冗余自由度机器人能够在一个较大的关节子空间内自运动而保持其末端位姿不变。当冗余度机器人的某个或者多个关节发生故障的时候,如果失控关节的数目小于等于冗余度数目,机器人仍然可以继续完成任务,这就是冗余度机器人的容错性能。通常,工程应用对机器人末端位姿的限定往往少于六维,所以六自由度甚至更少自由度的机器人有时也具有冗余特性。

当机器人的一个或几个关节出现故障而无法控制时,由于工作连续性的要求,不能马上停下机器人进行维修。故障检测与鉴别系统及时检测、鉴别出故障的类型,可以采取紧急措施,例如,锁定故障关节、减小故障关节所受力矩等。如果故障关节在某个角度容易失控,可以控制机器人尽量避免运动到这一角度附近。如果某个关节电机轻度损坏,输出力矩有所下降,则需控制机器人的动力学优化,避免故障关节有过高的驱动力矩要求。冗余度机器人无故障的时候具有灵活性;有故障发生时,如果可用关节数仍大于任务空间的维数,则机器人仍然具有灵活性;两者相等时,可作为非冗余度机器人继续工作。如果失控的关节数目小于或等于冗余自由度数,那么机器人仍然可以到达任务要求的位姿,继续完成操作。

不失一般性,假设操作过程中关节 f 在 t_f 时刻发生故障,系统启用制动装置将发生故障的关节锁定在出现故障的位置,这样机器人的运动学模型就要重构。

设机器人没有发生故障以前的雅可比矩阵为

$$J = [j_1, j_2, \cdots, j_n] \tag{3-41}$$

经过重构的机器人的雅可比矩阵为

$$^fJ_{m\times(n-1)} = [j_1, j_2, \cdots, j_{f-1}, j_{f+1}, \cdots, j_n] \tag{3-42}$$

即将关节 f 对应的 J 中的列向量删除掉。相应的关节速度表示为

$$^f\dot{q}_{m\times(n-1)} = [\dot{q}_1, \dot{q}_2, \cdots, \dot{q}_{f-1}, \dot{q}_{f+1}, \cdots, \dot{q}_n]^T \tag{3-43}$$

如果 $^fJ_{m\times(n-1)}$ 满秩,则锁定该关节 f 时,机器人仍能完成指定任务;如果 $^fJ_{m\times(n-1)}$ 欠秩,则机器人不能满足末端位姿要求。但是,我们可以引入某些算法,以适当牺牲机器人末端的精确解为代价,来获得奇异点附近的连续可行解,例如 SRI 等方法。

3.3.2.3 基于容错控制的算法 (fault-tolerance control based method, FTCBM)

在 3.3.1 节中,我们用传统的方法分别对 PA10 和模块机器人进行了分析。但是这两种方法不能始终保证优化的顺利进行,经常需要多次调整参数才能得到比较满意的结果。有的时候由于性能指标函数的选择问题,甚至根本得不到理想的结果。

梯度投影方法之所以被广泛应用,原因是不同的性能指标比较容易融合到控制中去。但是自运动部分的大小不仅与自运动系数 k 的大小有关,还和梯度函数的大小以及梯度函数和投影算子的夹角有关。如果系数 k 选取不当,可能使特解部分和齐次解部分处于不可比拟的两个量级,要么起不到优化作用,要么使机器人的运动发生速度超限、跳动、飞车,使运动规划失败。

加权最小范数法(WLN)是另外一种常用的算法,形式上看,WLN 与 GPM 不同,但实质上,满足 WLN 的解也必然满足 GPM,只是 WLN 的解中没有像 GPM 那样显式的包含齐次解部分。

归根到底,无论是 GPM 还是 WLN,以及基于它们的修正算法,都不能直接控制自运动量的大小,更不能直接控制需要优化关节的运动量的大小,所以不能始终保证优化的顺利进行。

基于冗余度机器人容错控制的思想,我们提出了以下运动学优化的新方法。

对于自由度为 n、任务空间自由度为 m 的机器人,当机器人处于非奇异的位形时,$\mathrm{rank}(I-J^+J)=n-m$,即此时雅可比矩阵的零空间是 $n-m$ 维的。

机器人手部的速度和关节变量的速度之间的关系可描述为

$$\dot{x} = J\dot{q} \tag{3-44}$$

其中,$\dot{x} \in \mathbf{R}^m$,为机器人的末端速度矢量;$\dot{q} \in \mathbf{R}^n$,为机器人的关节速度矢量;$J \in \mathbf{R}^{m \times n}$,为机器人的雅可比矩阵。

当机器人不处于奇异位形时,方程式(3-44)的通解可以表示为

$$\dot{q} = J^+ \dot{x} + (I - J^+ J)\Phi \tag{3-45}$$

其中,J^+ 为 J 的 M-P 广义逆,也称伪逆;$I-J^+J$ 为投影算子,可将任一矢量 $\Phi \in \mathbf{R}^n$ 投影到 Jacobian 矩阵的零空间中去,即 $(I-J^+J)\Phi$ 为齐次方程 $J\dot{q}=0$ 的通解。$(I-J^+J)\Phi$ 提供了冗余度机器人的自运动,对手部末端不产生速度。

所以,在某一特定时刻 t,方程式(3-45)可以表示成下面的形式:

$$\begin{bmatrix} \dot{q}_1 \\ \dot{q}_2 \\ \vdots \\ \dot{q}_n \end{bmatrix} = \begin{bmatrix} \dot{q}_1^{\mathrm{pinv}} \\ \dot{q}_2^{\mathrm{pinv}} \\ \vdots \\ \dot{q}_n^{\mathrm{pinv}} \end{bmatrix} + \sum_{i=1}^{n-m} k_i \begin{bmatrix} \alpha_{i1} \\ \alpha_{i2} \\ \vdots \\ \alpha_{in} \end{bmatrix} \tag{3-46}$$

其中,$[\dot{q}_1, \dot{q}_2, \cdots, \dot{q}_n]^T$ 为机器人的关节速度矢量;$[\dot{q}_1^{\mathrm{pinv}}, \dot{q}_2^{\mathrm{pinv}}, \cdots, \dot{q}_n^{\mathrm{pinv}}]^T$ 为机器人的广义逆求得的特解部分;$[\alpha_{i1}, \alpha_{i1}, \cdots, \alpha_{in}]^T$ 为 Jacobian 矩阵零空间的第 i 个基。

从上式中可以清楚地看到,自运动部分的大小不仅仅与自运动系数的大小有关,还与零空间的基在各个关节上的投影分量的大小有关。梯度投影法中选取合适的自运动系数的目的就是为了寻求合适的自运动量,从而进行优化。

而我们反其道而行之,通过合理选择,直接控制需要优化的关节,使其沿正确的方向运动合适的量,然后把机器人当做一个 $n-1$ 自由度的机器人来用,利用容错性求解,从而保证优化的顺利进行。

对于某一性能指标 $H(q)$,不妨假设在本采样周期内,经过计算得知:

$$\max_{j=1}^{n} |H(q_j)| = |H(q_i)|, \quad j=1,2,\cdots,n$$

即对该性能指标起主导作用的是第 i 个关节变量,即第 i 个关节是最迫切需要优化的关节。现在如果我们硬性指定第 i 个关节一个运动量 $\dot{q}_i^d$,即令

$$\dot{q}_i = \dot{q}_i^d \tag{3-47}$$

把上式代入方程(3-46)得

$$\dot{q}_i^d = \dot{q}_i^{\text{pinv}} + \sum_{j=1}^{n-m} k_j \alpha_{ji} \tag{3-48}$$

① 如果 $\dot{q}_i^d = \dot{q}_i^{\text{pinv}}$,方程(3-46)有解;

② 如果 $\dot{q}_i^d \neq \dot{q}_i^{\text{pinv}}$,并且 $\max\limits_{j=1}^{n-m} |\alpha_{ji}| \neq 0$,则方程(3-46)有解;

③ 如果 $\dot{q}_i^d \neq \dot{q}_i^{\text{pinv}}$,并且 $\max\limits_{j=1}^{n-m} |\alpha_{ji}| = 0$,则方程(3-46)无解。

但是,此时雅可比矩阵零空间的所有基的第 i 个分量都为零,意味着投影算子 $(I - J^+ J)$ 的第 i 行全部为零,由于投影算子为对称阵,所以第 i 列也全部为零。此时,虽然机器人不处于奇异状态,但是它的第 i 个关节失去了自运动调节的能力,机器人处于退化的状态。如果想在保证末端精度的前提下优化第 i 个关节,是不可能的。但是对于某些性能指标如避关节极限、避奇异等来讲,我们宁愿适当牺牲末端精度来优化第 i 个关节,从而改善机器人的性能指标。但是,由于 GPM、WLN 等算法均是以保证末端精度为前提来进行优化性能指标的,而机器人现在不处于奇异状态,所以即使引入 SRI 方法也是做不到优化第 i 个关节的。但是,如果我们强迫第 i 个关节沿着合适的方向运动合适的量,然后把此关节锁定,利用容错算法对机器人进行重构,把机器人当成一个 $n-1$ 自由度的机器人来用,然后引入 SRI 方法,就可以以适当牺牲末端精度为代价,来优化第 i 个关节。

综上可以看出,如果指定关节 i 的运动量,然后把机器人的第 i 个关节锁定,利用容错算法对机器人进行重构,把机器人当成一个 $n-1$ 自由度的机器人并引入 SRI 算法进行逆运动学反解,情况是:

(1) 机器人不处于退化状态的时候,求得的解是梯度投影法所有解中的一个特例,相当于选定了对应于某梯度函数的一个特定的自运动放大系数 k(只要指定的运动量合适,相当于指定了很合适的 k)。

(2) 当机器人处于退化状态的时候,我们会以适当牺牲机器人末端的精度为代价来完成对第 i 个关节的调节作用。

在本采样周期结束的时候,把锁定的关节解锁释放,机器人又成了一个 n 自由度的机器人,下一个周期循环上述的过程。

可见,我们这里的锁定是假锁定,只是算法上利用了冗余度机器人的容错性,真正目的是为了保证期望优化的关节得到合适的运动量。只要我们制定合适的控制规则,让机器人满足连续稳定性的要求,利用本算法就可以很好地完成优化任

务。此算法很容易扩展到多个指标上来。对于冗余度为 $r=n-m$ 的机器人,用此方法可以同时优化 r 个关节。

根据以上分析过程可以看出,本算法具有运算量小的特点(引入 SRI 算法增加的计算量很小),当优化 $l(l \leqslant r, r=n-m)$ 个关节的时候,计算过程中,由原来的 $m \times n$ 阶矩阵的伪逆求解问题,变成 $m \times (n-l)$ 阶矩阵的伪逆求解问题,对于单冗余度机器人或者多目标优化,还能以 $m \times m$ 阶方阵求逆问题来代替长方阵的求伪逆问题。

3.4 笛卡儿空间运动控制

由于 PA10 机器人给出了比较完善的运动插补函数,所以我们只对模块机器人进行研究。

在应用中经常需要在笛卡儿空间对机器人进行控制,如末端沿一确定轨迹——直线或圆弧运动,为完成这样的运动,需要机器人操作臂的几个关节以不同的速率同时运动。对于机器人系统来说,完成或实现某种作业实际上是使机器人跟踪期望轨迹的控制问题。机器人控制问题包含着两个相关的子问题——运动(或轨迹)规划和运动控制。运动轨迹是机器人系统工作的依据,它决定了系统的工作方式和效率,机器人系统要完成某种操作作业,就必须对其运动轨迹进行规划,因此研究机器人系统运动轨迹的规划尤为重要。轨迹规划既可以在关节变量空间中进行,也可以在笛卡儿空间进行。对于关节变量空间的规划来说,要规划关节变量的时间函数,以便描述机器人的预定任务。在笛卡儿空间规划中,要规划机器人手部末端位置的时间函数,而相应的关节位置可根据机器人的反向运动学导出。关节空间轨迹规划的方法简单,不会产生奇异位置,但如果要求绕过障碍物或要求机器人末端按预定路径运动,那么就要采用笛卡儿空间法,关节空间法是难以实现的。显然机器人的空间圆弧等复杂运动必须在笛卡儿空间进行规划。

3.4.1 直线姿态位置插补

空间直线插补是已知该直线始末两点的位置和姿态,求轨迹中间点(插补点)的位置和姿态。速度轮廓曲线描述了机器人末端在笛卡儿空间沿预定轨迹运动的速度变化曲线。可以按下列步骤确定。

1) 确定加速度时间 t_a

$$t_a = \frac{\text{vel}}{\text{acc}} \tag{3-49}$$

其中,vel 为预定末端速度;acc 为预定的末端加速度。

2）求插补直线长度

如果初始点和目标点分别用 P_0 和 P_n 表示，根据空间几何，两点间距离可以按下面的方式求出：

$$\text{dist} = \sqrt{\sum_{i=x,y,z}(P_{n,i} - P_{0,i})^2} \tag{3-50}$$

3）修订速度轮廓曲线

如果直线不是足够长，那么

$$\begin{cases} t_a = \sqrt{\text{dist}/\text{acc}} \\ t_s = 0 \end{cases}, \quad \frac{\text{acc}}{2}t_a^2 \geqslant \frac{\text{dist}}{2} \tag{3-51}$$

其中，t_s 表示以 vel 速度匀速运动的时间。

如果直线的长度足够，那么

$$\begin{cases} t_a = \text{vel}/\text{acc} \\ t_s = (\text{dist} - \text{acc} \cdot t_a^2)/\text{vel} \end{cases}, \quad \frac{\text{acc}}{2}t_a^2 \leqslant \frac{\text{dist}}{2} \tag{3-52}$$

最终的速度轮廓曲线如图 3-9 所示。

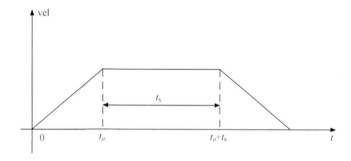

图 3-9 速度变化曲线图

4）确定每次运动的步长

如果用 $k(k=0,1,\cdots)$ 表示第 k 次插补，t_0 是步长系数，$t_k = k \cdot t_0$ 是第 k 次插补时间，第 k 次插补的长度 Δs_k 可按如下方式给出：

① 如果加速度 acc>0，那么

$$\Delta s_k = \frac{1}{2}\text{acc} \cdot t_k^2 - \frac{1}{2}\text{acc} \cdot t_{k-1}^2 \tag{3-53}$$

② 如果加速度 acc=0，那么

$$\Delta s_k = \text{vel} \cdot t_0 \tag{3-54}$$

③ 如果加速度 acc<0，那么

$$\Delta s_k = \frac{1}{2}\text{acc} \cdot (2t_a + t_s - t_k)^2 - \frac{1}{2}\text{acc} \cdot (2t_a + t_s - t_{k-1})^2 \tag{3-55}$$

5) 中间姿态的确定

设机器人末端的初始位姿矩阵为 T_0,目标位姿矩阵为 T_n。T_n 可以认为是按如下步骤得来的:T_0 首先沿固定坐标系各轴平移至与 T_n 原点重合的位置 T'_n,然后沿自身坐标轴进行 Z-Y-Z 欧拉旋转 $R_{ZYZ}(\alpha,\beta,\gamma)$ 得到 T_n。用矩阵表示就是

$$T_n = \text{Trans}(\vec{P})T_0 R_{ZYZ}(\alpha,\beta,\gamma) = \text{Trans}(\vec{P})T_0 R(Z,\alpha)R(Y,\beta)R(Z,\gamma) \tag{3-56}$$

其中,$\vec{P} = P_n - P_0$。

由于 $T'_n = \text{Trans}(\vec{P})T_0$,因此,$\text{Trans}(\vec{P}) = T'_n T_0^{-1}$。

设矩阵 T_0 有如下形式:

$$T_0 = \begin{bmatrix} R_0 & P_0 \\ 0 & 1 \end{bmatrix}$$

其中,R_0 表示 T_0 的姿态;P_0 表示位置。

因为 T'_n 和 T_0 只有位置的不同,而姿态完全一致,所以它的形式如下:

$$T'_n = \begin{bmatrix} R_0 & P_n \\ 0 & 1 \end{bmatrix}$$

令

$$\text{Trans}(\vec{P}) = \begin{bmatrix} R & P \\ 0 & 1 \end{bmatrix}$$

所以,有

$$\begin{bmatrix} R & P \\ 0 & 1 \end{bmatrix} = \begin{bmatrix} R_0 & P_n \\ 0 & 1 \end{bmatrix}\begin{bmatrix} R_0 & P_0 \\ 0 & 1 \end{bmatrix}^{-1} = \begin{bmatrix} R_0 & P_n \\ 0 & 1 \end{bmatrix}\begin{bmatrix} R_0^T & -R_0^T P_0 \\ 0 & 1 \end{bmatrix}$$

$$= \begin{bmatrix} R_0 R_0^T & -R_0 R_0^T P_0 + P_n \\ 0 & 1 \end{bmatrix} = \begin{bmatrix} I & P_n - P_0 \\ 0 & 1 \end{bmatrix} \tag{3-57}$$

其中,I 为单位矩阵。

所以,有

$$R_{ZYZ}(\alpha,\beta,\gamma) = [\text{Trans}(\vec{P})T_0]^{-1} T_n$$

$$= \left[\begin{bmatrix} I & P_n - P_0 \\ 0 & 1 \end{bmatrix}\begin{bmatrix} R_0 & P_0 \\ 0 & 1 \end{bmatrix}\right]^{-1}\begin{bmatrix} R_n & P_n \\ 0 & 1 \end{bmatrix}$$

$$= \begin{bmatrix} R_0^T R_n & 0 \\ 0 & 1 \end{bmatrix} = \begin{bmatrix} n_x & o_x & a_x & 0 \\ n_y & o_y & a_y & 0 \\ n_z & o_z & a_z & 0 \\ 0 & 0 & 0 & 1 \end{bmatrix} \tag{3-58}$$

另一方面,欧拉角变换 $R_{ZYZ}(\alpha,\beta,\gamma)$ 是绕动坐标的坐标轴依次旋转得到。即先绕 Z 轴旋转 α,然后绕新的 Y 轴旋转 β,最后绕新的 Z 轴旋转 γ,可以通过三个

连乘矩阵求值,即
$$R_{ZYZ}(\alpha,\beta,\gamma) = \text{Rot}(Z,\alpha)\text{Rot}(Y,\beta)\text{Rot}(Z,\gamma)$$
$$= \begin{bmatrix} c\alpha & -s\alpha & 0 & 0 \\ -s\alpha & c\alpha & 0 & 0 \\ 0 & 0 & 1 & 0 \\ 0 & 0 & 0 & 1 \end{bmatrix} \begin{bmatrix} c\beta & 0 & s\beta & 0 \\ 0 & 1 & 0 & 0 \\ -s\beta & 0 & c\beta & 0 \\ 0 & 0 & 0 & 1 \end{bmatrix} \begin{bmatrix} c\gamma & -s\gamma & 0 & 0 \\ s\gamma & c\gamma & 0 & 0 \\ 0 & 0 & 1 & 0 \\ 0 & 0 & 0 & 1 \end{bmatrix}$$
$$= \begin{bmatrix} c\alpha \cdot c\beta \cdot c\gamma - s\alpha \cdot s\gamma & -c\alpha \cdot c\beta \cdot s\gamma - s\alpha \cdot c\gamma & c\alpha \cdot s\beta & 0 \\ s\alpha \cdot c\beta \cdot c\gamma + c\alpha \cdot s\gamma & -s\alpha \cdot c\beta \cdot s\gamma - c\alpha \cdot c\gamma & s\alpha \cdot s\beta & 0 \\ -s\beta \cdot c\gamma & s\beta \cdot s\gamma & c\beta & 0 \\ 0 & 0 & 0 & 1 \end{bmatrix}$$

(3-59)

根据上面的关系可以求出 α、β、γ 角。可以看出
$$\sin^2\beta = a_x^2 + a_y^2$$
所以
$$\sin\beta = \sqrt{a_x^2 + a_y^2}$$
如果 $\sin\beta \neq 0$,则因为 $\cos\beta = a_z$,所以,有
$$\beta = \text{atan2}(\sqrt{a_x^2 + a_y^2}, a_z) \tag{3-60}$$
$$\alpha = \text{atan2}(a_y, a_x) \tag{3-61}$$
又
$$\tan\gamma = \frac{\sin\gamma}{\cos\gamma} = \frac{\sin\beta \cdot \sin\gamma}{-(-\sin\beta \cdot \cos\gamma)} = \frac{o_z}{-n_z}$$
故
$$\gamma = \text{atan2}(o_z, -n_z) \tag{3-62}$$

其中,atan2(y,x) 为双变量函数,利用这个函数计算 $\arctan\dfrac{y}{x}$,可以利用 x 和 y 的符号确定所得角度的象限。虽然 $\sin\beta = \sqrt{a_x^2 + a_y^2}$ 有两个解存在,我们总是取 $0 \leqslant \beta \leqslant 180°$ 范围内的一个解。若 $\beta = 0$ 或 $\beta = 180°$,上面的解是退化的。此时只能得到 α 与 γ 的和或差,所得的结果如下:

① 如果 $\beta = 0$,则解为
$$\beta = 0$$
$$\alpha = 0$$
$$\gamma = \text{atan2}(-o_z, n_z) \tag{3-63}$$

② 如果 $\beta = 180°$,则解为
$$\beta = 180°$$
$$\alpha = 0$$

$$\gamma = \mathrm{atan2}(o_z, -n_z) \tag{3-64}$$

利用式(3-59)～式(3-63)，求出了 Z-Y-Z 欧拉角后，中间位姿矩阵可以这样确定：

$$s_{k+1} = s_k + \Delta s_{k+1}, \quad s_0 = 0$$
$$T(k+1) = \mathrm{Trans}((P_n - P_0)s_{k+1}/\mathrm{dist})T_0 R_{ZYZ}(\alpha s_{k+1}/\mathrm{dist}, \beta s_{k+1}/\mathrm{dist}, \gamma s_{k+1}/\mathrm{dist})$$
$$k = 0,1,2,\cdots \tag{3-65}$$

知道了当前末端位姿和下一步末端位姿，就可以求出末端微分运动矢量 $\mathrm{d}x$，应用运动学逆解算法求解出机器人每步运动的关节角增量 $\mathrm{d}q$，就可以按公式求出下一次插补时需要的关节角，即

$$q_{k+1} = q_k + \mathrm{d}q_{k+1} \tag{3-66}$$

为了使关节速度平滑，避免因为频繁加减速而引起的关节震动，机器人下一次达到的位姿应该在当前位姿达到之前发出。图3-10、图3-11说明了这个过程，注意到第一次插补需要的信号是在初始点发出的。

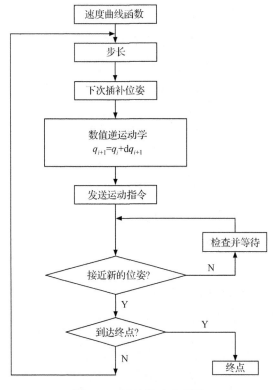

图 3-10　插补算法流程图

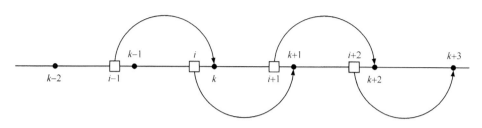

图 3-11　插补点和命令发出点示意图

3.4.2　圆弧轨迹插补

圆弧插补分为平面圆弧插补和空间圆弧插补。平面圆弧指圆弧平面与基础系的三大平面之一重合。空间圆弧指三维空间里任意一个平面里的圆弧。空间圆弧插补一般分两步处理，第一步把三维问题转化为二维问题，即在圆弧平面内插补；第二步利用二维平面插补算法，求出插补点坐标，然后再把这个点坐标值转变成基础坐标系下的值。下面介绍的圆弧插补算法省去了这个转变的麻烦，如图 3-12 所示。

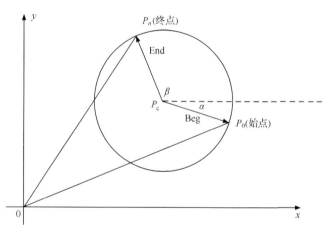

图 3-12　圆弧插补

(1) 分别确定从圆弧中心 P_c 到初始点 P_0 和终止点 P_n 的向量，即
$$\text{Beg} = P_0 - P_c$$
$$\text{End} = P_n - P_c \tag{3-67}$$

(2) 分别确定初始、终止向量和 x 轴的夹角，即
$$\alpha = \text{atan2} \frac{\text{Beg}_y}{\text{Beg}_x}$$

$$\beta = \text{atan2}\,\frac{\text{End}_y}{\text{End}_x} \tag{3-68}$$

(3) 确定圆弧的半径：

$$r = \sqrt{\text{Beg}_x^2 + \text{Beg}_y^2}$$

(4) 按下面的方法将负角度变为正角度，令

$$\begin{cases} t\alpha = 2\pi + \alpha, & \alpha < 0 \\ t\alpha = \alpha, & \alpha \geqslant 0 \end{cases}$$
$$\begin{cases} t\beta = 2\pi + \beta, & \beta < 0 \\ t\beta = \beta, & \beta \geqslant 0 \end{cases} \tag{3-69}$$

(5) 确定从向量 Beg 到向量 End 旋转的角度 ang。

① 如果 $t\beta > t\alpha$，机器人末端沿逆时针方向运动，则

$$\text{ang} = t\beta - t\alpha \tag{3-70}$$

② 如果 $t\beta > t\alpha$，沿顺时针运动，则

$$\text{ang} = 2\pi - (t\beta - t\alpha) \tag{3-70a}$$

③ 如果 $t\beta < t\alpha$，沿逆时针运动，则

$$\text{ang} = 2\pi + (t\beta - t\alpha) \tag{3-70b}$$

④ 如果 $t\beta < t\alpha$，沿顺时针运动，则

$$\text{ang} = t\alpha - t\beta \tag{3-70c}$$

⑤ 如果 $t\beta = t\alpha$，则

$$\text{ang} = 0 \tag{3-70d}$$

(6) 确定下一次插补的位姿。

以 c_d 表示方向系数，它的值取决于转动方向，从初始点到第 k 次插补点的圆弧的角度用 φ_k 表示，我们可以得到

$$\varphi_{k+1} = \varphi_k + c_d \Delta s_{k+1}, \quad \varphi_0 = 0; \quad k = 0,1,2,\cdots$$

$$c_d = \begin{cases} 1, & \text{逆时针方向} \\ -1, & \text{顺时针方向} \end{cases}$$

$$P_{k+1}^x = P_c^x + c_x r \cos(\alpha + \varphi_{k+1}), \quad c_x \leqslant 1$$
$$P_{k+1}^y = P_c^y + c_y r \sin(\alpha + \varphi_{k+1}), \quad c_y \leqslant 1$$
$$P_{k+1}^z = P_0^z + (P_n^z - P_0^z)\frac{\Delta s_{k+1}}{\text{ang}} \tag{3-71}$$

其中，P_{k+1}^x、P_{k+1}^y、P_{k+1}^z 分别表示总 P_{k+1} 在 x、y、z 上的坐标值。

如果 $c_x = c_y = 1$，那么圆弧是圆周的一部分；如果 $c_x \neq c_y$，则圆弧是椭圆的一部分。如果在 z 轴方向上有变化，那么平面圆弧将转化为空间轨迹。

3.5 机器人系统运动学计算机仿真

3.5.1 传统方法的机器人系统运动学计算机仿真

3.5.1.1 PA10 机器人系统运动学计算机仿真

系统的结构参数为：$d_1=315\text{mm}, d_2=765\text{mm}, d_3=1265\text{mm}$（直线运动单元及坐标值的单位都为 mm，旋转关节的位置都为(°)）。

1) 最小范数解

对于式(3-9)中的 $v=0$ 时，公式简化为

$$\dot{\Theta}=J^+\dot{X}_{wr} \tag{3-72}$$

此时求得最小范数解。仿真条件如下：腕关节中心从 $(0,747.96,834.12)$ 运动到 $(40.00,900.00,600.00)$。腕部中心轨迹要求是直线，限时 8s。初始关节角为

$$\Theta_0=[40.00\quad 90.0\quad 30.08\quad 0.0\quad 44.98]^\text{T}$$

仿真结果如图 3-13 所示。

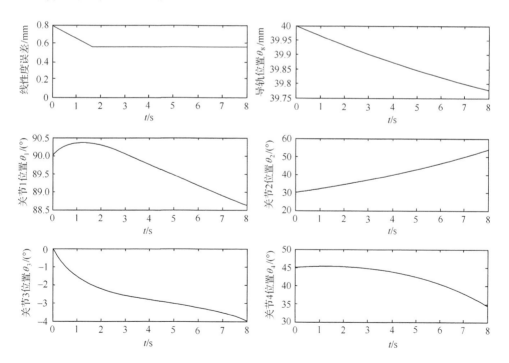

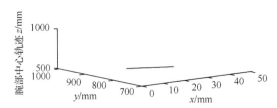

图 3-13 无奇异最小范数解线性度误差、关节角位置及腕关节中心轨迹

结束关节角为

$$\Theta_n = [39.798 \quad 88.64 \quad 56.89 \quad -4.01 \quad 34.60]^T$$

腕部中心实际到达(40.0169,89.9991,600.0002)点,最大线性度误差为0.78mm。无奇异点时,最小范数解的线性度较好,关节角变化光滑连续。

2) 梯度投影法避奇异优化仿真

仿真条件如下。

初始关节角为

$$\Theta_0 = [40.00 \quad 90.00 \quad 30.0 \quad 0.00 \quad 44.98]^T$$

腕关节中心从点(0.00,747.96,834.12)运动到点(1.30,658.00,842.00);腕部中心轨迹要求是直线,限时13s。

未加任何优化时,仿真曲线如图3-14所示,该运动过程中通过了奇异点,可操作度为零。反映在关节角空间上,首先旋转关节1速度为无穷,位置发生了阶跃跳变,末端误差变大,线性度变坏;进而导致各关节角速度几乎同时增为无穷大,相应它们的位置发生阶跃跳变,末端误差变大,线性度变坏。结束时关节角为

$$\Theta_n = [523.89 \quad -4921.21 \quad -1361.35 \quad -34412.12 \quad -14216.56]^T$$

腕部中心位置为(92.11,524.46,328.44)。

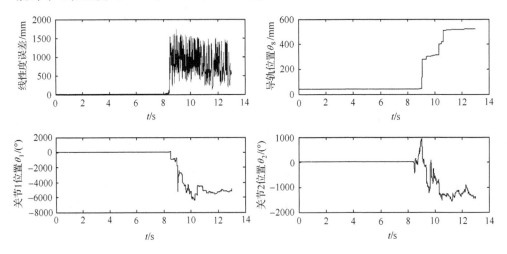

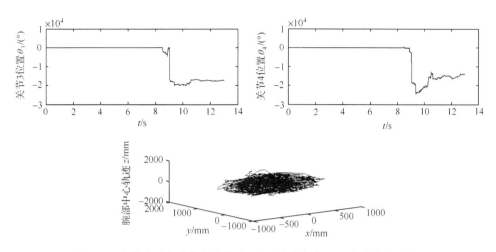

图 3-14 有奇异最小范数解线性度误差、关节角位置及腕关节中心轨迹

考虑避奇异优化：当接近奇异点时，由式(3-25)提供的可操作度 $W < W_0$，利用式(3-26)进行避奇异优化，$k = -0.01$，仿真曲线如图 3-15 所示。

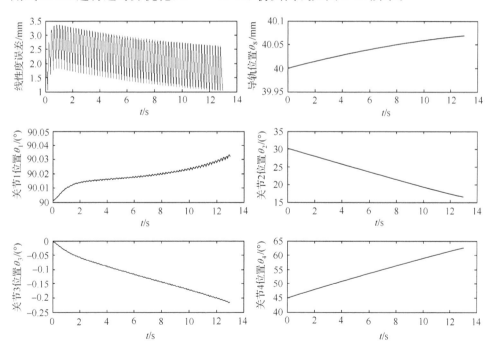

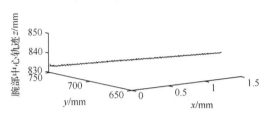

图 3-15 避奇异优化的线性度误差、关节角位置及腕关节中心轨迹

结束时关节角为

$$\Theta_n = [40.069 \quad 1.571 \quad 0.287 \quad -0.003 \quad 1.090]^T$$

腕部中心实际到达(1.31,658.21,842.39)点。这样可以使关节位置平滑变化,末端轨迹的线性度误差较小,具有较好的优化效果。

3) 系统逆运动学解析解

以上逆运动学算法是基于腕关节中心的速度级逆解,该算法在轨迹规划中有重要的应用。但对于点到点的运动,不要求两点之间的末端运动轨迹时,可以考虑关节空间的解析解。

假设从位置 (x_0, y_0, z_0) 运动到位置 (x_i, y_i, z_i),如图 3-16 所示。首先确定 θ_8 为

$$\theta_8 = (y_i + y_0)/2 \tag{3-73}$$

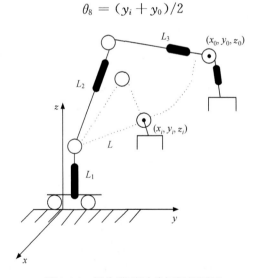

图 3-16 操作臂逆运动解析解图示

θ_8 超限的处理方法:若 $\theta_8 \geqslant \theta_{8max}$,则 $\theta_8 = \theta_{8max}$;若 $\theta_8 \leqslant \theta_{8min}$,则 $\theta_8 = \theta_{8min}$。且有

$$\theta_4 = \frac{L_2^2 + L_3^2 - [x_i^2 + (y_i - \theta_8)^2 + (z_i - L_1)^2]}{2L_2 L_3} \tag{3-74}$$

令 $\theta_3 = 0$，有

$$\cos\theta_1 = x_i / \sqrt{x_i^2 + (y_i - \theta_8)^2} \tag{3-75}$$

$$\sin\theta_1 = (y_i - \theta_8) / \sqrt{x_i^2 + (y_i - \theta_8)^2} \tag{3-76}$$

根据式(3-75)、式(3-76)可以确定唯一的 θ_1。

又由以下公式

$$\cos(ff) = \frac{L_2^2 + L^2 - L_3^2}{2L_2 L} \tag{3-77}$$

$$\sin(ff1) = \sqrt{\frac{x_i^2 + (y_i - \theta_8)^2}{L^2}} \tag{3-78}$$

$$\theta_2 = ff1 - ff \tag{3-79}$$

计算出 θ_2。计算出 θ_8、θ_1、θ_2、θ_4 后，利用正运动学公式可以求得前臂的姿态矩阵 T_w^{wr}。进而可以通过欧拉逆解求得 θ_5、θ_6、θ_7。

3.5.1.2 模块机器人系统运动学计算机仿真

给定任务：末端沿直线轨迹运动。
Begin：
159.1905 298.1064 748.3466 −2.6327 −0.2460 1.6122
End：
179.1905 398.1064 518.3466 −2.6327 −0.2460 1.6122
插补次数：125。

在两种控制方案下进行运动控制仿真，其一为 LN，其二为 WLN。

输出的图形中是七个关节角随时间变化的曲线图。横坐标表示时间，纵坐标表示关节角度值。七个关节角的变化情况均在同一个图中画出，并以其中不同的颜色表示，曲线上面的标号是各个关节角的标示，分别代表第一到第七个关节。由于机器人各个关节的角度极限范围各不相同，所以图形的纵坐标使用了不同的比例尺，为的是在更宽的范围内显示关节角的变化情况，有利于观察分析。输出窗口客户区的顶端代表关节范围的最大值，根据关节的不同，它的可能坐标值分别为160、90、55、67.5、16、95 和 1080。单位是角度。同理，客户区的底端表示关节范围的最小值。

在 LN 控制方案下，输出图形如 3-17 所示。可以看出刚开始运动时，各个关节均在各自的关节范围以内，随着运动的继续进行，关节 3 慢慢趋向于它的负极限范围，并且最终超出。因此在这种控制方案下，程序无法判断求解出来的关节角是否正在接近或者已经达到关节极限，因此也不能有效避开关节极限。在本例中，关节 3 超出极限范围时其各个关节角度值分别为 29.4241、30.0786、−65.8733、25.3076、−61.8296、86.2393、−35.2560。在 WLN 控制方案下，整个运动过程的关节角变化曲线如图 3-18 所示。不难看出,在运动过程中,各个关节角均保持在各自的关节极限范围内,没有一个超出极限值。

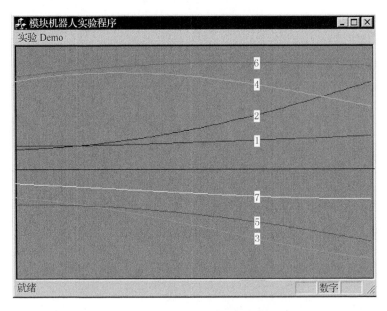

图 3-17　LN 控制方案下的关节角变化曲线

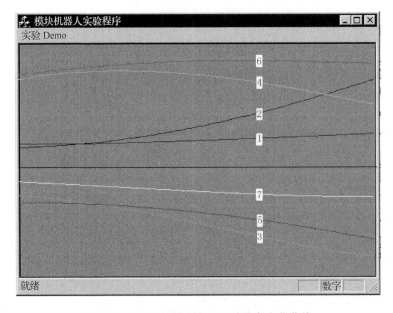

图 3-18　WLN 控制方案下的关节角变化曲线

在 LN 控制方案下,关节角 3 会逐渐超出极限范围,使机器人的运动无法实现。而在 WLN 控制方案下,由于加权矩阵的影响,在关节趋向于极限方向时,使机器人产生自运动,自动调整该关节的角度值,使其保持在可以达到的范围以内。表现在图形曲线上是关节极限值对关节曲线有一种缓慢的排斥作用,优化作用是随时都在进行的。

从 WLN 中分离出 LN 解,可以得到在 WLN 控制方案下的机器人的自运动表达式为

$$\mathrm{d}q_s = (W^{-1/2} J_w^+ - J^+) \mathrm{d}x \tag{4-80}$$

从上式可以看出,在这种控制方案下,机器人的自运动不仅取决于机器人的位型,还取决于机器人末端速度矢量。对于给定的位型,自运动的大小会随着末端速度矢量的方向和大小变化而改变。当末端速度为 0 时,自运动也就停止了。没有不必要的关节自运动,也避免了可能的关节振荡。但是也应该注意到,无论怎样构造加权矩阵 W,这种方案的优化能力不是任意可以提高的。这是 WLN 的不足之处。

3.5.2 基于容错控制的冗余度机器人运动学优化方法计算机仿真

以如图 3-19 所示的空间五自由度机器人为例。表 3-1 列出了机器人的 D-H 参数和关节极限。数据采自北京航空航天大学双冗余度机器人协调操作平台。对机器人末端只有位置要求,所以机器人的自由度为 DOF=5-3=2,以避关节极限为例。机器人有一个移动关节,四个转动关节,机器人初始位形为 $[0, 30°, 30°, 0, -105°]^T$,对应末端位置向量为 $[0.3069, -1.188, 0.1772]^T$,任务是在 2s 内从初

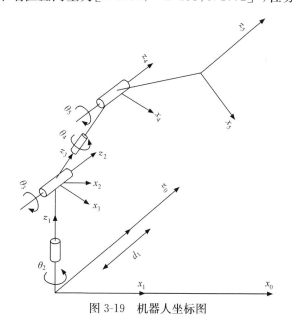

图 3-19 机器人坐标图

始位置匀速直线运动到$[-0.25, 0, 0.4]^T$。

表 3-1 机器人 D-H 参数表

杆件	关节变量	变量范围	θ_i	d_i/m	a_i	α_i
1	d_1	±1m	0	d_1	0	90°
2	θ_2	±177°	θ_2	0.315	0	−90°
3	θ_3	±91°	θ_3	0	0	90°
4	θ_4	±174°	θ_4	0.450	0	−90°
5	θ_5	±137°	θ_5	0.500	0	0

仿真结果如图 3-20 所示。用 M-P 广义逆求得的解中，第三个关节超限，其中右侧的关节位移坐标轴针对的是移动关节 1。

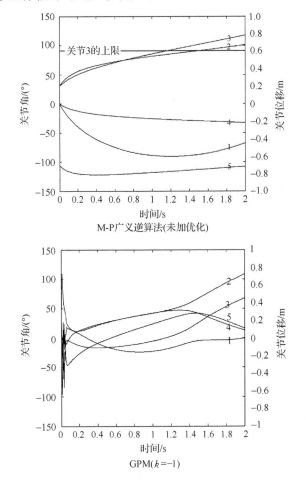

M-P 广义逆算法(未加优化)

GPM($k=-1$)

第3章 冗余度空间机器人系统在复杂环境下的灵活性和可靠性的理论研究

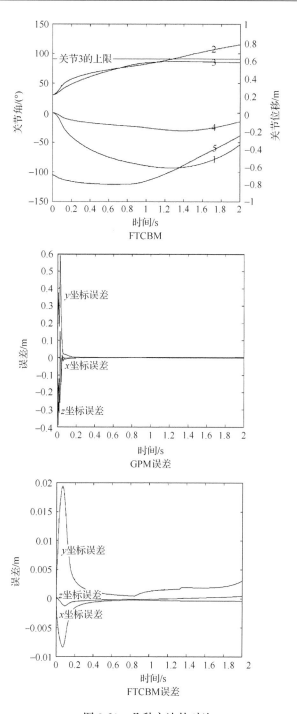

图 3-20 几种方法的对比

梯度投影法采用的性能函数为

$$H(q) = \sum_{i=1}^{n} \frac{(q_{i\max} - q_{i\min})^2}{(q_{i\max} - q_i)(q_i - q_{i\min})}$$

其中，$q_{i\max}$、$q_{i\min}$为第i个关节变量q_i的关节极限上限和下限。梯度函数为

$$\frac{\partial H(q)}{\partial q_i} = \frac{(q_{i\max} - q_{i\min})^2 (2q_i - q_{i\max} - q_{i\min})}{(q_{i\max} - q_i)^2 (q_i - q_{i\min})^2} \quad (3\text{-}81)$$

FTCBM算法采用的性能指标$H(q)$的第i个分量为

$$H(q_i) = \frac{q_i - q_{i\max} - q_{i\min}}{q_{i\max} - q_{i\min}} \quad (3\text{-}82)$$

即各个关节离中心位置的比例，反映了关节接近关节极限的程度。我们根据此性能指标各个分量的大小就可以确定最需要优化的关节。

根据机器人的参数，本例采用下面的规则。

1) 如果 $\max\limits_{j=1}^{n} |H(q_j)| < 0.4$

如果 $\max\limits_{j=1}^{n} |H(q_j)| < 0.4$，利用 M-P 广义逆求解。

2) 如果 $\max\limits_{j=1}^{n} |H(q_j)| = |H(q_i)| \geqslant 0.4$

(1) 超上限：

① 上升段：$\dot{q}_i(T) = \dot{q}_i(T-1) \times 0.95$；

② 下降段：$\dot{q}_i(T) = c_1$。

这里，T为当前采样时刻；c_1为一个比较小的速度常数，为负值，以便关节值平缓的降回来。

(2) 超下限：

① 下降段：$\dot{q}_i(T) = \dot{q}_i(T-1) \times 0.95$；

② 上升段：$\dot{q}_i(T) = c_2$。

这里，T为当前采样时刻；c_2为一个比较小的速度常数，为正值，以便关节值平缓地升回来。

从仿真结果可以看出，GPM方法要构造比较复杂的梯度函数，自运动量的大小受自运动放大系数以及梯度函数本身的影响较大，有时会引起关节的震荡。而本文提出的FTCBM算法，简单有效地完成了任务。该算法不需要构造复杂的梯度函数，只要构造能够反映哪个关节最需要优化的性能指标函数即可。而且机器人的自运动量不再受梯度函数的大小、自运动放大系数的大小，以及雅可比矩阵的零空间在各个关节上投影大小的限制。这是FTCBM算法的优势所在。

我们提出的新的冗余度机器人逆运动学优化方法，利用冗余度机器人的容错特性，对需要优化的关节按照合适的规则直接确定其运动量，然后对该关节进行假锁定，进行反解其他关节的运动量，最后在采样周期末解锁该关节。保证了期望优

化的关节得到合适的运动量,避免了以往算法的性能指标函数构造复杂、计算量大,以及受指标函数和零空间夹角大小限制的缺陷,并验证了其有效性和可行性。

3.6 实　　验

为了验证上述算法,我们分别对模块机器人和 PA10 机器人进行了插孔实验和抓杯子的实验。

3.6.1 模块机器人插孔实验

插孔作业是一种典型的机器人操作,在工业化机器人装配中存在大量插孔类的作业。在一些精密装配中,它比人手工装配有更高的效率。这个实验是将一个长杆垂直插入一个深孔中。为了使机器人末端按照要求运动,它的多个关节必须以不同的速率同时运动,期望的末端运动必须分解为相应的关节运动。利用位于实验平台上方的全局摄像机可以事先确定孔的位置和姿态。

机器人初始姿态如图 3-21 所示,对应关节角为

$(12 \quad 0 \quad -44.75 \quad 41.45 \quad 0 \quad -93.80 \quad 23)$

此时机器人末端点(不包括末端工具)初始位置为

$(80.82298, 380.2422, 372.9727, 0, 0, -1.37881)$

机器人末端点目标位置为

$(80.82298, 380.2422, 292.9727, 0, 0, -1.37881)$

其中前三个元素表示机器人的位置坐标,在机器人基础坐标系中表示。后三个元素表示机器人末端姿态,用 Z-Y-Z 欧拉角表示,其齐次变换矩阵形式分别是

$$T_{\text{Beg}} = \begin{bmatrix} 0.1908 & 0.9816 & 0 & 80.8229 \\ -0.9816 & 0.1908 & 0 & 380.2422 \\ 0 & 0 & 1 & 372.9727 \\ 0 & 0 & 0 & 1 \end{bmatrix}$$

$$T_{\text{End}} = \begin{bmatrix} 0.1908 & 0.9816 & 0 & 80.8229 \\ -0.9816 & 0.1908 & 0 & 380.2422 \\ 0 & 0 & 1 & 292.9727 \\ 0 & 0 & 0 & 1 \end{bmatrix}$$

实验步骤:

① 利用全局 CCD 确定孔的中心位置,使机器人运动到初始位姿;

② 相对于机器人末端点目标位置,对机器人进行直线插补与避关节角极限的运动规划;

③ 控制机器人完成预期运动,然后回复到初始位形。

实验过程如图 3-21～图 3-23 所示。

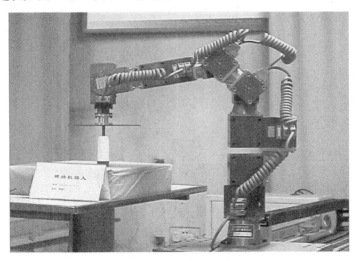

图 3-21　机器人初始位置

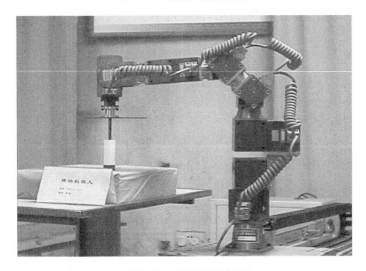

图 3-22　插孔中间位置

由实验可以看出，七自由度模块机器人可以在我们的控制下顺利地完成垂直插孔这类操作。这类操作非常有代表性，许多操作都有类似的动作，推广开来，可以使机器人完成更多的工作。例如，在实际的工作环境中，经常需要将工件垂直提起一定距离，然后机器人转动一定角度，再将工件放到其他工作台或传送带上，使工件进入下一道工序。又如，在空间站上，给机器人装上灵巧手，可以让机器人从晶体炉中取出已经长成的晶体棒。机器人能够完成插孔工作，进行这些工作就是轻而易举的事情了。

图 3-23 完成插孔动作

3.6.2 PA10 机器人抓杯实验

利用摄像机检测出物体位置坐标为(513.48,330.47,205.0)。

实验步骤:
① 在工作台上放置一个待操作的圆杯;
② 利用全局 CCD 确定其坐标值;
③ 将移动操作臂处于初始位形;
④ 运用 3.3 节、3.4 节所述的方法进行运动规划与避奇异优化;
⑤ 控制机器人完成抓杯运动。

实验过程如图 3-24~图 3-26 所示。

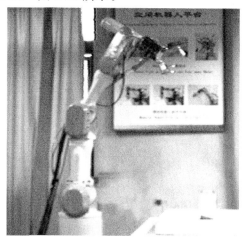

图 3-24 操作臂初始位置

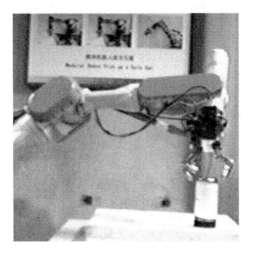

图 3-25 处于预抓持位置

图 3-26 最终准确抓持位置

3.7 本章小结

本章在对 PA10 机器人系统和模块机器人系统运动学建模的基础上,分析了 PA10 机器人和模块机器人的奇异性。用梯度投影法对 PA10 机器人进行了运动学优化,用加权最小范数法避模块机器人的关节极限,并进行运动学优化。在对机器人关节失效状态下进行故障分析的前提下,使用基于容错控制的算法对机器人运动进行优化。

另外用传统的梯度投影法和加权最小范数法进行了机器人运动的计算机仿真,又用基于容错控制的冗余度机器人优化方法进行了机器人运动的计算机仿真,对优化方法进行了对比分析验证。

在本章最后,分别对模块机器人和PA10机器人完成了插孔实验和抓杯实验,实现并验证了上述方法。

参 考 文 献

[1] David L, Seraji H. Configuration control of a mobile dexterous robot: Real-time implementation and experimentation[J]. International Journal of Robotics Research, 1997, 16(5): 601-618.

[2] Kreutz D K, Long M, Seraji H. Kinematics analysis of 7-DOF manipulator[J]. International Journal of Robotics Research, 1992, 11(5): 469-481.

[3] Seraji H, Colbaugh R. Improved configuration control for redundant robots[J]. Journal of Robotic Systems, 1990, 7(6): 897-928.

[4] Yoshikawa T. Manipulator of robotic mechanisms[J]. International Journal of Robotics Research, 1985, 4: 3-9.

[5] 熊有伦. 机器人学[M]. 北京:机械工业出版社, 1993.

[6] Denavit J, Hartenberg R S. Kinematic notation for lower-pair mechanisms based on matrices[J]. ASME Journal of Applied Mechanics, 1955, 2: 215-211.

[7] Whitney D E. The mathematics of coordinated control of prosthetic arms and manipulators[J]. Transactions ASME Journal Dynamic System Measurement and Control, 1972, 94: 306-309.

[8] Hollerbach J M, Suh K C. Redundancy resolution of manipulators torque optimization[C]. Proceedings of the IEEE International Conference on Robotics and Automation, 1985: 1016-1021.

[9] Brockett R. Robotic manipulators and the product of experiential formula[C]. International Symposium in Math, Theory of Network and System, Beer Sheba, 1983: 120-129.

[10] Kelmar L, Khosla P. Automatic generation of kinematics for a reconfigurable modular manipulator system[C]. Proceedings of IEEE Conference on Robotics and Automation, Philadelphia, 1998: 663-668.

[11] Chen I M. Theory and application of modular reconfigurable robots[C]. Proceedings of International Conference on Control, Automation, Robotics, and Vision, Singapore, 1996.

[12] 周东辉. 冗余度机器人机构学研究[D]. 北京:北京航空航天大学, 1994.

[13] 李鲁亚. 容错冗余度机器人控制研究[R]. 北京:北京航空航天大学, 1996.

[14] 唐世明. 冗余度机器人优化控制研究及飞行机器人初步研究[D]. 北京:北京航空航天大学, 1994.

[15] Dubey R V, Euler J A, Babock S M. An efficient gradient projection optimization scheme for a seven-degree-of-freedom redundant robot with spherical wrist[C]. Proceedings of the IEEE International Conference on Robotics and Automation, 1988: 28-36.

[16] Zghal H, Dubey R V, Euler J A. Efficient gradient projection optimization for manipulators with multiple degrees of redundancy[C]. Proceedings of IEEE International Conference on Robotics and Automation, 1990, 2: 1006-1011.

[17] Chan T F. A weighted least-norm solution based scheme for avoiding joint limits for redundant joint manipulators[C]. IEEE Transations on Robotics and Automation,1995,11(2):286-292
[18] Yoshikawa T. Analysis and control of robot manipulators with redundancy[C]. Robotics Research: First International Symposium,Massachusetts:MIT Press,1984:735-748.
[19] 李健. 冗余自由度机器人容错性研究[D]. 北京:北京航空航天大学,2000.
[20] 杨巧龙. 双冗余度机器人协调操作技术研究[D]. 北京:北京航空航天大学,2004.

第 4 章 冗余度空间机器人双臂协调操作运动规划方法

拟人双臂机器人在某种程度上可以比作两个单臂机器人在一起工作的情况,当把其他机器人的影响看成一个未知源的干扰的时候,其中的一个机器人就独立于另一个机器人。但拟人双臂机器人作为一个完整的机器人系统,双臂之间存在着依赖关系。它们分享使用传感数据,双臂之间通过一个共同的联结形成物理耦合,最重要的是两臂的控制器之间的通信使得一个臂对于另一个臂的反应能够做出对应的动作、轨迹规划和决策,也就是双臂之间具有协调关系,这在某种程度上可以看成像我们人体双臂的协调动作一样。但是我们知道,对于具有四肢的动物(包括人),他们运动时很自然地便完成了从目标空间到关节空间坐标的转换。这个变化一方面是在基因中先天编好的,另一方面又是通过后天地学习来不断加以完善的。在一个躯体中的两个单臂相应于两个高水平的控制器,把所有动作的协调作为一个基准,那么,我们自己双臂的动作过程就包含着复杂的机械系统、躯体反馈、视觉反馈、肤体接触、滑移检测以及脑力等在内的数据源,并且用预先获取的数据来确认这一资料数据的储存与处理能力,这正是拟人双臂机器人区别于两个独立单臂机器人组合的关键。

4.1 双臂机器人协调操作任务的特点及分类

4.1.1 双臂机器人协调操作任务的特点

对于许多作业而言,例如搬运、拉锯、用剪刀、安装,单一机器人是难以胜任的,而需要两个机器人的协调操作。双臂协调操作具有以下几个特点[1,2]:

(1) 在末端执行器与臂之间无相对运动的情况下工作,如双臂搬运像钢棒这样的刚性物体,两个单臂机器人的相应动作的控制要简单得多。

(2) 在末端执行器与臂之间有相对运动的情况下,通过两臂间的较好配合能对柔性物体如薄板等进行控制操作,而两个单臂机器人要做到这一点是比较困难的。

(3) 双臂协调的控制结构比单臂的复杂,对于单一机器人的操作,只需要采用关节和手臂两级控制,而对两机器人的协调操作则还需要增加协调控制。因为在整个操作过程中,机器人与被夹持物体之间必须始终保持一定的运动约束和动力约束。所以,协调机器人系统运动学和动力学方程的维数及耦合程度将大为增加,对机器人的控制也就变得更加困难。

(4) 双臂协调的动力学比单臂更为复杂,双臂协调作业时的两个动力学方程可以组合成一个单一的动力学方程,但是维数增加,并且产生内力(相互耦合)的影响。

(5) 双臂机器人工作时,能够避免两个单臂机器人在一起工作时产生的碰撞情况。

(6) 双臂机器人的两臂能够各自独立工作来进行多目标的操作与控制,如将螺帽放到螺钉上的配合操作。

虽然双臂机器人是在单臂机器人的基础上发展起来的,但由于双臂机器人协调操作的特殊性,不能简单地把对单臂机器人有关的研究结果搬到双臂机器人上。因此,拟人双臂机器人的研究成为机器人研究领域中的一个十分重要的内容。

4.1.2 双臂机器人协调操作任务的分类

协调任务根据双臂末端执行器的约束关系可分为刚性抓持和非刚性抓持两种情况。在非刚性抓持情况下,双臂末端执行器之间的运动学约束关系在任务执行过程中是变化的,而刚性抓持情况下则不变。

一般来说,双臂机器人的协调操作问题可分为两种类型:松协调(loose coordination)和紧协调(tight coordination)。松协调是指双臂机器人在同一工作空间中分别执行各自无关的作业任务;而紧协调是指双臂机器人在同一工作空间中执行同一或多项作业任务[3]。与松协调相比,紧协调中存在着更加严格的运动约束和动力约束,所以这类问题更加复杂。双臂机器人进行松协调作业所形成的运动学,称为开链运动学;双臂机器人进行紧协调作业所形成的运动学,称为闭链运动学。松协调任务和紧协调任务具有各自的特点和分类形式[4],详述如下。

1) 松协调任务

松协调任务的特点是在共享工作空间内,每一个机器人独立执行各自的任务,避碰路径规划是它的主要研究问题。一般分为两种形式:

(1) 一个臂在要求的位置以要求的方向抓持一个物体,以便于另一个操作臂在该物体上进行操作。例如,组装和拆卸(assembly and disassembly)操作、双臂拧螺母作业等。

(2) 一个臂按要求移动一个物体,而另一个操作臂必须在这个运动的物体上完成一项任务。这个例子跟前面的例子基本上是一样的,除了位姿和速度要求更严格。例如,双臂抓持物体打磨操作、双臂协调插孔作业等。

2) 紧协调任务

紧协调任务的特点是双臂机器人是强耦合的,而物体的期望路径完全决定了每一个操作臂机器人的操作空间运动轨迹。其研究讨论的任务类型主要有三种：

（1）第一类任务是物体与末端执行器之间没有相对运动，双臂抓取一个刚性物体并将它从初始位置/姿态移动到新的位置/姿态。

（2）第二类任务是被操作物体有能活动的部位，具有一个或者多个自由度，像钳子、剪刀等。这类任务双臂协调控制比较复杂，对于力控制要求较高，而且要进行复杂的动力学控制。

（3）第三类任务是涉及被操作物体的处理方式，该物体不能用末端执行器抓取，而只能用末端执行器来推或靠压力来搬运（例如体积大的物体）。这种情况下，能够通过用机器人关节的包围抓取或 open-palm 末端执行器来推动或搬运。

4.2 国内外研究现状

国外对拟人双臂机器人的研究始于 20 世纪 80 年代初，研究工作主要在双臂的运动轨迹规划（包括碰撞避免）、双臂协调控制算法及操作力或力矩的控制等几方面[5~7]。对运动轨迹规划的研究主要是基于多机器人在同一环境下工作而无碰撞展开的。这方面的研究工作通常分路径规划和轨迹规划两部分进行。部分学者对沿着特定路径运动的机器人的双臂控制问题进行了比较深入的研究，他们利用机器人的动力学方程建立了考虑机器人动力特性的最优轨迹规划算法。此外通过运用计算机仿真手段来找到每步运动的最佳路线，达到解决碰撞避免问题。概括地讲，这些研究较好地解决了二维的运动轨迹规划问题，但对三维空间和具有冗余度的双臂运动轨迹规划方法和策略研究甚少。双臂协调控制是双臂机器人研究中的热点，而且大多数的研究也是以比照两个单臂机器人一起工作时的协调控制为出发点的。双臂协调控制包括手与工作执行位置之间的相对运动的控制和对保证目标轨迹连续性的控制。一些日本学者通过建立对协调操作性的评价，提出了相对可操作度和相对操作力度的操作指标，在此基础上设计了满足操作指标的工作位置与工作实际目标轨迹能分别指定的协调控制系统的新的控制算法[8]。另外一些学者通过建立位置与力的混合控制理论，采用混合位置与力控制实验方式找出保证双臂协调控制的关节力或力矩的最佳效果[9]。美国 Sarkar 等对两臂操作一个巨大物体时的协调控制提出了一个新的理论框架，这一理论框架不仅给出了明确的目标运动的控制，而且也明确了在两臂和目标之间控制接触时滚动运动的接触位置。控制算法是一个消除了动态及解耦输出的非线性反馈，这类双臂协调控制的研究都是针对某一特定作业要求所提出的[10]。双臂操作力或力矩的研究主要是进行对目标的操作算法和优化控制力。有些日本学者运用模糊神经网络的方法设计对目标的轨迹控制和操作力大小的控制，提出了用于主神经网络控制器的 Delta-Bar-Delta 学习比率适应法。另一些日本学者在双臂机械手对柔性薄板的操作控制研究中,首先基于柔性薄板的有限元模型运用Lagrange方程推导出了薄板的静态变形与施加在薄板的弯曲应力之间的关系,然后设计了一个借助于对薄板施加的合力来操作薄板的运动以及借助于对薄板施加的内力来控制薄板变形的控制算法,并通过工业机器人的实验证明所提出的控制系统是有效的。

日、美等国的研究人员凭借其先进的制造技术和手段以及雄厚的研究经费的支持,在对双臂机器人的研究中,正着重对微机器人双臂协调控制、双臂柔性动作协调控制以及对柔性物体操作的双臂协调控制等方面开展理论和实验研究工作,以扩展双臂机器人的工作能力和应用领域。

国内对双臂机器人研究的时间还不长,由于我国制造业自动化技术水平和工业现代化水平与国外存在着较大的差距,针对单臂机器人本身的研究还处在仿制和应用起步阶段,因此对双臂机器人的研究还刚刚介入。受许多相关技术和研究条件的制约,目前国内对双臂机器人的研究主要涉及运动轨迹规划、动力学以及协调控制等方面。

运动轨迹规划的研究主要是确定双臂工作时的无碰撞路径规划以及协调运动。上海交通大学机器人研究所对双臂机器人时间最优轨迹规划问题做了深入研究,成功地运用动态规划法对沿着特定路径运动的双臂机器人左、右臂进行了时间最优轨迹规划,从而保证机器人左、右臂在无碰撞的前提下实现时间最优运动[11]。哈尔滨工业大学的研究人员进行了以双臂自由飞行空间机器人为背景的自主规划运动控制研究,通过建立双臂自由飞行空间机器人的运动学和动力学模型,得到微重力环境下该双臂机器人的广义雅可比矩阵,来描述机械手末端速度和各关节角速度之间的关系,然后建立该双臂机器人在浮游状态下捕捉目标的任务规划算法及路径规划算法,并通过仿真系统验证其理论的正确性和算法的可行性[12]。信阳师范学院的研究人员在充分考虑双臂机器人机构特性条件下,应用递推算法建立双臂机器人机构协调运动的速度约束方程,以提高数值计算速度,实现双臂机器人的实时控制。动力学及协调控制方面的研究主要是确定双臂机器人在某位形状态下沿指定方向的传递性能和传力性能[13]。国防科技大学的研究人员提出了速度可操作性测度和力可操作性测度概念,用于指导确定双臂机器人的最佳操作位姿[14]。天津大学的研究人员针对受控多体系统提出了力约束的概念、力学描述及其性质,通过引入偏(角)速度和广义力,以 Kane 方程为基础建立了具有力约束的受控多体系统动力学方程,并实现了动力学求解[15]。燕山大学的研究人员讨论了多机械手协同系统的无内力抓取及相应的动载分配方法,以用于对多机械手协同操作系统的协调控制的进一步研究[16]。

这其中大多的研究是针对非冗余度的双臂机器人系统进行的理论和实验研究,而有关拟人双臂机器人系统的协调运动规划、控制的研究还比较少,尤其是模拟实验研究尚需要做大量的工作。

4.3 双臂机器人协调操作的约束关系

众所周知,机器人在进行协调作用时,其空间位姿必受到各种约束。因此在讨论冗余度机器人双臂协调操作的运动学方程之前,先讨论其空间位姿的约束关系。在此基础上,导出机器人协调的运动学模型。

为了实现机器人双臂或多臂协调作业,机器人间必须在时间和空间两个方面同时满足一定的约束关系。对单机器人来说,其约束关系比较简单,主要受其自身和环境的限制,而对于多机器人而言,约束关系将变得复杂,其约束关系主要分为如下几种[17]。

1) 自由度约束

当两手搬运一刚体时,整个系统形成闭链系统,其自由度数锐减,闭链后的自由度数为

$$n = m_l \times 6 - m_j \times (6 - j_n) \tag{4-1}$$

其中,m_l 为机器人连杆数;m_j 为机器人关节数;j_n 为关节的自由度数,通常情况下为1。

2) 工作空间的约束

由于要进行协调作业,所以必须考虑机器人共同的可达空间。在可达空间内,要考虑机器人间以及机器人与环境的约束关系。

3) 点位约束及轨迹约束

在机器人的协调作业中,某些作业要求点位约束,如双机器人的装配作业,它要求机器人在特定的时间以某种姿态到达指定的位置。这就要求考虑机器人到达该点的约束关系,如位置、姿态、时间及速度等。而有些作业则要求考虑机器人的轨迹约束关系,如双机器人共同搬运一刚体或为了完成某一特定任务。机器人在运动期间要求手爪保持一定姿态且跟踪某一固定的轨迹。

4) 力约束

在某些情况下,多机器人仅靠手爪点接触的摩擦力来抓取物体。为了操纵物体,必须在物体上施加一定的力。因此在运动过程中,不仅需要位置与姿态保持一定的约束关系,同时要有一定的力作用在物体上。此外,当操纵对象与环境接触时,还要考虑与环境接触所产生力的约束关系。

4.4 双臂机器人协调操作的运动学方程

如前所述:
① 机器人进行松协调作业所形成的运动学,为开链运动学;
② 机器人进行紧协调作业所形成的运动学,为闭链运动学。
下面分别进行讨论。

4.4.1 开链运动学方程

下面以典型的双臂机器人轴孔装配为例,具体分析开链运动学方程。轴孔装配是机械装配中一种常见的作业形式,它要求双臂机器人在特定的时间,以某种姿态到达指定的位置。这就要求考虑机器人到达该点的约束关系,如位置、姿态、时间及速度等。虽然到目前为止有关轴孔装配问题的研究不少,但主要都是针对单臂机器人[18]的,而且其形式为:轴是运动的,孔是静止的。即使是双臂机器人也是非冗余度的[19]。利用冗余度双臂机器人同时运动进行轴孔装配的文献并不多见。

从运动学角度看,双臂机器人进行轴孔装配的关键在于如何根据装配作业的要求,确定出双臂协调运动的约束条件以及相应的运动控制规律;然后根据协调运动关系,按主臂所规定的目标轨迹,规划出从臂的关节位置和速度,并进一步推导出主臂与从臂关节加速度之间的关系。在规划完毕后,主臂与从臂按照各自设计好的运动路径,以及相应的运动参数进行运动,即可实现所要求的轴孔装配[20,21]。

1. 位置、方位和关节速度约束关系

按 D-H 方法在双臂机器人的各连杆上建立坐标系,A_{i-1}^i 是连杆 i 到连杆 $i-1$ 的齐次变换矩阵,则

$$A_0^n(q^j) = A_0^1(q_1^j) A_1^2(q_2^j) \cdots A_{n-1}^n(q_n^j) \tag{4-2}$$

其中,$q^j = (q_1^j, q_2^j, \cdots, q_n^j)^T$ 为 n 维关节矢量,$j = 1, 2$ 表示机器人 1、2。A_0^n 可表示为如下齐次矩阵:

$$A_0^n(q^j) = \begin{bmatrix} R_0^n(q^j) & p(q^j) \\ 0 & 1 \end{bmatrix} \tag{4-3}$$

这里,$R_0^n(q^j)$ 和 $p(q^j)$ 为末端执行器的方位和位置。

末端执行器的线速度和角速度与关节速度的关系可由雅可比矩阵 $J(q^j)$ 表示,即

$$\begin{bmatrix} v \\ \omega \end{bmatrix} = J(q^j) \dot{q}^j \tag{4-4}$$

令

$$J(q^j) = [J_l(q^j) \quad J_a(q^j)]^T \tag{4-5}$$

则

$$J_l(q^j) \dot{q}^j = v, \quad J_a(q^j) \dot{q}^j = \omega \tag{4-6}$$

其中,$J_l(q^j)$ 为 $J(q^j)$ 的前三行,代表位置雅可比矩阵;$J_a(q^j)$ 为 $J(q^j)$ 的后三行,代表姿态雅可比矩阵。

如图 4-1 所示,两臂各持轴与孔进行装配。假定运动过程中,末端抓手与轴、孔之间没有相对运动,形成一个封闭运动链。(x_n^1, y_n^1, z_n^1) 和 (x_n^2, y_n^2, z_n^2) 分别是左

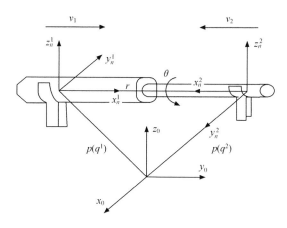

图 4-1 双臂轴孔装配示意图

右臂末端执行器上的坐标系,r 是坐标系 (x_n^2, y_n^2, z_n^2) 的原点在 (x_n^1, y_n^1, z_n^1) 下的位置矢量,θ 是 (x_n^2, y_n^2, z_n^2) 绕 x_n^1 旋转的角度变量,两臂间的完整位置约束为

$$p(q^1) + R_0^n(q^1)r - p(q^2) = 0 \tag{4-7}$$

完整方位约束为

$$R_0^n(q^2) = R_0^n(q^1)R(x_n^1, \theta) \tag{4-8}$$

其中

$$R(x_n^1, \theta) = \begin{bmatrix} -1 & 0 & 0 \\ 0 & -\cos\theta & -\sin\theta \\ 0 & -\sin\theta & \cos\theta \end{bmatrix} \tag{4-9}$$

这里,$R(x_n^1, \theta)$ 为轴相对于孔的旋转矩阵。对式(4-7)求导,得到末端执行器线速度约束为

$$[J_1(q^1) + L(q^1)]\dot{q}^1 + R_0^n(q^1)\dot{r} - J_1(q^2)\dot{q}^2 = 0 \tag{4-10}$$

其中

$$L(q^1) = \partial[R_0^n(q^1)r]/\partial q^1 \tag{4-11}$$

由式(4-8)得末端执行器角速度约束为

$$\omega_1 = \omega_2 + R_0^n(q^1)(1 \quad 0 \quad 0)^T \dot{\theta} \tag{4-12}$$

其中,$\dot{\theta}$ 为角度变量 θ 的速度,可预先给定。

$$J_a(q^1)\dot{q}^1 = J_a(q^2)\dot{q}^2 + \dot{\theta}n(q^1) \tag{4-13}$$

其中,$n(q^1) = R_0^n(q^1)(1 \quad 0 \quad 0)^T$。

结合式(4-10)和式(4-13),得到

$$\dot{q}^2 = J^{-1}(q^2)\{J_1(q^1)\dot{q}^1 + [R_0^n(q^1)\dot{r}, -\dot{\theta}n(q^1)]^T\} \tag{4-14}$$

其中

$$J_1(q^1) = \begin{bmatrix} J_1(q^1) + L(q^1) \\ J_a(q^1) \end{bmatrix}$$

因为机械臂 2 有冗余度,则式(4-14)变为

$$\dot{q}^2 = J^+(q^2)\{J_1(q^1)\dot{q}^1 + [R_0^n(q^1)\dot{r}, -\dot{\theta}n(q^1)]^T\} \quad (4\text{-}15)$$

其中,$J^+(q^2) = J^T(q^2)[J(q^2)J^T(q^2)]^{-1}$ 是 $J(q^2)$ 的 M-P 逆。在运动中,机械臂 2 的关节速度 $\dot{q}^2$ 由 q^1、q^2 和 $\dot{q}^1$ 推算出。式中,$\dot{r}$ 和 $\dot{\theta}$ 的值可以预先给定。

2. 关节加速度约束关系

假定 $\dot{r}$、$\dot{\theta}$、$\ddot{r}$ 和 $\ddot{\theta}$ 已预先给定,对式(4-15)再次求导,得

$$\ddot{q}^2 = J^+(q^2)\{J_1(q^1)\ddot{q}^1 + [R_0^n(q^1)\ddot{r} - \ddot{\theta}n(q^1)]^T\}$$
$$+ \dot{G}(q^1,q^2)\dot{q}^1 + \dot{H}(q^1,q^2)(\dot{r}-\dot{\theta})^T \quad (4\text{-}16)$$

其中,$\ddot{\theta}$ 为角度变量 θ 的加速度,可预先给定。

$$G(q^1,q^2) = J^+(q^2)J_1(q^1)$$

$$H(q^1,q^2) = J^+(q^2)\begin{bmatrix} R_0^n(q^1) & 0 \\ 0 & n(q^1) \end{bmatrix}$$

进一步可得

$$\ddot{q}^2 = [G(q^1,q^2) \quad H(q^1,q^2)](\ddot{q}^1 \quad \ddot{r} \quad -\ddot{\theta})^T$$
$$+ [\dot{G}(q^1,q^2) \quad \dot{H}(q^1,q^2)](\dot{q}^1 \quad \dot{r} \quad -\dot{\theta})^T \quad (4\text{-}17)$$

在已知 q^1、q^2、$\dot{q}^1$、$\dot{q}^2$、$\dot{r}$、$\dot{\theta}$、$\ddot{q}^1$、$\ddot{r}$ 和 $\ddot{\theta}$ 的情况下,可得出从臂的关节加速度 $\ddot{q}^2$。

4.4.2 闭链运动学方程[3,22]

1. 位置和方位约束

如图 4-2 所示,两臂抓持一刚体运动,末端抓手与被抓物体不发生相对运动。

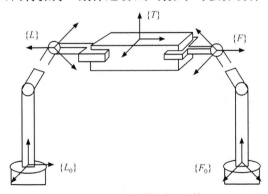

图 4-2 两臂抓持同一刚体

因此,两臂与被抓持物体形成一个闭式运动链,两臂的运动要受到相应的约束,应保持一定的运动关系。

设主臂(leader)和从臂(follower)的基坐标系分别为 L_0 和 F_0;它们的末端连杆坐标系分别为 L 和 F;与刚体固接的坐标系为 T(在物体质心,设为 o),称为工具坐标系。

1) 物体与主臂

根据图 4-2 和图 4-3,物体质心 o 与主臂的位姿约束关系用变换矩阵表示为

$$_{L}^{L_0}T\,_{T}^{L}T = {_{T}^{L_0}T} \tag{4-18}$$

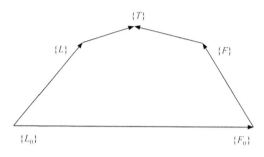

图 4-3　尺寸链

其中,$_{T}^{L}T$ 为 T 相对于 L 的齐次变换矩阵,是个常数矩阵,在运动过程中固定不变。可由主臂和物体在基系中的初始位姿确定。

根据式(4-18),主臂与物体的位置和姿态约束关系分别为

$$_{T}^{L_0}p = {_{L}^{L_0}p} + {_{L}^{L_0}R}\,_{T}^{L}p \tag{4-19}$$

$$_{T}^{L_0}R = {_{L}^{L_0}R}\,_{T}^{L}R \tag{4-20}$$

其中,$_{T}^{L_0}p \in \mathbf{R}^{3\times 1}$ 为物体质心 o 在主臂基系中的位置矢量;$_{L}^{L_0}p \in \mathbf{R}^{3\times 1}$ 为主臂末端连杆坐标系在基系中的位置矢量;$_{T}^{L}p \in \mathbf{R}^{3\times 1}$ 为物体质心 o 在主臂末端连杆坐标系中的位置矢量;$_{L}^{L_0}R \in \mathbf{R}^{3\times 3}$ 为主臂末端连杆坐标系相对于基系的方向余弦。

2) 主臂与从臂

两臂之间的位姿约束用变换矩阵表示为

$$_{L}^{L_0}T\,_{T}^{L}T = {_{F_0}^{L_0}T}\,_{F}^{F_0}T\,_{T}^{F}T \tag{4-21}$$

即

$$_{F}^{F_0}T = {_{F_0}^{L_0}T^{-1}}\,_{L}^{L_0}T\,_{T}^{L}T\,_{T}^{F}T^{-1} = {_{F_0}^{L_0}T^{-1}}\,_{L}^{L_0}T\,_{F}^{L}T \tag{4-22}$$

主臂和从臂的末端连杆坐标系 L、F 虽然与工具坐标系 T 不重合,但是它们之间无相对运动,存在着固定的变换关系。因此 $_{F}^{L}T = {_{T}^{L}T}({_{T}^{F}T^{-1}})$ 是个常数矩阵,在运动过程中固定不变。可由两臂和物体在基系中的初始位姿确定。令

$$_{F}^{L}T = {_{T}^{L}T}({_{T}^{F}T^{-1}}) = \begin{bmatrix} _{F}^{L}R & _{F}^{L}p \\ 0 & 1 \end{bmatrix} \tag{4-23}$$

由式(4-21)得两臂的位置和方向约束为

$$^l_{F^0}p(q^f) = {}^l_{L^0}p(q^l) + {}^l_{L^0}R(q^l)^l_F p \qquad (4-24)$$

$$^0_n R(q^f) = {}^0_n R(q^l)^l_F R \qquad (4-25)$$

其中，q^l 和 q^f 分别为主臂和从臂的关节变量。

2. 速度约束

主臂与物体、主臂与从臂之间的位姿关系为非线性的，求解较困难。但是关节速度关系是线性的，可先求出它们的速度关系，再通过积分得到关节位移。因此，操作臂的运动由关节速度和初始关节位置唯一确定。

机器人末端连杆的线速度 v 和角速度 ω 与关节速度 $\dot{q}$ 的关系可由雅可比矩阵 $J(q)$ 来表示，即

$$\dot{x} = \begin{bmatrix} v \\ \omega \end{bmatrix} = J(q)\dot{q} \qquad (4-26)$$

其中，$\dot{x}$ 为机器人末端的绝对速度矢量。雅可比矩阵 $J(q)$ 也可分为两部分：

$$J(q) = [J_1(q) \quad J_a(q)]^T \qquad (4-27)$$

其中，$J_1(q)$ 和 $J_a(q)$ 分别将关节速度 $\dot{q}$ 映射为末端连杆的线速度和角速度，即

$$\begin{aligned} v &= J_1(q)\dot{q} \\ \omega &= J_a(q)\dot{q} \end{aligned} \qquad (4-28)$$

1) 物体与主臂

将式(4-19)对时间求导，可得速度约束方程为

$$\dot{p}_o = J_{ll}(q^l)\dot{q}^l + C\dot{q}^l \qquad (4-29)$$

其中，$\dot{p}_o \in \mathbf{R}^{3\times 1}$ 为物体质心的绝对速度矢量；$\dot{q}^l \in \mathbf{R}^{n\times 1}$ 为主臂关节速度矢量；$J_{ll}(q^l) \in \mathbf{R}^{3\times n}$ 为主臂的位置雅可比矩阵；$C = \dfrac{\partial [{}^l_{L^0}R^l_T p]}{\partial q^l}$。

由于主臂末端与物体间无相对运动，所以两者的角速度应该相同，即

$$\omega_o = J_{la}\dot{q}^l \qquad (4-30)$$

其中，$\omega_o \in \mathbf{R}^{3\times 1}$ 为物体绕其惯性轴的绝对角速度矢量；$J_{la}(q^l) \in \mathbf{R}^{3\times n}$ 为主臂的姿态雅可比矩阵。

把式(4-29)和式(4-30)联立即可得物体与主臂的速度约束方程为

$$\begin{bmatrix} \dot{p}_o \\ \omega_o \end{bmatrix} = \begin{bmatrix} J_{ll} \\ J_{la} \end{bmatrix} \dot{q}^l + \begin{bmatrix} C\dot{q}^l \\ 0 \end{bmatrix} \qquad (4-31)$$

根据式(4-31)，由给定的物体轨迹即可得出主臂的速度。

2) 主臂与从臂

为了计算从臂的关节速度，将式(4-24)两端对时间 t 求导得

$$J_{fl}(q^f)\dot{q}^f = J_{ll}(q^l)\dot{q}^l + L(q^l)\dot{q}^l \qquad (4-32)$$

其中，$J_{\mathrm{fl}}(q^{\mathrm{f}})$ 为从臂的位置雅可比矩阵；并有
$$L(q^{\mathrm{l}}) = \partial[{}_m^0 R(q^{\mathrm{l}})_F^L p]/\partial q^{\mathrm{l}} \tag{4-33}$$

当抓住同一刚体时，两臂末端连杆的角速度应该相同，因为两者无相对运动。即 $\omega^{\mathrm{l}} = \omega^{\mathrm{f}}$。则
$$J_{\mathrm{fa}}(q^{\mathrm{f}})\dot{q}^{\mathrm{f}} = J_{\mathrm{la}}(q^{\mathrm{l}})\dot{q}^{\mathrm{l}} \tag{4-34}$$

其中，$J_{\mathrm{fa}}(q^{\mathrm{f}})$ 为从臂的姿态雅可比矩阵。

将式(4-32)和式(4-34)联立得
$$\begin{bmatrix} J_{\mathrm{fl}}(q^{\mathrm{f}}) \\ J_{\mathrm{fa}}(q^{\mathrm{f}}) \end{bmatrix}\dot{q}^{\mathrm{f}} = \begin{bmatrix} J_{\mathrm{ll}}(q^{\mathrm{l}}) + L(q^{\mathrm{l}}) \\ J_{\mathrm{la}}(q^{\mathrm{l}}) \end{bmatrix}\dot{q}^{\mathrm{l}} \tag{4-35}$$

因为从臂有冗余度，则
$$\dot{q}^{\mathrm{f}} = J^{+}(q^{\mathrm{f}})\begin{bmatrix} J_{\mathrm{ll}}(q^{\mathrm{l}}) + L(q^{\mathrm{l}}) \\ J_{\mathrm{la}}(q^{\mathrm{l}}) \end{bmatrix}\dot{q}^{\mathrm{l}} \tag{4-36}$$

其中
$$J^{+}(q^{\mathrm{f}}) = \begin{bmatrix} J_{\mathrm{fl}}(q^{\mathrm{f}}) \\ J_{\mathrm{fa}}(q^{\mathrm{f}}) \end{bmatrix}^{-1}$$

为从臂雅可比矩阵的伪逆。

3. 加速度约束

在式(4-31)中，令
$$\dot{x}_o = \begin{bmatrix} \dot{p}_o \\ \omega_o \end{bmatrix} \in \mathbf{R}^{6\times 1}$$

为物体的绝对速度矢量；且
$$\dot{x}_{\mathrm{l}} = \begin{bmatrix} J_{\mathrm{ll}} \\ J_{\mathrm{la}} \end{bmatrix}\dot{q}^{\mathrm{l}} = J_{\mathrm{l}}\dot{q}^{\mathrm{l}} \in \mathbf{R}^{6\times 1}$$

为主臂末端的绝对速度矢量；且
$$m = \begin{bmatrix} C\dot{q}^{\mathrm{l}} \\ 0 \end{bmatrix} \in \mathbf{R}^{6\times 1}$$

则物体与主臂的速度约束方程可简记为
$$\dot{x}_o = \dot{x}_{\mathrm{l}} + m \tag{4-37}$$

将式(4-37)对时间再次求导，得到主臂与物体的加速度约束关系为
$$\ddot{x}_{\mathrm{l}} = \ddot{x}_o - \dot{m} \tag{4-38}$$

其中
$$\ddot{x}_o = \begin{bmatrix} \ddot{p}_o \\ \dot{\omega}_o \end{bmatrix} \in \mathbf{R}^{6\times 1}$$

为物体的绝对加速度矢量。

在式(4-35)中，令从臂末端的绝对速度矢量为

$$\dot{x}_{\mathrm{f}} = \begin{bmatrix} J_{\mathrm{fl}} \\ J_{\mathrm{fa}} \end{bmatrix} \dot{q}^{\mathrm{f}} = J_{\mathrm{f}} \dot{q}^{\mathrm{f}} \in \mathbf{R}^{6\times 1}$$

且

$$n = \begin{bmatrix} L\dot{q}^{\mathrm{l}} \\ 0 \end{bmatrix} \in \mathbf{R}^{6\times 1}$$

则主臂与从臂的速度约束方程可简记为

$$\dot{x}_{\mathrm{f}} = \dot{x}_{\mathrm{l}} + n \tag{4-39}$$

将式(4-39)对时间 t 再次求导，得到主臂与从臂的加速度约束关系为

$$\ddot{x}_{\mathrm{f}} = \ddot{x}_{\mathrm{l}} + \dot{n} \tag{4-40}$$

联立式(4-38)和式(4-40)，可得机器人末端加速度与物体加速度之间的关系，即

$$\begin{bmatrix} \ddot{x}_{\mathrm{l}} \\ \ddot{x}_{\mathrm{f}} \end{bmatrix} = \begin{bmatrix} \ddot{x}_o - \dot{m} \\ \ddot{x}_o - \dot{m} + \dot{n} \end{bmatrix} \tag{4-41}$$

综合以上的推导结果可以看出，式(4-31)、式(4-36)和式(4-41)即两冗余度机器人紧协调操作的运动学约束方程，当满足以上方程时，两机器人便可以实现协调操作。

一般来讲，为了实现协调运动(松协调或紧协调)，首先需根据物体的目标轨迹利用物体与主机器人间的约束方程规划出主机器人的关节运动。如果两机器人均为冗余度机器人，即 $n > 6$，那么当物体的运动规律已知时，主臂的关节速度有无穷多解，引入某种性能指标(如最小关节速度或克服奇异性等)进行第一次冗余度分解可以确定主臂的唯一关节运动。接着将这一结果代入主臂和从臂的运动约束关系方程中，进行第二次冗余度分解(可以采用相同或不同的性能指标)，从而最终确定从臂的关节运动。显然，这是运动学意义上的协调运动。从上面的分析可以看出，与单一冗余度机器人一样，采用两冗余度机器人进行协调操作时，不仅可以完成对被持物体的操作任务，而且还能利用性能指标获得最优的关节位形(关节运动轨迹的最优规划)，改善机器人的操作性能。

4.5 冗余度双臂机器人避关节极限优化

机器人末端速度和关节速度之间的关系可以由下面的运动学方程描述：

$$\dot{x} = J(q)\dot{q} \tag{4-42}$$

其中，$\dot{x} \in \mathbf{R}^m$、$\dot{q} \in \mathbf{R}^n$、$J \in \mathbf{R}^{m\times n}$ 分别为机器人操作空间的末端速度、关节速度和雅可比矩阵。对于冗余度机器人便有 $m < n$。因此，满足上式的逆运动学有无数个解，即对于给定的 $\dot{x}$，存在无数组关节角速度向量 $\dot{q}$ 满足上式。

关节速度可由下式计算：
$$\dot{q} = J^+ \dot{x} + (I - J^+ J)\alpha \tag{4-43}$$
其中，J^+ 为雅可比矩阵的 Moore-Penrose 广义逆；$J^+ \dot{x}$ 为方程的最小范数解，也就是说方程的解 $\dot{q}$ 具有最小的欧拉范数；$(I - J^+ J)\alpha \in N(J)$ 为方程的齐次解，$N(J)$ 为雅可比矩阵 J 的零空间，$\alpha \in \mathbf{R}^n$ 为任意矢量。齐次解对应机器人操作臂的自运动，不会引起任何末端运动。

利用冗余特性达到避关节极限优化，通常通过全局或局部性能指标优化完成。因为全局优化方法需要事先知道完整的轨迹信息，并且算法复杂，实时性差，在需要根据传感器的信息反馈不断进行轨迹修订的场合，全局优化并不十分合适。尽管局部优化方案可能不能产生最优的关节轨迹，但它仍然是在线编程控制最适合的优化方法。

梯度投影法（GPM）和加权最小范数法（WLN）是两种最常用的局部优化方案。对 PA10 机器人和 Module 机器人分别采用梯度投影法和加权最小范数法进行运动学优化，详述如下。

4.5.1 PA10 机器人运动学优化

以 $k\nabla H(q)$ 替换方程(4-43)中的自由矢量 α，可以得到
$$\dot{q} = J^+ \dot{x} + k(I - J^+ J)\nabla H(q) \tag{4-44}$$
其中，系数 k 为一个常量实数；$\nabla H(q)$ 为 $H(q)$ 的梯度向量，它有如下形式：
$$\nabla H(q) = \left[\frac{\partial H}{\partial q_1}, \quad \frac{\partial H}{\partial q_2}, \quad \cdots, \quad \frac{\partial H}{\partial q_n}\right]^{\mathrm{T}} \tag{4-45}$$

在文献[23]、[24]中，Dubey 等提出的避关节极限性能指标 $H(q)$ 如下：
$$H(q) = \sum_{i=1}^{n} \frac{1}{4} \frac{(q_{\max}[i] - q_{\min}[i])^2}{(q_{\max}[i] - q[i])(q[i] - q_{\min}[i])} \tag{4-46}$$

在式(4-46)中，在接近关节角的极限位置，$H(q)$ 趋于无穷大，可以自动给出它们的权值。上式中每一项对应一个关节，对于每个关节，如果关节角处于关节极限的中间位置，那么其对应项的值就是 1，如果处于接近极限的位置，其对应项就趋于无穷大。

4.5.2 Module 机器人运动学优化

加权最小范数法[24]是以动能的积分值为性能指标，以惯量加权伪逆来代替广义逆求解逆运动学，其推导过程如下。

为了限制不利的关节自运动，定义关节速度矢量的加权范数如下：
$$|\dot{q}|_w = \sqrt{\dot{q}^{\mathrm{T}} W \dot{q}} \tag{4-47}$$
其中，W 为加权矩阵，它是一个正的对称矩阵。在大多数情况下，为了简便起见，

它是一个对角阵。引进变换

$$J_W = JW^{-1/2}, \quad \dot{q}_W = W^{1/2}\dot{q} \quad (4\text{-}48)$$

使用上述变换可得

$$\dot{x} = J\dot{q} = JW^{-1/2}W^{1/2}\dot{q} = J_W \dot{q}_W \quad (4\text{-}49)$$

这个方程的最小范数解是

$$\dot{q}_W = J_W^+ \dot{x} \quad (4\text{-}50)$$

利用伪逆关系 $J^+ = J^T(JJ^T)^{-1}$，经推导可得

$$\dot{q} = W^{-1}J^T(JW^{-1}J^T)^{-1}\dot{x} \quad (4\text{-}51)$$

上式就是方程的加权最小范数解，其中雅可比矩阵是满秩的。权值矩阵通常取为对角矩阵，它的形式如下：

$$W = \begin{bmatrix} w_1 & 0 & 0 & \cdots & 0 \\ 0 & w_2 & 0 & \cdots & 0 \\ \vdots & \vdots & w_i & & \vdots \\ 0 & 0 & 0 & \cdots & w_n \end{bmatrix} \quad (4\text{-}52)$$

其中，w_i 为对角矩阵 W 中的元素，它定义成如下形式：

$$w_i = 1 + \left| \frac{\partial H(q)}{\partial q_i} \right| \quad (4\text{-}53)$$

选用与 PA10 机器人一样的避关节极限优化性能指标如式(4-46)。其梯度分量为

$$\frac{\partial H(q)}{\partial q_i} = \frac{(q_{\max}[i] - q_{\min}[i])^2 (2q[i] - q_{\max}[i] - q_{\min}[i])}{4(q_{\max}[i] - q[i])^2 (q[i] - q_{\min}[i])^2} \quad (4\text{-}54)$$

4.6 冗余度机器人双臂协调避碰规划

4.6.1 单机器人避障规划概述[25,26]

当机器人的手爪、臂或本体在有障碍物的环境下运动时，为了到达某个目标位置和姿态，完成作业，就需要在空间中确定一条无碰撞的运动路径。这一问题称为无碰撞路径规划。与任务规划有所不同，在此，规划的含义实际上是直观地求解带约束的几何问题，而不是操作序列或行为步骤。另一方面，如果把运动物体看成所研究的问题的某种状态，把障碍物看成问题的约束条件，而无碰撞路径则为满足约束条件的解。那么，空间路径规划就是一种多约束的问题求解过程，这不但符合规划的广义理解，而且为复杂问题的描述和求解提供了新的思路。

对于机器人来说，根据工作任务要求的不同，有以下两类避越障碍物的轨迹规划问题。

① 给定机器人起始位形点和终止位形点；
② 给定机器人手末端的一条位姿轨迹。

机器人避越障碍物的轨迹规划问题在国内外已经进行过不少研究，其中很大一部分是研究关于已知环境障碍物的机器人避障碍物的轨迹规划问题，提出了不少避越障碍物的方法。

对于给定机器人起始位形点和终止位形点的任务，主要有下面三类方法。

1) 假设和检验法

这种方法是较早提出的一种避越障碍物的方法，也是一种比较原始的方法。该方法是根据机器人的任务预先假设一条机器人的运动轨迹，然后检验机器人沿给定轨迹运动时是否与障碍物发生碰撞。如果发生碰撞，则根据机器人与障碍物的碰撞信息来修正机器人的运动轨迹，直至最后找到一条机器人不与障碍物发生干涉的轨迹。这种方法直观，但需要反复计算"相交空间"问题，而且没有任何启发信息，既复杂又费时，基本上现在已被舍弃。

2) C空间法

C空间法是由Udupa和Lozano Perez等人发展的一种无碰撞路径规划方法。该方法把环境障碍物变换到关节构形空间（configuration space）中去，然后在关节构形空间中寻找机器人的避碰轨迹。在关节构形空间内，机器人可用一个点来代表。这给轨迹规划提供了方便，但缺点是障碍物不易转换到关节空间，当机器人自由度数较大时，关节空间的维数太高，不易进行轨迹规划。

有的学者用网格来离散地表示关节位形空间，每一网格用一相应数字表示，通过搜索这些标有数字的网格，寻找一条从起始点到终止点的轨迹。这种方法很直观，但是如果网格太小，占用计算机内存太大；网格太大，寻找到的轨迹又不易达到优化。

3) 边界约束法

这种方法是通过建立障碍物的边界约束条件来实现机器人避越障碍物的运动轨迹规划。比如，建立机器人杆件与障碍物之间的性能指标函数，使机器人杆件不与障碍物太近。通常，机器人与障碍物相碰撞时的数值定为无穷大，函数值随着机器人与障碍物最近距离的增加而逐步减小，并在一定距离之外，函数值为零。

此类方法有势函数法、不等式约束斥力法、边函数法等。

以平面三杆冗余度机器人为例，机器人手部从起始位置A运动到终止位置B，机器人自主规划路径。图4-4是势函数法进行路径规划的示例。

机器人在目标点B的引力作用下开始运动，当机器人没有进入障碍物斥力场内的时候，机器人沿直线运动；当机器人的杆件运动到斥力场内的时候，机器人在引力和斥力的综合作用下，路径发生了改变。

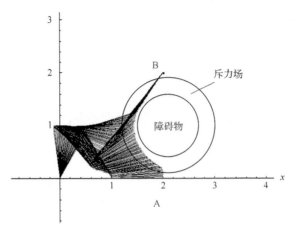

图 4-4　势函数法避障路径规划

对于给定机器人手末端的位姿轨迹的任务，常用的方法是梯度投影等方法。构造机器人杆件与障碍物的距离函数指标，反馈给机器人系统，使其产生有利的自运动，从而避开障碍物。在后面的章节有实例介绍。

4.6.2　冗余度机器人双臂协调避碰规划

当双臂机器人在同一工作空间中工作时，如果不对机器人的运动进行规划和协调，则两个机器人之间非常容易产生碰撞。由于碰撞通常会对机器人产生不可修复的破坏，因此对双臂机器人进行避碰运动规划是非常必要的。

双臂机器人系统的避碰主要涉及四个方面[27]：

（1）末端执行器避碰（EECA），即避免机器人末端执行器与环境（包括与其他机器人）之间的碰撞。

（2）连杆级避碰（LLCA），即避免机器人的每一连杆与环境之间的碰撞。

（3）自避碰（SCA），即避免任一机器人连杆之间的碰撞。

（4）机器人之间的避碰（RRCA），即避免在双臂机器人系统中两机器人之间的碰撞，也可以看成连杆级避碰（LLCA）和自避碰（SCA）相结合。

避碰的方法大部分文献是以单机器人和静止障碍物为对象进行研究的，而针对双冗余度机器人的杆件避碰问题的文献还不多。冗余度机器人中最常用的避碰方法主要有势场法和距离函数法，其中距离函数法具有计算量很小、方法简单、可用于实时规划、易使用的优点，应用比较广泛。距离函数法的基本原理是最大化某种形式的机器人连杆与障碍物之间的距离，同时可避免计算的复杂并保证机器人运动的稳定性和连续性。该方法在机器人的杆件上按照一定的规则选取一定数量的点，然后以一种规则取它们的距离函数，对该距离函数求梯度，用梯度投影法进行避碰。

Mayorga[28]提出了一种简单的多机器人在线运动规划方法,该方法将两个机器人的关节处作为特征点,计算两个机器人对应特征点之间的距离值,然后通过加权平均的方法将这些距离平方相加,从而获得一个以关节角作为变量的距离函数,最后将这个距离函数作为机器人零空间的任意矢量来规划冗余度机器人的运动。Sezgin 等[29]提出了最大距离原则法 MXDC(maximum distance criterion),该方法与 Mayorga 的方法类似,不同点在于 Mayorga 的方法将冗余度机器人的关节处作为特征点,而 MXDC 法不再局限于关节处,连杆的中点也选为特征点。Sezgin 对位形控制点的选择和避碰有效性之间的关系进行了多个仿真实验,研究表明位形控制点的选择与避碰的有效性有较大的关系,选择不好会导致避碰失败。战强[30,31]针对这种方法提出了一套规则,用于位形控制点的位置选取,改进了这种协调避碰方法。杨巧龙[32]提出了一种新的性能指标函数,使得改进后的方法优化更为合理,而且对位形控制点的选取位置不再过分敏感。

4.6.2.1 最大距离指标(MXDC)方法

冗余度机器人的关节空间的维数大于工作空间的维数,因此从末端轨迹到关节轨迹的对应关系不是唯一的。但是,通过加入一定的运动学约束,可以得到唯一的运动学反解。最大距离指标方法通过选取一定的目标函数,采用梯度投影法,可以有效地进行避碰。

以图 4-5 为例,两个冗余度机器人,每个机器人自由度为 n,工作空间维数为 m,双冗余度机器人的正向运动学方程为

$$x_r = f_r(q_r) \tag{4-55}$$

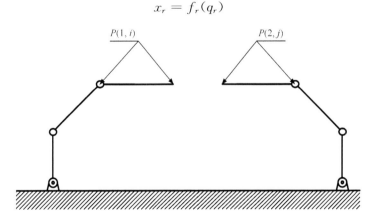

图 4-5 CCP 的选取

其中,$r=1$、2,分别表示两个机器人;$x_r \in \mathbf{R}^m$,表示机器人末端位姿向量;$q_r \in \mathbf{R}^n$,表示关节变量的向量。

我们在机器人的杆件上选取一定的点,称为位形控制点 CCP(configuration control points)。假如我们在每个机器人杆件上选取了 k 个 CCP,并记

$$P(r,i), \quad r=1,2; \quad i=1,2,\cdots,k$$

为第 r 个机器人上的第 i 个 CCP。

我们根据这些位形控制点选取合适的距离指标(maximum distance criterion)函数,即

$$\text{MXDC} = \sum_{i=1}^{k}\sum_{j=1}^{k} d(P(1,i)P(2,j)) \tag{4-56}$$

应用梯度投影法,便可以有效地进行避碰:

$$\dot{q}_r = J_r^+ \dot{x} + k(I - J_r^+ J_r) h_r^{\text{T}} \tag{4-57}$$

其中,J_r^+ 为机器人 Jacobian 矩阵 J_r 的伪逆;$(I-J_r^+J_r) \in \mathbf{R}^{n\times n}$,为零空间投影算子;$h_r = \dfrac{\partial \text{MXDC}}{\partial q_r} \in \mathbf{R}^{1\times n}$,为最大距离指标函数的梯度;$k$ 为某一常数。

4.6.2.2 仿真实例

如图 4-6 所示,两平面三杆冗余度机器人,各个杆件长度均为 1,抓持棒料长度为 1。工作任务是要把棒料绕其中点旋转半周。

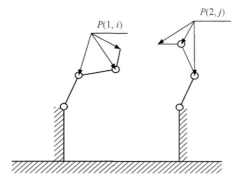

图 4-6 MXDC 法

选取 CCP 如图 4-6 所示,选取

$$\text{MXDC} = \sum_{i=1}^{3}\sum_{j=1}^{3} d(P(1,i)P(2,j)) = \sum_{i=1}^{3}\sum_{j=1}^{3} [(x_{1i}-x_{2i})^2 + (y_{1i}-y_{2i})^2] \tag{4-58}$$

其中,x_{ri}, y_{ri} 分别为机器人 r 的 $P(i,j)$ 的 x,y 坐标。

仿真结果如图 4-7 和图 4-8 所示。

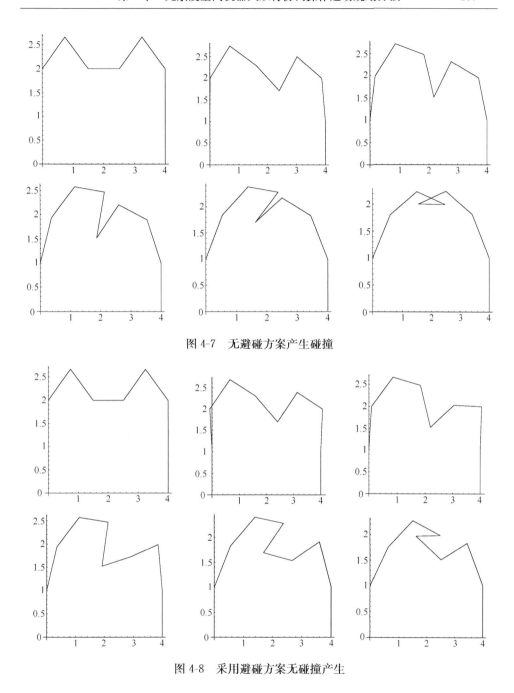

图 4-7 无避碰方案产生碰撞

图 4-8 采用避碰方案无碰撞产生

4.6.2.3 拟人双臂机器人系统平台 CCP 选取

PA10 机器人和 Module 机器人的工作空间见第 2 章。通过对两机器人的特性分析可知,由于两机器人的基座距离较远,因此两机器人基座之间的避碰不用考虑。此外,根据三维仿真环境中两臂的相碰工作空间分析,如图 4-9 所示,可知 PA10 机器人关节 4 以下部位和 Module 机器人关节 4 以下部分不会发生碰撞,所以也不用考虑。因此,两臂可能发生碰撞的部分是关节 4 以上的部分,即 PA10 机器人关节 4、关节 5、关节 6、关节 7、连杆 5、连杆 6 及末端夹持器中心点;Module 机器人的关节 4、关节 5、关节 6、关节 7、连杆 5、连杆 6 及末端夹持器的中心点。因此,只要保证两机器人的这些部分不发生碰撞即可实现双臂的避碰。

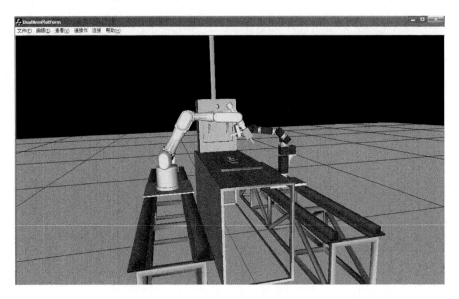

图 4-9　双臂机器人碰撞区域的三维显示

4.7　冗余度机器人双臂协调操作的灵活性[33]

和单臂不同,双臂机器人的灵活性更强调的是两个机器人对给定任务协调的一致性,单个机器人灵活性好不一定保证协调情况下对指定任务的灵活性好。

要提高机器人双臂协调的灵活性,首先要有一个数学指标来评价机器人的灵活性。本节介绍双机器人的协调操作灵活性的常用性能指标。

在介绍双机器人的灵活性指标之前,先介绍一下单机器人常用的灵活性指标。

4.7.1　面向任务的操作度

1. 操作度椭球

操作度椭球按以下定义。

一个机器人自由度为 n，工作空间自由度为 m，于是，关节空间和工作空间的关系可以表示为

$$\dot{x} = J(q)\dot{q} \tag{4-59}$$

其中，$\dot{x}$ 和 $\dot{q}$ 分别为笛卡儿空间 $\mathbf{R}^n$ 和关节空间 $\mathbf{R}^m$ 的速度矢量，当机器人是冗余度机器人时有 $n > m$。

$J \in \mathbf{R}^{m \times n}$ 为雅可比矩阵，表征了空间 $\mathbf{R}^n$ 到空间 $\mathbf{R}^m$ 的映射关系。$\mathbf{R}^n$ 中的单位球

$$\|\dot{q}\|^2 = 1 \tag{4-60}$$

通过 J 矩阵映射为 $\mathbf{R}^m$ 中的椭球

$$\|\dot{q}\|^2 = \dot{q}^{\mathrm{T}}\dot{q} \tag{4-60a}$$

$$= \dot{x}^{\mathrm{T}}(J^+)^{\mathrm{T}}J^+\dot{x} \tag{4-60b}$$

$$= \dot{x}^{\mathrm{T}}(JJ^{\mathrm{T}})^+\dot{x} \tag{4-60c}$$

$$= \dot{x}^{\mathrm{T}}(JJ^{\mathrm{T}})^{-1}\dot{x} = 1 \tag{4-60d}$$

其中，上标 "+" 表示一个矩阵的 M-P 广义逆，$J^+ = J^{\mathrm{T}}(JJ^{\mathrm{T}})^{-1}$。公式(4-60d)表示了 $\mathbf{R}^m$ 中的一个椭球，称为操作度椭球(manipulability ellipsoid)。表征了机器人在任务空间运动的灵活性。操作度椭球的体积函数被用来作为机器人运动的操作度度量指标 MM(manipulability measure)：

$$\mathrm{MM} = \sqrt{\det JJ^{\mathrm{T}}} \tag{4-61}$$

MM 作为避奇异的一个重要性能指标，用来优化机器人关节位形。值得注意的是，当机器人处于奇异位形的时候，由于 J 的降秩，MM 的值变为零。

2. 期望操作度椭球

用操作度椭球的体积函数来表征机器人运动的操作度的性能指标是非常简便的。但是，有时候任务常常采用位置/力控制，所以这就需要表征力的操作度。

关节空间的力(矩)向量 τ 和笛卡儿空间的力向量 F 的关系为

$$\tau = J^{\mathrm{T}}F \tag{4-62}$$

于是，关节力(矩)空间 $\mathbf{R}^n$ 的单位球

$$\|\tau\|^2 = 1 \tag{4-63}$$

映射为笛卡儿力空间 $\mathbf{R}^m$ 中的力操作度椭球

$$\|\tau\|^2 = \tau^{\mathrm{T}}\tau = F^{\mathrm{T}}(JJ^{\mathrm{T}})F = 1 \tag{4-64}$$

公式(4-64)表示了机器人的力操作度椭球，比较公式(4-64)和公式(4-60d)，我们可以看出：

① 力操作度椭球和运动操作度椭球的基准轴线是一致的；
② 力操作度椭球和运动操作度椭球的基准线的长度互为倒数。

这说明力和运动优化是相矛盾的，一个对运动控制来讲起优化作用的位形，对力控制来讲可能起破坏作用。

为了解决力和运动（速度）优化这个矛盾问题，我们在机器人给定任务的规划的路径上面，根据任务对速度和力的需求，列出一系列的期望的操作度椭球；然后，我们可以把机械臂期望的操作度椭球和实际的操作度椭球的几何相近度作为衡量机械臂操作性能的一个指标，我们称为面向任务的操作度指标（task-oriented manipulability measure, TOMM）。

3. 面向任务的操作度指标 TOMM

面向任务的操作度指标 TOMM 定义为机械臂期望的操作度椭球和实际的操作度椭球的几何相近度。然而，有很多方法可以描述两个椭球的相近程度，综合考虑计算误差和计算量，我们这里采用了两种方法来表征这种几何相似性。

1) 两个椭球相交部分的体积

一个椭球可以用一系列的基准轴 $\{\sigma_1 u_1, \sigma_2 u_2, \cdots, \sigma_i u_i, \cdots, \sigma_m u_m\}$ 来表示，其中 $u_i(i=1,2,\cdots,m)$ 表示了椭球的基准轴的单位方向向量；$\sigma_i(i=1,2,\cdots,m)$ 代表了对应椭球基准轴的长度。对应公式 (4-60d)，u_i 是 $(JJ^T)^{-1}$ 的正交的单位特征向量，σ_i 是对应特征值平方根的倒数。u_i、σ_i 也可以通过奇异值分解得到，这里不再叙述。

对于任务框 P，其期望的操作度椭球记为 $^dE(P)$，椭球的基准轴为 $\{^d\sigma_1{^d}u_1, {^d}\sigma_2{^d}u_2, \cdots, {^d}\sigma_i{^d}u_i, \cdots, {^d}\sigma_m{^d}u_m\}$，即

$$^dE(P): \dot{x}^{\mathrm{T}} {^d}U^d\sum{^{2d}}U^{\mathrm{T}}\dot{x} = 1 \tag{4-65}$$

其中

$$^dU = [{^d}u_1, {^d}u_2, \cdots, {^d}u_i, \cdots, {^d}u_m]$$

$$^d\sum{^2} = \mathrm{Diag}[{^d}\sigma_1, {^d}\sigma_2, \cdots, {^d}\sigma_i, \cdots, {^d}\sigma_m] \quad \eta_i = [({^d}u_i)^{\mathrm{T}}(JJ^{\mathrm{T}})^{-1d}u_i)]^{-1/2}$$

对于同一任务框 P，其实际的操作度椭球记为 $^aE(P)$，即

$$^aE(P): \dot{x}^{\mathrm{T}}(JJ^{\mathrm{T}})^{-1}\dot{x} = 1 \tag{4-66}$$

现在把两个椭球相交的部分也近似为椭球：$^IE(P)$，其基准轴要么来自 $^dE(P)$ 的基准轴线和 $^aE(P)$ 的边界的交点，要么来自 $^dE(P)$ 的基准轴线，这取决于哪个更短。如图 4-10(a) 所示，沿着 $^dE(P)$ 的基准轴 ^du_i，^du_i 和 $^aE(P)$ 的交点 $\eta_i{^d}u_i$，满足公式 (4-66) 得

$$(\eta_i{^d}u_i)^{\mathrm{T}}(JJ^{\mathrm{T}})^{-1}\eta_i{^d}u_i = 1 \tag{4-67}$$

于是

$$\eta_i = [({^d}u_i)^{\mathrm{T}}(JJ^{\mathrm{T}})^{-1d}u_i]^{-1/2} \tag{4-68}$$

$^IE(P)$ 的基准轴定义为

$$\begin{cases} \eta_i{^d}u_i, & \eta_i < {^d}u_i \\ {^d}\sigma_i{^d}u_i, & \eta_i \geqslant {^d}u_i \end{cases} \tag{4-69}$$

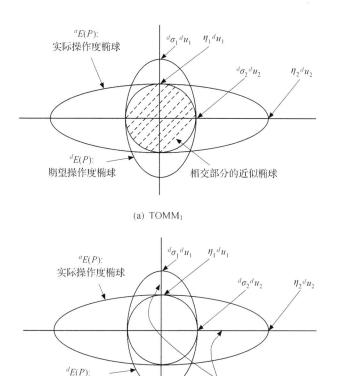

图 4-10 面向任务的操作度指标

基于 $^lE(P)$ 的体积,由公式(4-69)得出,面向任务的操作度指标 TOMM_1,用下式表示:

$$\mathrm{TOMM}_1 = \prod_{i=1}^{m} \left[\min(^d\sigma_i, \eta_i)\right] \tag{4-70}$$

图 4-10(a)给出了 TOMM_1 的一个图例。

2) 形状差异指标

TOMM 还可以用椭球 $^dE(P)$ 和 $^aE(P)$ 之间的形状差异来定义。如图 4-10(b)所示,椭球 $^dE(P)$ 和 $^aE(P)$ 之间的形状差异可以近似地用 $^d\sigma_i{}^du_i$ 和 $\eta_i{}^du_i$ 差($i=1,2,\cdots,m$)的总和来表示。我们定义

$$\mathrm{TOMM}_2 = 1/\sum_{i=1}^{m}(^d\sigma_i - \eta_i)^2 \tag{4-71}$$

值得注意的是,$^dE(P)$ 和 $^aE(P)$ 应该是定义在同一个框或者位姿、手部框或者任务框,计算出的 TOMM_1 或者 TOMM_2 才有意义。如图 4-11 所示,在手部框

的操作度椭球 $E(H)$ 为

$$^aE(H): \dot{x}_h^T (J_h J_h^T)^{-1} \dot{x}_h = 1 \tag{4-72}$$

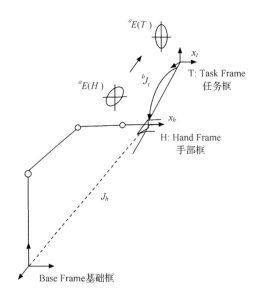

图 4-11 操作度椭球在两个框之间的转换

利用变换 $^hJ_t, \dot{x}_h = {^hJ_t^{-1}} \dot{x}_t$，可以把上述操作度椭球变换到任务框中：

$$^aE(T): \dot{x}_h^T [(^hJ_t^{-1})^T (J_h J_h^T)^{-1} {^hJ_t^{-1}}] \dot{x}_t = 1 \tag{4-73}$$

4.7.2 双臂协调的操作度

现在我们来介绍一下双机器人协调的操作度。我们这里以紧协调的情况为例。

如图 4-12 所示，我们定义两个 6×1 的向量 P_1 和 P_2，代表任务框 1(task 1 frame)和任务框 2(task 2 frame)相对于基础框(base frame)的位姿，于是，紧协调的运动学约束关系可以表示为

$$\dot{p}_2 = J_{21} \dot{p}_1 \tag{4-74}$$

双臂协调在某一任务框的操作度，可以用两个单臂分别在该任务框处的操作度椭球的相交体积来度量。

如图 4-12 所示，臂 1 在任务框 P_1 处的操作度椭球 $^1E(P_1)$ 为

$$^1E(P_1): \dot{p}_1^T [(J_{t1}^{-1})^T (J_{h1} J_{h1}^T)^{-1} J_{t1}^{-1}] \dot{p}_1 = 1 \tag{4-75}$$

其中，J_{h1} 和 J_{t1} 分别为从基础框到手部框 1、从手部框 1 到框 P_1 的转换矩阵。

臂 2 在任务框 P_2 处的操作度椭球 $^2E(P_2)$ 为

$$^2E(P_2): \dot{p}_2^T [(J_{t2}^{-1})^T (J_{h2} J_{h2}^T)^{-1} J_{t2}^{-1}] \dot{p}_2 = 1 \tag{4-76}$$

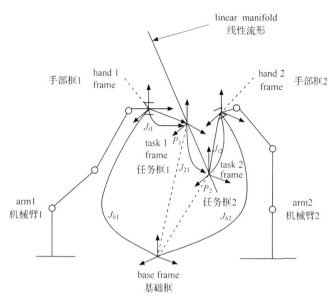

图 4-12 双臂协调执行任务

利用公式(4-73)可以求得臂 2 在任务框 P_1 处的操作度椭球 $^2E(P_1)$ 为

$$^2E(P_1): \dot{p}_1^{\mathrm{T}}[J_{21}^{\mathrm{T}}(J_{t2}^{-1})^{\mathrm{T}}(J_{h2}J_{h2}^{\mathrm{T}})^{-1}J_{t2}^{-1}J_{21}]\dot{p}_1 = 1 \qquad (4\text{-}77)$$

双臂协调在 P_1 的操作度可以用公式(4-75)和公式(4-77)所表示的两个椭球的相交体积来度量。如图 4-13 所示,这个体积也可以按照 TOMM_1 的方法近似来度量计算。

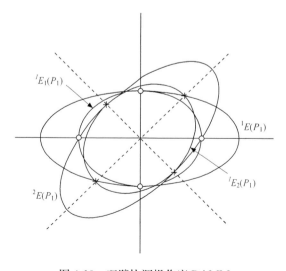

图 4-13 双臂协调操作度 DAMM

参照式(4-69),椭球 $^IE_1(P_1)$（近似表示相交体积）的主轴 $^I\sigma_{1i}{}^Iu_{1i}(i=1,2,\cdots,m)$ 可以这样求得：

$^IE_1(P_1)$：

$$\begin{cases} ^I\sigma_{1i}{}^Iu_{1i} = {}^1\eta_i{}^1u_i, & {}^1\eta_i < {}^1\sigma_i; \quad i=1,2,\cdots,m \\ ^I\sigma_{1i}{}^Iu_{1i} = {}^1\sigma_i{}^1u_i, & {}^1\eta_i \geqslant {}^1\sigma_i; \quad i=1,2,\cdots,m \end{cases} \quad (4\text{-}78)$$

其中，$^1\eta_i{}^1u_i(i=1,2,\cdots,m)$ 为 $^1E(P_1)$ 的主轴和 $^2E(P_1)$ 的边界的交点；$^2E(P_1)$ 中的 $^1\eta_i(i=1,2,\cdots,m)$ 满足方程式(4-77)，所以有

$$^1\eta_i = \{{}^1u_i^T[J_{21}^T(J_{t2}^{-1})^T(J_{h2}J_{h2}^T)^{-1}J_{t2}^{-1}J_{21}]{}^1u_i\}^{-1/2}, \quad i=1,2,\cdots,m \quad (4\text{-}79)$$

值得注意的是，公式(4-78)是用了 $^1E(P_1)$ 的主轴和 $^2E(P_1)$ 的边界，我们用下标 1 表示 $^IE_1(P_1)$，我们也可以反过来用 $^2E(P_1)$ 的主轴和 $^1E(P_1)$ 的边界，用下标 2 表示 $^IE_2(P_1)$，即

$^IE_2(P_1)$：

$$\begin{cases} ^I\sigma_{2i}{}^Iu_{2i} = {}^2\eta_i{}^2u_i, & {}^2\eta_i < {}^2\sigma_i; \quad i=1,2,\cdots,m \\ ^I\sigma_{2i}{}^Iu_{2i} = {}^2\sigma_i{}^2u_i, & {}^2\eta_i \geqslant {}^2\sigma_i; \quad i=1,2,\cdots,m \end{cases} \quad (4\text{-}80)$$

其中，$^2\eta_i{}^2u_i(i=1,2,\cdots,m)$ 为 $^2E(P_1)$ 的主轴和 $^1E(P_1)$ 的边界的交点，且

$$^2\eta_i = \{{}^2u_i^T[J_{21}^T(J_{t2}^{-1})^T(J_{h2}J_{h2}^T)^{-1}J_{t2}^{-1}J_{21}]{}^2u_i\}^{-1/2}, \quad i=1,2,\cdots,m \quad (4\text{-}81)$$

双臂协调操作度(DAMM)在 P_1 可以定义为两个操作度椭球 $^1E(P_1)$ 和 $^2E(P_1)$ 的相交体积。这个相交体积可以近似地表示为 $^IE_1(P_1)$ 或者 $^IE_2(P_1)$。这里我们选取其中的较大者。即

$$\text{DAMM}(P_1) = \max\left[\prod_{i=1}^m \min({}^1\sigma_i,{}^1\eta_i), \prod_{i=1}^m \min({}^2\sigma_i,{}^2\eta_i)\right] \quad (4\text{-}82)$$

4.7.3 面向任务的双臂协调操作度(TODAMM)

面向任务的双臂协调操作度 TODAMM,把 TOMM 和 DAMM 的概念融合到了一起,表征了对于给定特定任务,双臂进行协调的有效程度。对于给定的任务,我们可以根据任务的性质在机器人的笛卡儿路径上指定一系列的期望操作度椭球。TODAMM 可以定义为期望的操作度椭球和实际的双臂协调操作度椭球的几何相近程度。

和 TOMM 同样,我们可以用两种方法度量几何相似程度。

1) 相交体积

如图 4-13 所示，^IE 的主轴 $^I\sigma_i{}^Iu_i(i=1,2,\cdots,m)$ 可以这样求得：

$$^l\sigma_i{}^lu_i = \min(^d\sigma_i{}^du_i, ^1\eta_i{}^du_i, ^2\eta_i{}^du_i), \quad i=1,2,\cdots,m \tag{4-83}$$

其中,$^d\sigma_i{}^du_i(i=1,2,\cdots,m)$为期望操作度椭球$^dE(P)$的主轴;$^1\eta_i{}^du_i$为$^dE(P)$的主轴和臂1在$P$的操作度椭球$^1E(P)$的边界的交点;$^2\eta_i{}^du_i$为$^dE(P)$的主轴和臂2在$P$的操作度椭球$^2E(P)$的边界的交点。

于是我们定义

$$\text{TODAMM}_1(P) = \prod_{i=1}^{m}\left[\min(^d\sigma_i, ^1\eta_i, ^2\eta_i)\right] \tag{4-84}$$

2) 形状差异

符号意义同上,我们定义

$$\text{TODAMM}_2(P) = 1\bigg/\sum_{i=1}^{m}[^d\sigma_i - \min(^1\eta_i, ^2\eta_i)]^2 \tag{4-85}$$

这样,我们就用面向任务的双臂协调操作度定量地描述了机器人双臂协调灵活性。有了这个性能指标,我们就可以用机器人常用的方法(如梯度投影法(GPM)等)去优化机器人双臂协调操作的灵活性了。

4.8 本章小结

总结了冗余度空间机器人双臂协调操作的特点及其分类。对国内外在双臂协调操作方面的研究现状进行了概述与总结。对于松协调与紧协调两类协调操作任务分别给出了开链运动学方程及闭链运动学方程。并在此基础上探讨了双臂协调操作当中较为重要的避关节极限位置优化与避碰规划问题,最后提出了衡量协调操作当中双臂运动灵活性的性能指标。

参 考 文 献

[1] 赵京,白师贤. 两冗余度机器人协调操作的研究[J]. 机器人,1998,20(4):258-265.
[2] 周骥平,颜景平,陈文家. 双臂机器人研究的现状与思考[J]. 机器人,2001,23(2):175-177.
[3] 赵京. 冗余度机器人、弹性关节冗余度机器人及其协调操作的运动学和动力学研究[D]. 北京:北京工业大学,1997.
[4] 舒婷婷. 操作臂机器人运动规划算法研究与实现[D]. 武汉:华中师范大学,2001.
[5] Luh J Y S, Zhang Y F. Constrained relations between two coordinated industrial robots for motion control[J]. International Journal of Robotics Research,1987,6(3):60-70.
[6] Zheng Y D, Luh J Y S. Optimal load distribution for two industrial robots handling a single object[C]. Proceedings of the IEEE International Conference on Robotics and Automation,1988:344-349.
[7] Hu Y R, Goldenberg A A. Dynamic control of multiple coordinated redundant manipulators with torque optimization[C]. Proceedings of the IEEE International Conference on Robotics and Automation,1990:1000-1005.
[8] Yoshikawa T. Analysis and control of robot manipulators with redundancy[C]. Robotics Research:First

International Symposium,Cambridge:MIT Press,1984:735-748.
- [9] Touati Y, Djouani K, Amirat Y. Neuro-fuzzy based approach for hybrid force/position robot control [C]. Proceedings of the IEEE International Conference on Robotics and Automation,2002:376-381.
- [10] TESCON CO LTD. New Dual Arm Robotic Capability[J]. Industrial Robot,1996,23(3):40-41.
- [11] 钱东海等. 双臂机器人时间最优轨迹规划研究[J]. 机器人,1999,21(2):98-1031.
- [12] 何光彩等. 双臂自由飞行空间机器人自主控制系统仿真[J]. 计算机仿真,1999,16(2):57-59.
- [13] 陈安军等. 双臂机器人机构速度约束方程组的快速建立[J]. 信阳师范学院学报(自然科学版),1998,11(3):236-2381.
- [14] 陈国锋等. 双臂机器人位姿的方向可操作性[J]. 机器人,1996,18(2):108-1141.
- [15] 王树新等. 受控多体系统的力约束分析与实验研究[J]. 天津大学学报,1997,30(5):6051-6061.
- [16] 赵永生等. 多机械手协同的无内力抓取及动载的分配[J]. 光与精密工程,1999,7(2):50-561.
- [17] 蒋新松. 机器人学导论[M]. 沈阳:辽宁科学技术出版社,1994.
- [18] 袁军,黄心汉,陈锦江. 机器人装配作业控制技术[J]. 机器人,1994,16(1):56-64.
- [19] 张建忠. 孔-轴装配机器人视觉制导关键技术研究[D]. 南京:东南大学,2006.
- [20] 芦俊,席文明,颜景平. 双臂机器人轴孔装配的运动学关系分析[J]. 机器人,2001,11:16-18.
- [21] 芦俊,朱兴龙,颜景平. 双臂机器人轴孔装配的分级控制[J]. 制造业自动化,2002,24(6):21-25.
- [22] 熊有伦. 机器人学[M]. 北京:机械工业出版社,1993.
- [23] Zghal H, Dubey R V, Euler J A. Efficient gradient projection optimization for manipulators with multiple degree of redundancy[C]. Proceedings of the IEEE International Conference on Robotics and Automation, Los Alamitos,1990:1006-1011.
- [24] Tan F C,Rajiv V D. A weighted least-norm solution based scheme for avoiding joint limits for redundant manipulators[C]. Proceedings of the IEEE International Conference on Robotics and Automation, Piscataway,1993,3:395-402.
- [25] Sezgin U,Seneviratne L D,Earles S W E. Collisoin avoidance in multiple-redundant manipulators[J]. International Journal of Robotics Reseaich, 1997,16(5):714-724.
- [26] Ircanski M V,Vukobratovic M. Contribution to control of redundant robotic manipulators in an environment with obstacles[J]. International Journal of Robotics Reseaich,1986,5(4):112-119.
- [27] Xie H P. Real-time cooperative control of a dual-arm redundant manipulator system[D]. London:University of Western Ontario, 2000.
- [28] Mayorga R V, Wong A K C. Simple method for the on-line synchronous motion planning of multi-manipulators systems[C]. Proceedings of International Conference on System, Man and Cybernetics, Piscataway,1995,1:886-891.
- [29] Sezgin U,Senevirantne L D, Earles S W E. Collision avoidance in multiple-redundant manipulators[J]. International Journal of Robotics Research, 1997,16(5):714-724.
- [30] 战强. 冗余度双臂空间机器人平台的研制[R]. 北京:北京航空航天大学,2001.
- [31] Zhan Q, He Y H,Chen M. Collision avoidance of cooperative dual redundant manipulators[J]. Chinese Journal of Aeronautics, 2003, 16(2):117-122.
- [32] 杨巧龙. 双冗余度机器人协调操作技术研究[D]. 北京:北京航空航天大学,2004.
- [33] Sukhan Lee. Dual redundant arm configuration optimization with task-oriented dual arm manipubility [J]. IEEE Transactions on Robotics and Automation,1989,5(1):78-97.

第5章 冗余度双臂空间机器人协调任务规划方法

5.1 任务分解

在机器人进行某种作业的场合,必须用程序的形式给出动作的具体指令。为此,必须确定作业的程序。例如,进行机械的组装和分解作业时,进行作业之前,必须预先决定机械零件的装配顺序和拆卸顺序、放置零件的地方等。通常,程序员会考虑这些顺序,或者一边使用机器人仿真器、机器人用的专家系统等会话功能,一边书写机器人动作的程序。然而,这种工作对于程序员是很重的负担。如果机器人系统自身具有规划大致的作业程序的功能,则可以使程序员减少很多麻烦和负担。因此,任务分解成为机器人规划中重要的一步[1]。图5-1表示的是分解作业程序的规划示意图[2]。

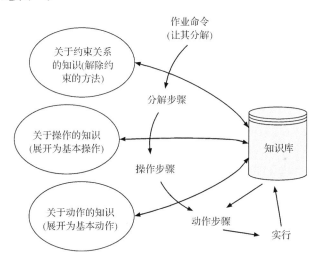

图 5-1 分解作业程序规划流程图

目前,许多学者对双臂机器人的任务分解问题进行了研究,但是大部分都是针对特定应用环境的任务,如零部件装配任务[3~5]、医疗手术任务[6]、仿人操作任务[7,8]等。一些研究人员也对双臂空间机器人的任务规划问题进行了深入研究,如 Freund 等[9,10]研究了基于虚拟现实的双臂空间舱内七自由度冗余度机器人协调控制问题,通过基于人机接口的虚拟现实仿真系统控制双臂机器人。在虚拟环境中,有一个包含几种典型操作任务序列的任务知识库,可将分解的任务操作序列转变为机器人可实际执行任务的动作序列。Freund 等[11]还研究了舱外空间站机器人 ETS-VII 的基于虚拟现实的自主动作规划问题。动作规划系统知识库由不同状态的工作单元和动作模式网组成，动作规划系统利用这些信息来产生由任务描述而得到的一个由机器人基本动作集合构成的动作计划，最后机器人根据这个动作计划完成指定任务。然而，上述研究中的任务分解比较复杂，任务知识库的建立比较繁琐，算法复杂，实现困难，而且双臂机器人都是完全一样的，不存在双臂在性能和能力上的差异。

本书所研究的双臂机器人系统是面向空间舱内应用的，主要完成几种典型的空间舱内模拟作业，如空间实验室内的协调插孔、协调搬运大体积物体、螺栓螺母装配等任务。系统对这几种典型的双臂空间舱内模拟作业任务建立了知识库，任务知识库的建立是以机器人的应用环境及人对操作任务的常识为基础的[12]。任务知识库主要包含几种空间舱内典型操作任务的操作步骤和相应的动作序列。当选中相应的任务后，系统根据知识库中的任务知识自动对选中的任务进行分解，得到一系列子任务操作序列，生成各个子任务的能力矩阵，同时产生与子任务相对应的动作序列。

本章所提出的任务分解方法不但算法简单，而且编程容易实现（没有复杂的任务约束关系），简单实用，执行速度快，很适合本双臂机器人系统面向空间舱内应用的特点。

5.1.1 操作规划和动作规划

以双臂协调拧螺母作业为例，其他作业任务分解与此相似。由常识可知：双臂拧螺母作业主要有两种方式：一是 A 机器人抓持螺母旋转，B 机器人抓持螺栓平移，两机器人按照规定好的位置和速度同时运动，从而完成协调作业；二是 A 机器人抓持螺栓（或螺母）不运动，B 机器人抓持螺母（或螺栓）既旋转又移动。其中，第一种方式要求双臂机器人具有很高的同步性，这一点以目前的单一工业机器人水平很难实现。如果双臂的同步性控制不好，不但执行任务失败，而且还会损害机器人或者工件。第二种方式克服了上述劣势，双臂机器人不需要很高的同步性，只要规划好完成主要任务机器人的路径和轨迹即可。因此，本文决定采用第二种方式。

双臂机器人完成拧螺母作业任务的过程是相当复杂的，根据任务知识，可把双臂拧螺母作业分解为两大子任务（操作序列）：抓持螺母旋拧和夹持住螺栓，然后它们可以再分解为更细的子任务，可用表 5-1 中的动作序列来表示[13,14]。

其中，第二步是拾起物体的一种操作方式（还有其他方式，见后面论述），它又可分为五个动作序列：接近、调整、到达、抓取和提升。而步骤"拧入"的过程是最重要的动作，在确定了螺母运动的位置和方向后，只需要按照给定的螺栓计算进给速度，沿螺栓轴线方向旋入即可。当拧入力矩超过设定的某个最大转矩时，说明已经拧紧，则机器人停止拧入。

表 5-1 双臂拧螺母作业的任务分解及动作序列

步骤	子任务	旋拧螺母	夹持螺栓
1		初始	初始
2		接近	接近
		调整	调整
		到达	到达
		抓取	抓取
		提升	提升
3		预装配位姿	预装配位姿
4		暂停	接近螺母(轴线重合)
5		暂停	接触螺母,松紧适当
6		拧入	暂停
7		张开手爪	暂停
8		腕部返回	暂停
9		闭合手爪	暂停
10		拧入(循环 n 次)	暂停
11		完成返回	完成返回

5.1.2 隐式基本操作

任务描述可表示为一个隐式动作计划,它指定了一个根据隐式基本操作 IEO (implicit elementary operations)和执行顺序关系的子目标集合[15~17]。以表 5-1 中的操作序列为例,介绍几个主要的动作序列,分别用隐式基本操作来表示。

1) 拾起操作

拾起操作有三种方式:Pick(Object,M),Exchange(Object,M1,M2),Regrasp(Object,M1,M2)。参数 Object 是被操作物体,M 是机械臂。

(1) Pick(Object,M)是一般的拾起操作,只需要单臂机器人即可完成。其具体的显式动作命令包括:

接近:Near(Object, M);

调整:Adjust(M);

到达:Reach(Object, M);

抓持:Grasp(M);

提升:Lift(Object, M)。

(2) Exchange(Object,M1,M2)是交换拾起操作,即要实现机械臂 M1 抓持物体 Object,必须首先使机械臂 M2 抓持物体 Object,然后机械臂 M1 再实现对物体 Object 的抓持。其具体的显式动作命令如下:

接近:Near(Object, M2);

调整:Adjust(M2);

到达:Reach(Object, M2);

抓持：Grasp(M2)；
提升：Lift(Object，M2)；
预定位置：Preposition(Object，M2)；
等待：Waitfor(M1)；

预定位置：Preposition(M1)；
调整：Adjust (M1)；
移动：Transfer(M1)；
抓持：Grasp(M1)；
等待：Waitfor(M2)；

张开：Release(M2)；
移动：Transfer(M2)。

图 5-2 是其具体的分解运动过程。

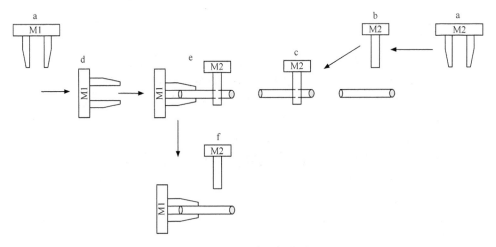

图 5-2 Exchange 抓取操作分解图

(3) Regrasp(Object，M1，M2)是重新拾起操作,这种拾起操作可实现对物体规定位置的抓取,因此其操作更为复杂。即要实现机械臂 M1 对物体 Object 的规定位置抓取,必须首先实现机械臂 M1 对物体 Object 的一般位置抓取,然后机械臂 M2 实现对物体 Object 的一般位置抓取,最后实现机械臂 M1 对物体 Object 的规定位置抓取。其具体的显式动作命令如下：

接近：Near(Object，M1)；
调整：Adjust (M1)；
到达：Reach(Object，M1)；

抓持：Grasp(M1)；
提升：Lift(Object, M1)；
预定位置：Preposition(Object, M1)；
等待：Waitfor(M2)；

预定位置：Preposition(M2)；
调整：Adjust (M2)；
移动：Transfer(M2)；
抓持：Grasp(M2)；
等待：Waitfor(M1)；

张开：Release(M1)；
移动：Transfer(M1)；
调整：Adjust (M1)；
移动：Transfer(M1)；
抓持：Grasp(M1)；
等待：Waitfor(M2)；

张开：Release(M2)；
移动：Transfer(M2)。

其分解示意图如图 5-3 所示。

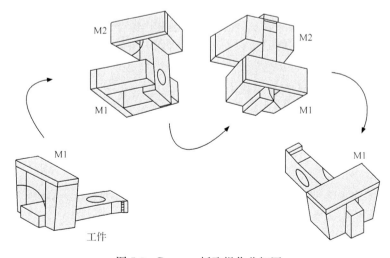

图 5-3　Regrasp 抓取操作分解图

2) 预装配操作

预装配操作的显式动作命令是 Preassembly(Object,M),根据被操作物体的不同,预装配操作的双臂位姿预先指定,可方便实现操作任务。

3) 拧入操作

拧入操作的显式动作命令序列可表示为循环的方式:

Do: Grasp(M);

Operate(Object, M);

Release(M);

Rotate(Object, M);

If torque<T then Continue;

Else HALT(M)。

其中,T 为力矩限定值。

5.1.3 显式基本操作

每一个步骤的动作序列都对应相应的一系列运动控制函数,称为显式基本操作 EEO(explicit elementary operations)[15~17]。这些控制函数都是自己开发的,可实现机器人在关节坐标空间和直角坐标空间的轨迹和路径运动控制。其中,机器人的主要运动控制函数如下:

① Move_$T(T_f)$,相对于机器人基坐标系的位姿控制(也可以是六维向量 Move_$XYZ(dX,dY,dZ,d\gamma,d\beta,d\alpha)$,可以相互转换);

② Move_$XYZ(dX, dY, dZ)$,相对于机器人基坐标系的位置向量控制;

③ Move_$XYZ(d\gamma, d\beta, d\alpha)$,相对于机器人基坐标系的姿态向量控制;

④ Move_$xyz(dx, dy, dz)$,相对于机器人末端坐标系的位置向量控制;

⑤ Move_$xyz(d\gamma_m, d\beta_m, d\alpha_m)$,相对于机器人末端坐标系的姿态向量控制;

⑥ Move_axs$(q1,\cdots,q7)$,关节角度控制;

⑦ Pause(),机器人暂停函数;

⑧ Home(),机器人返回 Home 位形函数。

二指夹持器有两种控制方式:张开和闭合。

① Close(θ_c),夹持器闭合,θ_c 根据指端力大小而不同;

② Open(θ_o),夹持器张开,θ_o 为张开到初始位置角度。

因此,机器人的动作序列命令主要由上述这几个运动控制函数构成。以表 5-1 中的动作序列为例:

接近:Near(Object, M)包含控制函数 Move_$XYZ(dX, dY, dZ, d\gamma, d\beta, d\alpha)$;

调整:Adjust(M)包含控制函数 Move_$XYZ(dX, dY, dZ, d\gamma, d\beta, d\alpha)$;

到达:Reach(Object, M)包含控制函数 Move_$XYZ(dX, dY, dZ)$ 或 Move_

$xyz(dx, dy, dz)$;

抓持:Grasp(M)包含夹持器控制函数 Close(θ_c);

提升:Lift(Object,M)包含控制函数 Move_XYZ(dX, dY, dZ)或 Move_xyz
 (dx, dy, dz);

预装配:Preassembly(Object,M)包含控制函数 Move_axs($q1,\cdots,q7$);

操作:Operate(Object,M)包含控制函数 Move_XYZ(dX, dY, dZ, dγ, dβ, dα);

张开手抓:Release(M)包含夹持器控制函数 Open(θ_o);

暂停:Pause(M) 包含控制函数 Pause();

返回:Home(M) 包含控制函数 Home()。

复杂的一次旋拧螺母的过程可以表示为下列运动控制函数的集合:

Close(θ_c);

Move_xyz(0,0, $L*\alpha/2\pi$,0,0,α);

Open(θ_o);

Move_axs (0,0,0,0,0,0,$-\alpha$)。

其中,L 为螺栓的螺距;α 为每次手腕旋转的角度,实验中,机器人手腕的关节旋转角度是有限的;θ_o 和 θ_c 为手爪的开度。

5.1.4 任务规划、路径规划及轨迹规划的关系

机器人任务规划的输入是机器人要完成的任务,输出是经其推理和规划生成的动作序列,该动作序列是路径规划器的输入,输出是机器人可执行动作的路径。当任务规划产生的规划在路径规划中显示不可行或出现异常情况,路径规划无法继续完成任务时,路径规划要向任务规划返回信息以进行重新规划。二者关系如图5-4所示。

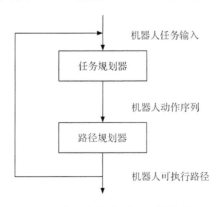

图 5-4 任务规划与路径规划的关系

对于某项任务,任务规划的输出为 n 个子任务,即 n 个动作序列,系统根据第 i 个动作序列的任务性质、始末位姿及第 $i+1$ 个动作是否并行的信息,规划两机器

人的运动路径及轨迹。轨迹规划又称为轨迹生成,轨迹定义为从起点到终点的运动过程,在笛卡儿坐标系下,要求机械臂末端的运动轨迹映射为关节空间的角度、角速度。控制系统根据关节空间的角度、角速度控制机器人,完成预期轨迹的运动控制。通过对时间的离散,分时段的运动控制,常称其为插补。复杂的轨迹通过简单的有特征的曲线拼接而成,如直线和圆弧。直线插补和圆弧插补是机器人系统中不可缺少的两种基本插补算法[18,19]。

本系统的轨迹规划将生成与机器人各个动作序列相对应的机器人的各个关节值和关节速度值,分别存到一个文本文件中,然后通过网络传送到远端的机器人控制器。此外,在路径规划阶段还要考虑避障、避碰等问题,这在第4章已经讨论过了。

5.2 任务分配

在设计、建立和使用一个多机器人系统时,不可避免地遇到一个基本的问题:对于一个给定的任务,该任务如何分解?哪个机器人执行哪个任务?这就涉及机器人的任务分解和任务分配问题。多机器人系统接收到任务后,首先要进行任务分解,将大的任务分解为若干个可由单个或少量机器人完成的子任务,然后再根据机器人的角色或能力将分解后的子任务进行分配。任务分配的重要性随着系统的复杂程度而增加,系统的复杂性主要包括机器人的数量和机器人的能力。即使在一个由同构机器人构成的最简单的双臂机器人系统中,要获得好的系统性能,也需要进行智能的任务分配[20]。

目前的多机器人任务分配方法大多采用基于市场的分配机制,合同网是出现最早、最经典的任务分配方法。2005年的国际机器人与自动化大会(ICRA 2005)就专门设立了多个关于多机器人任务分配的分会场,对该领域的最新研究进展进行讨论交流。近年来,许多学者对多机器人任务分配问题进行了深入研究,任务分配方法已相当成熟,如 Lemaire[21]、Liu[22]及丁滢颖[23]等,但他们针对的都是多移动机器人或者多机器人手臂(机器人的数量>2)进行的研究,而专门针对双臂机器人任务分配的研究还不多见。本系统的双臂机器人是异构的,两机器人的性能及能力有很大差别,因此需要对双臂机器人进行必要的能力描述,根据机器人的能力来分配任务。

众所周知,人类控制双臂只有一个控制器——大脑,通过大脑将分解的任务分配给双臂,采用的是一种集中式的任务分配方式。在机器人集中式任务分配中,主要有两种方法:

(1) 人为地预先分配,即将待分配的任务由人预先安排好,分配给系统中的 agent。该方法的动态性较差,不能适应变化的环境。

(2) 系统中存在集中式分配者(用 trader 表示),其内部存储一张关于所有机器人技能的表格。任务分配时,它通过查询这张技能表格直接指定机器人(agent)

或者协商完成任务分配。Trade 方式的主要缺点是易产生瓶颈效应,当系统中的 agent 增加时,Trader 所要管理的消息是 agent 数目的平方,因此极易引起通信间的瓶颈反应,系统性能会显著降低[24,25]。

由于本系统采用的是异构双臂机器人系统,两机器人在性能及能力等许多方面是不同的,需要对两机器人的能力进行描述。又由于系统的机器人数目比较少,只有两个,对系统的通信性能、运算速度以及处理能力没有太高的要求,同时也为了提高系统的运行效率,模仿人类的控制机制,提出了一种对这类问题进行形式化描述的方法。通过定义能力向量,对任务和机器人的能力进行量化描述,设计了一种基于 trader 的集中式双臂空间机器人任务分配方法,能够实现异构双臂机器人的任务分配[26,27]。在任务规划层,建立了一个任务能力知识库,它存有机器人和任务的能力信息。

5.2.1 机器人及任务的能力分类描述

1) 机器人的能力分类

机器人具备多种不同的能力,如视觉能力、腕力觉能力、指端力觉能力、执行能力、运算能力、通信能力、灵巧能力等,而对于一个任务来说,也可能需要多种不同的能力才能够完成。将这些能力分类细化成单个的原子能力,并将所有的这些原子能力组成能力集合。

能力集合:由 m 个原子能力 c_j 组成的能力集合,即

$$C = \{c_j\}, \quad 1 \leqslant j \leqslant m \tag{5-1}$$

本系统的机器人能力集合为

$$C = \{G \quad L \quad W \quad F \quad E \quad D \quad CC\} \tag{5-2}$$

其中,G 为全局视觉能力;L 为局部视觉能力;W 为腕力觉能力;F 为指端力觉能力;E 为执行能力;D 为灵巧能力;CC 为计算和通信能力。

2) 机器人的能力描述

机器人:设有 n 个异构机器人 $r_i (1 \leqslant i \leqslant n)$。对于机器人 r_i,定义其能力配置为 P_{ij},该参数为变量,如果机器人具备第 c_j 项能力,则 P_{ij} 取 1,否则取 0。即

$$P_i^r = \mathrm{diag}\{P_{i1}, P_{i2}, \cdots, P_{ij}, \cdots, P_{im}\} \tag{5-3}$$

定义机器人 r_i 的第 c_j 项的能力水平为 L_{ij},该参数为常量,其取值范围为 $0 \leqslant L_{ij} \leqslant 1$。机器人 r_i 的第 c_j 项的能力水平越高,则 L_{ij} 越大。即

$$L_i^r = \mathrm{diag}\{L_{i1}, L_{i2}, \cdots, L_{ij}, \cdots, L_{im}\} \tag{5-4}$$

3) 任务的能力描述

任务:设有 l 个任务 $t_k (1 \leqslant k \leqslant l)$。对于任务 t_k,定义其对机器人能力 c_j 的需求为 N_{kj},该参数为变量。如果子任务需要第 c_j 项能力,N_{kj} 取 1,否则取 0。即

$$N_k^t = \mathrm{diag}\{N_{k1}, N_{k2}, \cdots N_{kj}, \cdots, N_{km}\} \tag{5-5}$$

定义完成任务 t_k 所需要能力 c_j 的需求强度为 W_{kj},该参数为常量,取值范围为 $0 \leqslant W_{kj} \leqslant 1$。第 c_j 项能力对子任务的影响越大,则 W_{kj} 越大。即

$$W_k^t = \text{diag}\{W_{k1}, W_{k2}, \cdots, W_{kj}, \cdots, W_{kn}\} \tag{5-6}$$

机器人和任务的能力向量是与任务分解的动作序列一一对应的,即每一个动作序列所对应的机器人和任务的能力向量都是不同的。通过比较每一动作序列所对应的机器人和任务的能力向量的大小即可判定机器人能否完成任务,从而实现对任务的分配。

5.2.2 任务完成条件

1) 任务的偏序性和并行性

机器人需要完成的任务之间往往具有某种顺序的依赖关系,如任务 t_q 必须在任务 t_p 完成以后才能够执行。采用偏序关系来描述任务之间的这种关系,即

$$t_p < t_q, \quad 1 \leqslant p, q \leqslant l \tag{5-7}$$

则称任务 t_p 是任务 t_q 的前件,相应地,任务 t_q 是任务 t_p 的后件。为此,我们为每一个子任务定义了一个执行优先级参数 $P_j(1 \leqslant j \leqslant l)$,该参数为常量,在任务执行之前确定其取值。有时,为了完成某一任务,各子任务必须同时执行,也就是各子任务之间的执行进度保持平衡,即具有并行性。这时,各子任务的执行优先级 P_j 相同。

2) 任务完成的能力条件

如果机器人 r_i 能够完成任务 t_k,则应该有

$$L_{ij} \geqslant W_{kj}, \quad 1 \leqslant j \leqslant m \tag{5-8}$$

将上述条件记为

$$L_i^r \geqslant W_k^t \tag{5-9}$$

对于机器人 r_i 和任务 t_k,如果存在某个能力 c_j,使得

$$L_{ij} < W_{kj}, \quad 1 \leqslant j \leqslant m \tag{5-10}$$

则机器人 r_i 不能够完成任务 t_k,记为

$$L_i^r < W_k^t \tag{5-11}$$

如果所有的子任务可由任一机器人完成,则计算子任务能力矩阵的代价值总和,代价值大的分配给性能好的机器人去完成,代价值小的分配给性能差的机器人去完成。

5.3 系统规划流程

冗余度双臂空间机器人系统的智能规划流程如图 5-5 所示[28],图的上半部分是上层的自主规划,其中基于传感器信息的目标物体识别及定位内容请见第 6 章;图的下半部分是下层的运动规划,详情可见第 4 章。

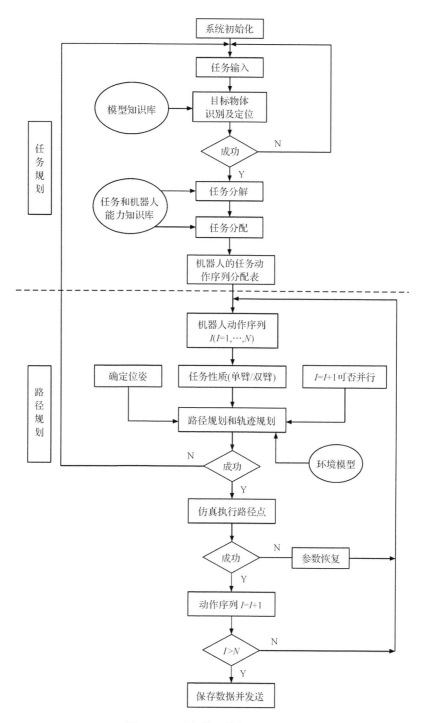

图 5-5 双臂智能系统规划流程图

5.4 程序编制

程序采用 VC++ 与 Matcom 相结合的方式进行编制,系统为任务规划建立了一个任务规划类 Class Task_planning,该类包含一些重要的成员函数,如下所述:

① Mm Task_capability(CString task_index),任务能力矩阵;
② Mm PA_capability(CString task_index),PA10 机器人任务能力矩阵;
③ Mm Module_capability(CString task_index),Module 机器人能力矩阵;
④ Mm Priority(CString task_index),任务优先级函数;
⑤ BOOL Compare(Mm robot,Mm task),能力比较函数;
⑥ BOOL KS(CString sensor_index),驱动函数,用于激活传感器采集命令。

任务规划仿真界面如图 5-6 所示。

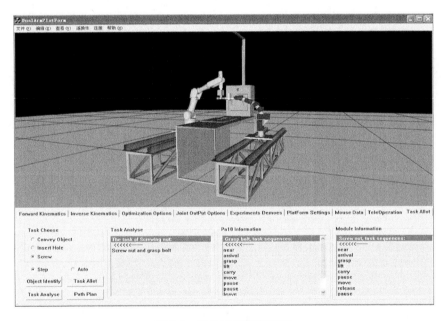

图 5-6　任务规划仿真界面

在图 5-6 中,当选定要操作的任务后,根据选择模式的不同,规划既可以单步(Step)执行,也可以自动(Auto)执行。对于自动执行,系统采用了激活机制,给任务分解的每一个动作序列都定义了一个激活优先级。例如,当选定要操作的任务后,系统自动激活目标物体识别功能,这时全局视觉启动,对物体进行识别和定位,并把系统中存储的物体三维模型在仿真平台上以视觉确定的位置显示出来。此后,一系列的动作序列命令优先级被激活,机器人按照动作序列的优先级依次执行。Object Identify 按钮用于目标物体识别和定位。相应的任务规划信息可在控制界面上显示出来,能非常直观地察看系统规划的结果。

5.5 本章小结

对任务分解采用一种基于任务知识库的分解方法,基本任务由机器人的基本操作组成,将任务分解为一系列的操作序列,用隐式基本操作序列(IEO)表示;然后再将隐式基本操作序列转化为机器人可以进行运动规划的显式基本操作序列(EEO)。对于任务分配,根据双臂机器人的能力及性能的不同,对双臂机器人采用形式化的描述方法,通过定义能力向量,对任务和机器人的能力进行量化描述,设计了一种基于 Trader 集中式的双臂机器人任务分配方法,并编制了算法软件和任务规划的人机界面。

参 考 文 献

[1] 周军. 冗余度双臂空间机器人智能规划与协调控制研究[D]. 北京:北京航空航天大学,2009.
[2] 日本机器人学会. 机器人技术手册[M]. 北京:科学出版社,1996.
[3] Andreas Hormann. On-line planning of action sequence for a two-arm manipulator system[C]. IEEE International Conference on Robotics and Automation,Piscataway,1992,2:1109-1114.
[4] Sakkarn Sutdhiraksa, Richard Zurawski. Robotic assembly tasks scheduling using Petri nets and heuristic functions[C]. Proceedings of the IEEE International Conference on Industrial Technology,Piscataway,1996:131-135.
[5] 黄闪,蔡鹤皋,谈大龙. 面向装配作业的多机器人合作协调系统[J]. 机器人,1999,21(1):50-55.
[6] Hynes P,Dodds G I,Wilkinson A J. Uncalibrated visual-Servoing of a dual-arm robot for surgical tasks[C]. Proceedings 2005 IEEE International Symposium on Computational Intelligence in Robotics and Automation,Piscataway:Institute of Electrical and Electronics Engineers Inc,2005:151-156.
[7] TakeFumi Osone,Junya Tatsuno,Tomofumi Nishida, et al. Cooperative motion planning for dual arm robot to demonstrate human arm movements[C]. Proceedings of The 2002 IEEE, International Workshop on Robot and Human Interactive Communication,USA,2002:488-493.
[8] Hiroyuki Nakai, Minori Yamataka, Toru Kuga, et al. Development of dual-arm robot with Multi-Fingered Hands[C]. The 15th IEEE International Symposium on Robot and Human Interactive Communication,USA,2006:208-213.
[9] Freund E, RoBmann J, Hoffmann K. Automatic action planning as a key to virtual reality based man-machine-interfaces[C]. Proceedings of The IEEE/SICE/RSJ International Conference on Multisensor Fusion and Integration for Intelligent Systems,Piscataway,1996:647-654.
[10] Freund E, Hahn D L, Rossmann J. Cooperative control of robots as a basis for projective virtual reality[C]. International Conference on Advanced Robotics,Piscataway,1997:753-758.
[11] Freund E, Hoffmann K, Rossmann J. Application of automatic action planning for several work cells to the German ETS-VII space robotics experiments[C]. Proceedings of The IEEE International Con-

ference on Robotics & Automation,Piscataway：Institute of Electrical and Electronics Engineers Inc，2000：1239-1244.

[12] 邵鹏鸣,吴翰声,李成刚.基于深知识的YGR-1型自动机器人系统[J].计算机工程,2000,26(6)：64-66.

[13] 蒋新松.机器人与工业自动化[M].石家庄：河北教育出版社,2003.

[14] 熊有伦.机器人学[M].北京：机械工业出版社,1993.

[15] Cheng X,Kappey D,Schloen J. Elements of an advanced robot control system for assembly tasks[C]. Fifth International Conference on Advanced Robotics,Piscataway,1991,1：411-416.

[16] Andreas Hormann, Ulrich Rembold. Development of an advanced robot for autonomous assembly[C]. IEEE International Conference on Robotics and Automation,Piscataway,1991,3：2452-2457.

[17] 邵鹏鸣,李成刚,吴翰声.基于对象模型的YGR-1机器人智能任务规划和控制[J].中国机械工程,2001,12(4)：451-455.

[18] de Fiqueiredo, Rui J P. Space robots[C]. Fifth International Conference on Systems Engineering, Fairborn, USA, 1987：217-219.

[19] 杨巧龙.双冗余度机器人协调操作技术研究[D].北京：北京航空航天大学,2004.

[20] 高志军,颜国正,丁国清,等.多机器人协调与合作系统的研究现状和发展[J].光学精密工程,2001,9(2)：99-103.

[21] Lemaire T, Alami R, Lacroix S. A distributed task allocation scheme in multi-UAV context[C]. Proceedings of the IEEE International Conference on Robotics and Automation,Piscataway：Institute of Electrical and Electronics Engineers Inc, 2004,4：3622-3627.

[22] Liu L, Wang L, Zheng Z Q, et al. A learning market based layered multi-robot architecture[C]. Proceedings of The IEEE International Conference on Robotics and Automation,Piscataway：Institute of Electrical and Electronics Engineers Inc, 2004, 4：3417-3422.

[23] 丁滢颖,何衍,蒋静坪.基于蚁群算法的多机器人协作策略[J].机器人,2003,25(5)：414-418.

[24] 谭民,王硕,曹志强.多机器人系统[M].北京：清华大学出版社,2005.

[25] 高志军,韦红雨,颜国正,等.网络环境下多机器人的任务分配实现[J].计算机工程与应用,2004,3：90-91.

[26] 柳林,季秀才,郑志强.基于市场法及能力分类的多机器人任务分配方法[J].机器人,2006,28(3)：337-343.

[27] 董斌,蒋静坪,何衍.基于适应度的多机器人任务分配策略[J].浙江大学学报(工学版),2007,41(2)：272-277.

[28] 宋宇,孙茂相,陈仁际,等.网络环境下基于Agent的多机器人协调与路径规划[J].机器人,2000,22(1)：48-54.

第6章 基于视觉的机器人位姿检测方法

人类感知外部世界主要通过视觉、听觉、触觉、嗅觉等感觉器官,其中70%~80%的信息是通过视觉获得的[1]。因此,人类一直在探索视觉的机制,以求一方面弥补自身视觉的缺陷,研究新的装置改善视觉性能;另一方面试图利用计算机技术模拟生物视觉系统,研究人工视觉系统,将其应用在工业制造、自动化作业,以服务于人类生活。计算机视觉是研究用计算机来模拟生物外显或宏观视觉功能的科学和技术。计算机视觉系统的目标是由图像重建或恢复现实世界模型,从而认知现实世界[2,3]。也就是说,从视觉系统获得的场景图像或图像序列出发,得到被观察对象的三维精确描述。

机器人视觉是计算机视觉的主要应用方向。随着机器人应用领域的不断扩展,其工作环境越来越复杂,为了使机器人能够适应柔性的自动化作业、环境改变或作业中出现某些不可预见的变化,机器人需要具有主动识别功能。视觉传感器因为信息量大、直观、应用范围广等特点成为最有理论研究价值和应用前景的机器人传感器。

为了适应面向舱内服务以及危险复杂环境下作业的拟人双臂机器人系统的协调操作,提高整个系统的智能化和自主性,我们建立了机器人视觉检测系统,用来检测被操作物体的位置和姿态,并最终实现完善的视觉伺服功能。

6.1 机器人视觉概述

机器视觉可以看成从三维环境的图像中抽取、描述和解释信息的过程。因此,机器视觉可以分为采集、预处理、分割、描述、识别和解释六个主要部分。采集是获取视觉图像的过程,利用电视、摄像机、CCD或其他传感器,将光信号转换为电信号,数字化处理后供分析使用。预处理则是对获取的二维图像进行降噪、增强、二值化等技术处理,便于下一步的图像分割。分割是将图像划分成若干有确定含义的物体的过程。描述是讨论如何进行便于区分不同类型物体的特征(尺寸、形状等)的计算。识别是通过模版匹配理解物体的过程。解释是将某种含义赋给由已识别出的物体组成的组合体的过程,解释可以看成是机器人视觉系统对其环境具有的更高级的认知行为。例如,装配机器人能从传送带上通过视觉系统自动地识别出装配所需要的零件,测量其空间坐标,然后根据装配工艺知识,命令机械手抓取物体并进行装配[4,5]。

在对环境辨识的过程中,视觉信息是最重要的信息。现代的机器人伺服系统引入了视觉信息过程闭环反馈控制,与传统的伺服系统有很大的不同,称为视觉伺服。视觉伺服系统是基于视觉信息的反馈控制系统,它集成了该领域中大量的先进技术,如定位、识别、视觉轨迹跟踪等技术。现代的机器人伺服系统还附加力觉、接近觉等传感器信息构成反馈控制系统,所有这些对于工作在未知环境里的自主机器人是至关重要的。该伺服的三个任务是:环境识别、运动规划和运动控制。许多学者在这方面做了大量的研究与实验。

传统视觉伺服中的著名方法是 Weiss[6] 提出的 Look-and-Move 策略,它包括如图 6-1 所示的两个阶段:"Look"阶段作为基于摄像机信息运动控制的外部闭环,将命令发到内部关节角控制器上;"Move"阶段的关节角控制主要依靠关节角内部的传感器进行闭环控制。这类 Look-and-Move 系统应用的范围较广,但也有其局限性:它很大程度上依赖于机器人的标定精度和运动学模型参数的精度,先进的运动学模型可以提高运动学的精度,但先进的运动学标定需要很高的花费。

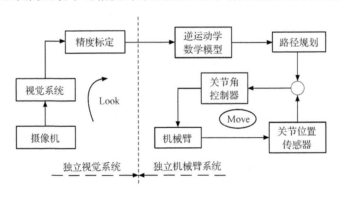

图 6-1 Look-Move 策略原理

Wijesoma[7] 描述了一种 Eye in Hand 实时控制策略,该策略甚至在摄像机标定错误和存在运动学数学模型误差的情况下仍能正常工作。但是,这里有两个不利的方面:首先,摄像机不能覆盖整个操作空间,不便于整个任务的定位和辨识整个工作空间;其次,图像处理系统必须不断地重复对目标定位,所以必须以高速进行处理,如果部件相对复杂,图像处理的计算量就较大,图像处理速度将变低,那么就会影响到机器人的运动特性。因此,该策略是基于一些重复的 Look-and-Move 运动。

Fixed Eye 策略的优点:用静止的摄像机可以保持对环境信息的总体把握,可以利用灵活的方法进行图像处理。于是,相同的图像信息既适合了解机器人的工作环境,又适合提供机器人本身的信息,图像处理系统可以直接集成在机器人控制器中。在工作环境中,引导操作臂末端向目标进行靠近就转变成移动操作臂,直到其末端将目标覆盖,这也是该方式的优点之一。将视觉与控制器集成起来不能取消高精度关节传感器的应用,尽管工具末端的定位不再由基于关节角的正向运动学模型来实现。

因此,为了提高冗余度双臂空间机器人系统的自主识别及规划的智能性,系统建立了机器人视觉检测系统,用来识别被操作物体以及检测被操作物体的位置和姿态,并最终实现完善的视觉伺服功能。为了提高机器人视觉检测系统的功能,由固定的全局视觉和运动的局部视觉构成,综合了 Fixed Eye 和 Eye in Hand 两种策略的优点。由于所研究的内容及篇幅所限,本书只对视觉检测系统进行简要介绍,详细内容请见参考文献[8]~[10]。

6.2 视觉检测系统构造

视觉检测系统主要由全局视觉单元和局部视觉单元组成。如图 6-2 所示,全局视觉单元固定在拟人双臂机器人实验平台上方,局部视觉单元分别固定在 PA10 机器人和模块机器人的末端,并随机器人一起运动。全局视觉单元由一个全局摄像机构成,用于整个实验平台的监视和检测,同时为遥操作系统提供监测图像。局部视觉单元由一个摄像机和一个超声传感器组成,用于物体位姿的精确检测。超声传感器一方面与摄像机构成局部视觉单元,另一方面还可用来防止因视觉系统出差错而造成的危险性误动作,例如当超声传感器测得的距离值小于某设定的阈值时,机器人就停止运动。

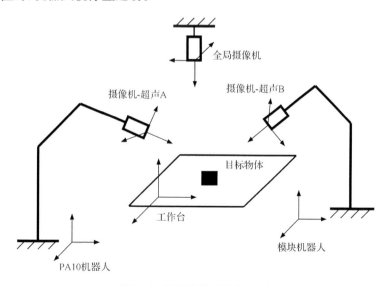

图 6-2 视觉检测系统构造图

6.2.1 全局检测单元

如图 6-3 所示,全局摄像机固定在机器人平台上方。我们可以通过摄像机标定,首先确定全局摄像机坐标和工作台坐标系、机器人坐标系之间的关系。由于全局摄像机位置固定,那么它与工作台坐标系之间存在简单的比例映射关系。由此,我们可以确定位于工作台上的物体在全局摄像机坐标系中的位置,从而指导机器人末端对物体进行粗略定位,然后利用局部视觉系统对物体进行精确定位。这样做,一是可以加快物体位姿检测速度,二是可以使物体进入局部摄像机的有效视场,便于局部摄像机获得最佳的视角。这样使得局部摄像机获取关于目标物体最精简的图像,简化处理难度,减少处理数据,提高处理速度。

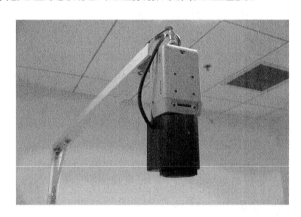

图 6-3 全局视觉单元

6.2.2 局部检测单元

局部视觉检测系统固定在机器人的末端,并随机器人一起运动,构成手-眼系统,如图 6-4 所示。它的主要任务就是负责检测目标物体在机器人基坐标系中的位姿。

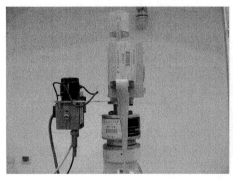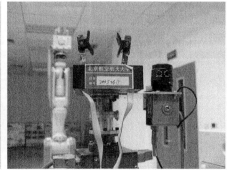

图 6-4 CCD-超声局部视觉单元

在本系统中摄像机标定和手-眼标定是同时进行的。即利用相同的标定设备，利用相同的图像，对摄像机的内外参数和手-眼关系的标定可以在一次实验中完成。通过标定，我们就可以确定摄像机坐标系和机器人基坐标系之间的转换关系。由于摄像机与超声传感器平行地固定在机器人末端，它们之间的位置关系可以由安装设备的设计尺寸得到，通过简单的实验可以确定摄像机坐标系和超声传感器坐标系之间的转换关系。

如图6-2所示，我们可以通过摄像机A(或者摄像机B)获取在工作台上的目标物体的一幅图像，然后由该幅图像获取目标点在图像中的理想坐标，求得物体上某点与摄像机镜头中心(光心)的连线(投影矢量)在摄像机坐标系中的方向，通过机器人的运动，导引超声传感器的坐标系与未运动前的摄像机坐标系位置重合，而超声传感器的方向与投影矢量重合。这种情况下，由超声传感器发出的超声波必然碰到目标物体。该束超声波由发出到返回的时间与声波在空气中的传播速度的乘积的一半就是投影矢量的长度(由物体上某点到摄像机坐标系原点的距离)。然后由针孔成像模型就可以得到物体在摄像机坐标系中的位姿。通过坐标转换，就能得到物体在机器人基坐标系中的位姿。

由于整个过程只对一幅图像进行处理，这样就避免了图像的匹配问题，使计算量大大减少，同时也提高了检测精度。

6.2.3 系统的特点

(1) 本系统采用全局视觉检测和局部视觉检测相结合的方法。全局视觉系统可以粗略地确定目标物体的位置，引导局部视觉系统进行位置和姿态的调整。由于全局视觉系统的视野宽广，可以覆盖整个实验平台，能够提供给较单纯的手-眼局部视觉系统更多的信息，在避障、机器人运动规划方面较局部视觉系统更为有用。

(2) 在机器人作业中，摄像机视觉系统是固定的，由于机械手的操作和目标的运动，目标可能移出视野之外，而手-眼系统能改变摄像机的位置和视向，实现对目标的物体搜索；固定的摄像机图像的分辨率是固定，视野的大小是固定的，而在视觉引导的操作中，常常需要采用精/细运动的结合，手-眼系统能控制摄像机接近要操作的目标，提高图像的定位精度，特别是在基于图像的视觉伺服中，手-眼系统更显示了它的优点，通过对摄像机观察点的设置，可以很好地实现用视觉来引导手的作业；图像的分割在计算机视觉中是非常重要的，手-眼系统在注视点的控制下，能够有效地实现对外界景物的分割；在固定的摄像机中，常常不能动态地监视和引导手的作业，在作业过程中，手常常遮挡了摄像机的视野，而手-眼系统能有效地改变摄像机的状态，选取合适的视点、视向，避免目标的遮挡和手的遮挡。

（3）用单摄像机-超声传感器的组合代替双目视觉。这样就从根本上避免了图像匹配问题，使问题得到了简化，避免了由于匹配所引起的误差，使检测精度得到了提高，图像处理时间较少。

（4）另外还可以利用超声传感器反应速度快的特点设定一定的阈值，当机器人与其他物体的距离小于该值时报警，使机器人的避障性能提高。

6.3 视觉系统标定

视觉系统标定是为了确定摄像机模型参数和摄像机坐标系、超声传感器坐标系、机器人基坐标系和工作平台坐标系之间的坐标转换关系。系统标定包括摄像机标定[11]、机器人标定[12]、手-眼标定[13]和超声传感器-摄像机标定。摄像机标定可以确定包括镜头焦距和镜头变形系数等内部参数以及摄像机和物体坐标系之间的坐标转换矩阵。机器人标定、手-眼标定和超声传感器-摄像机标定可以确定机器人基坐标系、机器人末端坐标系、摄像机坐标系和超声传感器坐标系之间的坐标转换。

6.3.1 摄像机标定

摄像机标定的目的是确定摄像机的图像坐标系与物理空间中的三维参考坐标系之间的对应关系。为了确定这种对应关系，需要知道摄像机的光学和几何参数（内部参数）以及摄像机相对外部参考坐标系的位置和方向（外部参数）。摄像机标定过程就是根据一组已知其参考坐标系坐标和图像坐标系坐标的标定点来确定摄像机的内部和外部参数。有时如果已知摄像机内部参数，那么也可以根据这些参数标定摄像机与参考坐标系之间的转换关系。

Tsai[14]先利用直接线性变换方法求解摄像机参数，再以求得的参数为初始值，考虑畸变因素，并利用最优化算法进一步提高标定结果的精度。

6.3.1.1 摄像机模型

通常我们用针孔模型（pin-hole model）来描述摄像机的成像过程。考虑到镜头畸变，摄像机图像坐标系中点的坐标有如下关系：

$$\left.\begin{array}{l}\bar{x}=x+\delta_x(x,y)\\ \bar{y}=y+\delta_y(x,y)\end{array}\right\} \quad (6\text{-}1)$$

其中，$(\bar{x},\bar{y})$ 为由小孔线性模型计算出来的图像点坐标的理想值；(x,y) 为实际的图像点的坐标；δ_x、δ_y 为非线性畸变值，它与图像点在图像中的位置有关，可用以下公式表达：

$$\left.\begin{aligned}\delta_x(x,y) &= k_1 x(x^2+y^2) + [p_1(3x^2+y^2)+2p_2 xy] + s_1(x^2+y^2) \\ \delta_y(x,y) &= k_2 y(x^2+y^2) + [p_2(3x^2+y^2)+2p_1 xy] + s_2(x^2+y^2)\end{aligned}\right\} \quad (6\text{-}2)$$

这里,δ_x 或 δ_y 的第一项为径向畸变,第二项为离心畸变,第三项为薄棱镜畸变;k_1、k_2、p_1、p_2、s_1、s_2 为非线性畸变参数。

由于在考虑非线性畸变时对摄像机标定需要使用非线性优化算法,引入过多的非线性参数(如上述模型的第二项与第三项)往往不仅不能提高精度,反而引起解的不稳定,因此随着镜头制造技术的提高,一般只需考虑镜头的径向畸变,其他的变形都可以忽略。

从三维世界坐标系($o_w x_w y_w z_w$)到计算机图像坐标系($o_f x_f y_f$)的变换可分为四步:

(1) 世界坐标系坐标(x_w, y_w, z_w)变换到摄像机坐标系(x_c, y_c, z_c):

$$\begin{bmatrix} x_c \\ y_c \\ z_c \end{bmatrix} = R \begin{bmatrix} x_w \\ y_w \\ z_w \end{bmatrix} + T \quad (6\text{-}3)$$

其中,R 为旋转矩阵;T 为平移矢量,有

$$R = \begin{bmatrix} r_1 & r_2 & r_3 \\ r_4 & r_5 & r_6 \\ r_7 & r_8 & r_9 \end{bmatrix}, \quad T = \begin{bmatrix} T_x \\ T_y \\ T_z \end{bmatrix} \quad (6\text{-}4)$$

(2) 从三维摄像机坐标(x_c, y_c, z_c)到理想(不考虑变形)图像坐标(x_u, y_u)变换:

$$x_u = f \frac{x_c}{z_c}, \quad y_u = f \frac{y_c}{z_c} \quad (6\text{-}5)$$

其中,f 为等效焦距。

(3) 镜头径向畸变:

$$x_d + D_x = x_u, \quad y_d + D_y = y_u \quad (6\text{-}6)$$

其中,(x_d, y_d)为图像平面变形后或称为真实的图像坐标,且

$$D_x = x_d(k_1 r^2 + k_2 r^4), \quad D_y = y_d(k_1 r^2 + k_2 r^4), \quad r = \sqrt{x_d^2 + y_d^2}$$

(4) 真实图像坐标(x_d, y_d)到计算机图像坐标(x_f, y_f)的变换:

$$x_f = S_x d_x'^{-1} x_d + C_x, \quad y_f = d_y^{-1} y_d + C_y \quad (6\text{-}7)$$

其中,(x_f, y_f)为计算机帧存中图像像素的行、列号;(C_x, C_y)为图像平面的主点所对应的行、列号;

$$d_x' = d_x N_{cx} / N_{fx}$$

这里,d_x 为摄像机在 x 方向相邻像素间的距离;d_y 为摄像机在 y 方向相邻像素间的距离;N_{cx} 为摄像机在 x 方向像素个数;N_{fx} 为计算机在 x 方向采集到的行像素数;S_x 为摄像机横向扫描与采样定时误差系数。

我们将最后三步合起来,可以得到计算机图像坐标 (x_f, y_f) 和摄像机坐标系中物体上某一点坐标 (x_c, y_c, z_c) 的关系式,即

$$S_x^{-1} d_x' X + S_x^{-1} d_x' X(k_1 r^2 + k_2 r^4) = f \frac{x_c}{z_c}, \quad d_y Y + d_y Y(k_1 r^2 + k_2 r^4) = f \frac{y_c}{z_c} \tag{6-8}$$

其中,$X = x_f - C_x$;$Y = y_f - C_y$;$r = \sqrt{(S_x^{-1} d_x' X)^2 + (d_y Y)^2}$。

把式(6-3)代入式(6-8)得到三维世界坐标系中坐标 (x_w, y_w, z_w) 和计算机图像坐标 (x_f, y_f) 之间的关系式,即

$$\left. \begin{aligned} S_x^{-1} d_x' X + S_x^{-1} d_x' X(k_1 r^2 + k_2 r^4) &= f \frac{r_1 x_w + r_2 y_w + r_3 z_w + T_x}{r_7 x_w + r_8 y_w + r_9 z_w + T_z} \\ d_y Y + d_y Y(k_1 r^2 + k_2 r^4) &= f \frac{r_4 x_w + r_5 y_w + r_6 z_w + T_y}{r_7 x_w + r_8 y_w + r_9 z_w + T_z} \end{aligned} \right\} \tag{6-9}$$

6.3.1.2 摄像机参数

摄像机标定就是根据标定物计算摄像机的内部参数和外部参数。标定物一般是一些点,它们在世界坐标系下的坐标 (x_w, y_w, z_w) 和计算机图像坐标系中的坐标 (x_f, y_f) 是已知的。

所谓外部参数是指从三维世界坐标系(物体坐标系)转换到摄像机坐标系所用到的参数。一共有六个外部参数,包括三个欧拉角:偏转 θ(yaw)、仰俯 ϕ(pitch)和侧倾 φ(roll);平移向量 T 的三个分量:T_x、T_y、T_z。旋转矩阵可以表示为 θ、ϕ 和 φ 的函数,即

$$R = \begin{bmatrix} c\varphi c\theta & s\varphi c\theta & -s\theta \\ -s\varphi c\phi + c\varphi s\theta s\phi & c\varphi c\phi + s\varphi s\theta s\phi & c\theta s\phi \\ s\varphi s\phi + c\varphi s\theta c\phi & -c\varphi s\phi + s\varphi s\theta s\phi & c\theta c\phi \end{bmatrix} \tag{6-10}$$

其中,$c\theta = \cos\theta$;$s\theta = \sin\theta$;$s\phi$、$c\phi$、$s\varphi$、$c\varphi$ 依此类推。

内部参数是从摄像机坐标系下的三维物体坐标转换为计算机图像坐标所用到的参数。内部参数也有六个:

① f:等效焦距,或图像平面到投影中心的距离;

② k_1、k_2:镜头变形系数;

③ S_x:表征摄像机横向扫描与采样定时误差的不确定因素;

④ (C_x, C_y):图像平面上计算机图像坐标的原点,即主点所对应的行、列号。

6.3.1.3 摄像机标定

在摄像机标定过程中,我们用一张激光打印机打印的黑白相间的方格纸作为标定物,如图 6-5 所示。图中黑色方框的角点就是标定点。由于所有点都位于同

一平面上,不失一般性,可以设所有点的 z 坐标为零,即 $z_w = 0$。

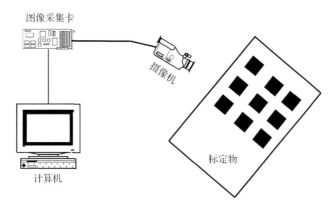

图 6-5 摄像机标定实验设备图

1. 三维方向和位置 (R, T_x, T_y)

1) 计算变形图像坐标 (x_d, y_d)

(1) 从计算机帧存中抓取一幅图像,检测每一个标定点的行号和列号,记为 (x_{fi}, y_{fi})。

(2) 从制造商提供的摄像机和图像帧存的数据中,获取 N_{cx}、N_{fx}、d'_x、d_y 的数值。

(3) 令 (C_x, C_y) 为计算机帧存的中心像素。

(4) 由式(6-7)计算 (x_{di}, y_{di}) 得

$$x_{di} = S_x^{-1} d'_x (x_{fi} - C_x), \quad y_{di} = d_y(y_{fi} - C_y)$$

其中,$i = 1, 2, \cdots, N$,N 为所有标定点的数目。

2) 计算五个未知量 $T_y^{-1} r_1$、$T_y^{-1} r_2$、$T_y^{-1} T_x$、$T_y^{-1} r_4$、$T_y^{-1} r_5$

对于每一点 i,可知其物体坐标系下的坐标 (x_{wi}, y_{wi}, z_{wi}),并可以求出对应的 (x_{di}, y_{di})。以 $T_y^{-1} r_1$、$T_y^{-1} r_2$、$T_y^{-1} T_x$、$T_y^{-1} r_4$、$T_y^{-1} r_5$ 为未知数建立如下的线性方程:

$$[y_{di} x_{wi} \quad y_{di} y_{wi} \quad y_{di} \quad -x_{di} x_{wi} \quad -x_{di} y_{wi}] L = x_{di} \qquad (6\text{-}11)$$

其中

$$L = [T_y^{-1} r_1 \quad T_y^{-1} r_2 \quad T_y^{-1} T_x \quad T_y^{-1} r_4 \quad T_y^{-1} r_5]$$

如果 N 远远大于 5,那么就可以建立一个超定的线性方程组,并能从中解出五个未知数 $T_y^{-1} r_1$、$T_y^{-1} r_2$、$T_y^{-1} T_x$、$T_y^{-1} r_4$、$T_y^{-1} r_5$。

公式(6-11)的具体推导可参照 Tsai[13]。他还证明了如果 N 远远大于 5,方程组(6-11)有唯一解。

3) 从 $(T_y^{-1} r_1, T_y^{-1} r_2, T_y^{-1} T_x, T_y^{-1} r_4, T_y^{-1} r_5)$ 中求取 $(r_1, \cdots, r_9, T_x, T_y)$

(1) 从 $T_y^{-1} r_1$、$T_y^{-1} r_2$、$T_y^{-1} T_x$、$T_y^{-1} r_4$、$T_y^{-1} r_5$ 中计算 $|T_y|$。

令 C 为旋转矩阵 R 的 2×2 子矩阵,即

$$C = \begin{bmatrix} r'_1 & r'_2 \\ r'_4 & r'_5 \end{bmatrix} = \begin{bmatrix} r_1/T_y & r_2/T_y \\ r_4/T_y & r_5/T_y \end{bmatrix} \tag{6-12}$$

如果 C 的任何一整行或一整列不全为零,那么

$$T_y^2 = \frac{s_r - [s_r^2 - 4(r'_1 r'_5 - r'_4 r'_2)^2]^{1/2}}{2(r'_1 r'_5 - r'_4 r'_2)^2} \tag{6-13}$$

其中

$$s_r = r'^2_1 + r'^2_2 + r'^2_4 + r'^2_5$$

否则

$$T_y^2 = (r'^2_i + r'^2_j)^{-1} \tag{6-14}$$

这里,r'^2_i、r'^2_j 为 C 中不为零的元素。

(2) 确定 T_y 的符号。

① 选取一个标定点,它的计算机图像坐标 (x_{fi}, y_{fi}) 必须远离图像的中心点 (C_x, C_y),与其相应的物体世界坐标系坐标为 (x_{wi}, y_{wi}, z_{wi})。

② 令 T_y 的符号为 $+1$。

③ 计算下列各值:

$r_1 = (T_y^{-1} r_1) T_y, \quad r_2 = (T_y^{-1} r_2) T_y, \quad r_4 = (T_y^{-1} r_4) T_y, \quad r_5 = (T_y^{-1} r_5) T_y$
$T_x = (T_y^{-1} T_x) T_y, \quad x = r_1 x_w + r_2 y_w + T_x, \quad y = r_4 x_w + r_5 y_w + T_y$

④ 如果 x 和 x_{fi} 具有相同的符号,并且 y 和 y_{fi} 具有相同的符号,那么 T_y 的符号为正,否则 T_y 的符号为负。

(3) 计算三维旋转矩阵 R,或者 $r_1, r_2, \cdots, r_9$。

① 计算下列各值:

$r_1 = (T_y^{-1} r_1) T_y, \quad r_2 = (T_y^{-1} r_2) T_y, \quad r_4 = (T_y^{-1} r_4) T_y, \quad r_5 = (T_y^{-1} r_5) T_y$
$T_x = (T_y^{-1} T_x) T_y$

② 用下列公式计算 R:

$$R = \begin{bmatrix} r_1 & r_2 & (1 - r_1^2 - r_2^2)^{1/2} \\ r_4 & r_5 & s(1 - r_4^2 - r_5^2)^{1/2} \\ r_7 & r_8 & r_9 \end{bmatrix} \tag{6-15}$$

其中,$s = -\text{sgn}(r_1 r_4 + r_2 r_5)$,由于 R 是正交矩阵,r_7、r_8、r_9 可以由 R 的前两行的叉积确定。

③ 用式(6-17)计算等效焦距 f,如果 $f < 0$,那么

$$R = \begin{bmatrix} r_1 & r_2 & -(1 - r_1^2 - r_2^2)^{1/2} \\ r_4 & r_5 & -s(1 - r_4^2 - r_5^2)^{1/2} \\ -r_7 & -r_8 & r_9 \end{bmatrix} \tag{6-16}$$

2. 计算等效焦距、变形系数和 z 的位置

1) 忽略镜头变形计算 f 和 T_z 的近似值

对每一个标定点 i,以 f 和 T_z 为未知数,建立如下的线性方程:

$$\begin{bmatrix} y_i & -d_y Y_i \end{bmatrix} \begin{bmatrix} f \\ T_z \end{bmatrix} = w_i d_y Y_i \tag{6-17}$$

其中

$$y_i = r_4 x_{wi} + r_5 y_{wi} + r_6 \cdot 0 + T_y, \quad w_i = r_7 x_{wi} + r_8 y_{wi} + r_9 \cdot 0$$

式(6-17)是由式(6-9)的第二个式子令 k_1、k_2 为零得到的。

因为有 N 个标定点,将会产生一个超定的线性方程组,从中可以解出 f 和 T_z。

2) 计算 f、T_z、k_1、k_2

因为 R、T_x、T_y 在前面已经得到,那么式(6-9)的第二个式子就是关于 f、T_z、k_1、k_2 的非线性方程,可以用非线性优化方法求解。

将 1)中得到的 f、T_z 的近似值作为它们的初始值代入式(6-9)的第二个式子中,并令 k_1、k_2 的初始值为零。通过优化,我们可以得到 f、T_z、k_1、k_2 的精确值。

通过以上两个步骤,我们就可以得到摄像机的内外参数。这里的模型是一个非线性的摄像机模型,它考虑了镜头的径向畸变,能够精确地模拟摄像机的成像过程,对于降低整个视觉系统的误差有重要意义。

6.3.2 手-眼系统标定

在系统中我们将摄像机固定在机器人手臂末端的灵巧手上,其目的是当机器人在执行某任务时,由摄像机测定灵巧手与目标物体的相对位置。

由于机器人控制器可以将灵巧手控制到任意方位,以使手爪处于能抓取物体的姿态与位置,当手爪还没有达到这个方位时,机器人必须知道物体相对于手爪坐标系的位置,这个相对位置应由摄像机测量出来。将物体坐标系看成世界坐标系,物体相对于摄像机坐标系的位姿就是摄像机外参数,可用摄像机标定方法求得,假如我们还知道摄像机坐标系相对手爪坐标系的位姿,摄像机所测量的物体在摄像机坐标系中的位姿就可以转换成相对于手爪的位姿,即机器人所需要的数据。

机器人手-眼标定[13]过程中,通过机器人的运动使摄像机在不同的位置和姿态对标定物拍照。根据机器人的运动关系和标定点的坐标就可以计算出手-眼坐标关系。

6.3.2.1 手-眼标定的坐标系定义

下面描述一下标定中用到的各个坐标系,以及它们之间的关系矩阵。

(1) G_i：抓持器的坐标系，该坐标系固定在机器人的手臂上，并随手一起运动。

(2) C_i：摄像机坐标系，该坐标系固定在摄像机上，z 轴与摄像机的光轴重合，x、y 轴平行于图像坐标系的 x、y 轴。

(3) C_w：标定物世界坐标系，由于该坐标系的位置可以在标定物上任意选定，所以每个标定点的坐标相对于该坐标系是已知的。

(4) R_w：机器人世界坐标系，可以把机器人基坐标系当成 R_w。

几个齐次转换矩阵的定义：

(1) $^{r_w}H_{g_i}$：从 G_i 到 R_w 的转换矩阵，有

$$^{r_w}H_{g_i} = \begin{bmatrix} ^{r_w}R_{g_i} & ^{r_w}T_{g_i} \\ 0 \quad 0 \quad 0 & 1 \end{bmatrix} \tag{6-18}$$

(2) $^{c_i}H_{c_w}$：从 C_w 到 C_i 的转换矩阵，有

$$^{c_i}H_{c_w} = \begin{bmatrix} ^{c_i}R_{c_w} & ^{c_i}T_{c_w} \\ 0 \quad 0 \quad 0 & 1 \end{bmatrix} \tag{6-19}$$

(3) $^{g_j}H_{g_i}$：从 G_i 到 G_j 的转换矩阵，有

$$^{g_j}H_{g_i} = \begin{bmatrix} ^{g_j}R_{g_i} & ^{g_j}T_{g_i} \\ 0 \quad 0 \quad 0 & 1 \end{bmatrix} \tag{6-20}$$

(4) $^{c_j}H_{c_i}$：从 C_i 到 C_j 的转换矩阵，有

$$^{c_j}H_{c_i} = \begin{bmatrix} ^{c_j}R_{c_i} & ^{c_j}T_{c_i} \\ 0 \quad 0 \quad 0 & 1 \end{bmatrix} \tag{6-21}$$

(5) $^{g}H_{c}$：从 C_i 到 G_i 的转换矩阵，有

$$^{g}H_{c} = \begin{bmatrix} ^{g}R_{c} & ^{g}T_{c} \\ 0 \quad 0 \quad 0 & 1 \end{bmatrix} \tag{6-22}$$

上面各式中的 i、j 从 1 到 N 变化，N 是手-眼标定过程中所拍摄的图像的数目。图 6-6 表示了各个坐标系和齐次转换矩阵之间的关系。上面的 $^{g}H_{c}$ 没有下标（i 或 j），这是因为摄像机固定在手上，所以 $^{g}H_{c}$ 不随机器人的运动而变换。

6.3.2.2 手-眼标定算法

手-眼标定的任务就是确定手爪坐标系和摄像机坐标系之间的坐标转换关系，即 $^{g}H_{c}$。在上面我们定义的几个矩阵中，$^{c_i}H_{c_w}$ 可以通过摄像机标定得到（摄像机的外参数），$^{r_w}H_{g_i}$ 可以通过机器人的状态获得。由 $^{g_j}H_{g_i}$ 和 $^{c_j}H_{c_i}$ 的定义我们可以得到

$$^{g_j}H_{g_i} = {^{r_w}H_{g_j}^{-1}}\,{^{r_w}H_{g_i}} \tag{6-23}$$

$$^{c_j}H_{c_i} = {^{c_j}H_{c_w}}\,{^{c_i}H_{c_w}^{-1}} \tag{6-24}$$

由机器人运动学可知，机器人绕坐标轴的旋转运动可以用绕过坐标原点的旋

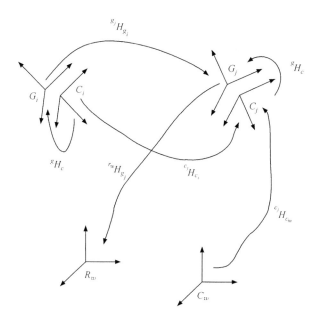

图 6-6 各个坐标系及转换矩阵之间的关系

转轴的转动来表示,设旋转角为 θ,旋转轴的方向余弦为 l_x、l_y、l_z,那么旋转矩阵 R 可表示为

$$R = \begin{bmatrix} l_x l_x \text{Vers}\theta + c\theta & l_y l_x \text{Vers}\theta - l_z s\theta & l_z l_x \text{Vers}\theta + l_y s\theta \\ l_x l_y \text{Vers}\theta + l_z s\theta & l_y l_y \text{Vers}\theta + c\theta & l_z l_y \text{Vers}\theta - l_x s\theta \\ l_x l_z \text{Vers}\theta - l_y s\theta & l_y l_z \text{Vers}\theta + l_x s\theta & l_z l_z \text{Vers}\theta + c\theta \end{bmatrix} \quad (6\text{-}25)$$

其中,$s\theta = \sin\theta$;$c\theta = \cos\theta$;$\text{Vers}\theta = 1 - \cos\theta$。

另一方面,R 的一个特征向量和特征值必然是旋转轴和 1。这是因为如果令旋转轴 $P_r = \begin{bmatrix} l_x & l_y & l_z \end{bmatrix}^T$,那么显然有 $RP_r = P_r$。由式(6-25)可以看出,R 可以由 θ 和 P_r 唯一确定,因此可以用这两个量来代替 R。我们可以定义 P_r 为

$$P_r = 2\sin\frac{\theta}{2}\begin{bmatrix} l_x & l_y & l_z \end{bmatrix}^T, \quad 0 \leqslant \theta \leqslant \pi \quad (6\text{-}26)$$

那么可得

$$R = \left(1 - \frac{|P_r|^2}{2}\right)E + \frac{1}{2}(P_r P_r^T + \alpha \text{Skew}(P_r)) \quad (6\text{-}27)$$

其中,E 为单位阵;$\alpha = \sqrt{4 - |P_r|^2}$;$\text{Skew}(P_r) = \begin{bmatrix} 0 & -l_z & l_y \\ l_y & 0 & -l_x \\ -l_y & l_x & 0 \end{bmatrix}$。

令

$$^gP'_c = \frac{1}{2\cos\dfrac{\theta_{g_{R_c}}}{2}} = \frac{1}{\sqrt{4-|^gP_c|^2}}{}^gP_c \tag{6-28}$$

$$\text{Skew}(V) = \begin{bmatrix} 0 & -v_z & v_y \\ v_y & 0 & -v_x \\ -v_y & v_x & 0 \end{bmatrix} \tag{6-29}$$

其中,V 为任意一个三维列向量。

对每对 i、j,我们可以得到 $^{g_j}R_{g_i}$ 和 $^{c_j}R_{c_i}$,令 $^{g_j}P_{g_i}$、$^{c_j}P_{c_i}$ 代表 $^{g_j}R_{g_i}$ 和 $^{c_j}R_{c_i}$ 的旋转轴,那么我们可以得到关于 $^gP'_c$ 的线形方程组,即

$$\text{Skew}(^{g_j}P_{g_i} + {}^{c_j}P_{c_i})^gP'_c = {}^{c_j}P_{c_i} - {}^{g_j}P_{g_i} \tag{6-30}$$

由式(6-29)可以看出 $\text{Skew}(^{g_j}P_{g_i} + {}^{c_j}P_{c_i})$ 是线性相关的,所以式(6-30)中至少要有两对方程组才能根据最小二乘法解出 $^gP'_c$。

由式(6-28)可以得出

$$^gP_c = \frac{1}{\sqrt{4-|^gP_c|^2}}{}^gP'_c \tag{6-31}$$

将式(6-31)代入式(6-27)就可以得到 ^gR_c。

同样可以建立方程组

$$(^{g_j}R_{g_i} - E)^gT_c = {}^gR_c{}^{c_j}T_{c_i} - {}^{g_j}T_{g_i} \tag{6-32}$$

从中可以解出 ^gT_c。

至此,我们已经得到从摄像机坐标系到机器人手爪坐标系的旋转矩阵 ^gR_c 和平移矢量 ^gT_c。这样,我们就可以将摄像机坐标系下的点的位姿转换到灵巧手坐标系下或者转换到机器人基坐标系下。

6.3.3 摄像机-超声传感器的标定

在本系统中,摄像机和超声传感器是用同一个固联装置安装在机器人末端的。该装置可以保证摄像机坐标系和超声传感器坐标系是相互平行的,其精度由机加工的精度保证(平行度可达 5‰),而在 x、y 方向上的距离可以由设计尺寸得到(精度可达 $\pm 5\mu m$)。因为超声传感器实际上只有沿超声波发射方向的 z_u 轴,因而可以认为它的 x_u 和 y_u 轴与摄像机坐标系的 x_c 轴和 y_c 轴完全平行。即我们可以认为 $^cR_u = E$,$^cT_{ux}$ 和 $^cT_{uy}$ 可以由固联装置的设计尺寸得到。因而摄像机和超声传感器的标定实际上就是确定两者在 z 方向上的距离。

我们首先进行摄像机标定,以获得当前的摄像机坐标系和工作台坐标系之间的关系,即摄像机的外参数。然后通过调整机器人的末端位姿,使摄像机和超声传感器的 z 轴垂直于工作台,查询超声传感器所测距离,即可得到 $^cT_{uz}$。

经过手-眼标定,我们可以计算出摄像机坐标系相对于机器人基坐标系的位姿 ^rH_c。摄像机坐标系相对于工作台坐标系(即标定物的坐标系)的位姿关系 ^wH_c 可以通过摄像机标定获得。各个坐标系之间的关系如图 6-7 所示。

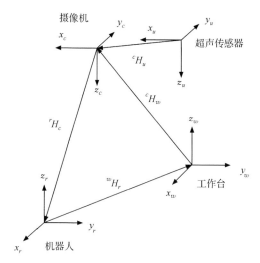

图 6-7 坐标系关系图

由此我们可以得到机器人基坐标系与工作台坐标系的转换关系为

$$^wH_r = {^wH_c}{^cH_r} = {^cH_w^{-1}}{^rH_c^{-1}} \tag{6-33}$$

我们可以通过机器人逆运动学求解机器人各关节转角,使摄像机和超声传感器的 z 轴垂直于工作台。这时摄像机的坐标原点在工作台坐标系中的坐标为

$$\begin{bmatrix} ^wx_{oc} \\ ^wy_{oc} \\ ^wz_{oc} \\ 1 \end{bmatrix} = {^wH_r}{^rH_c} \begin{bmatrix} ^cx_{oc} \\ ^cy_{oc} \\ ^cz_{oc} \\ 1 \end{bmatrix} \tag{6-34}$$

超声传感器是利用超声波从发射到收到反射波所用的时间与超声波在介质中的传播速度的乘积的二分之一来计算测量距离的。由于超声传感器与工作台垂直,所以测量的距离 L 就是超声传感器的坐标原点在工作台坐标系 z 轴上的坐标的两倍。因此我们可以得到

$$^cT_{uz} = |^wz_{oc}| - \frac{1}{2}L \tag{6-35}$$

上式中由于 L 永远为正,所以我们用 $^wz_{oc}$ 的绝对值与 $L/2$ 作差。

6.4 物体空间位姿检测

机器人视觉的任务之一就是对操作对象精确定位,以引导机器人调整末端夹

持器的位置和姿态,对目标物体进行相应的操作。为了完成任务,首先机器人必须从工作环境中把物体识别出来,然后才能检测物体的位置和姿态。

6.4.1 目标物体识别

物体识别就是把物体从背景环境中区分出来。物体识别是视觉中最困难的问题之一,它归属于模式识别。一般的模式识别[15]原理分为统计方法与结构方法,统计方法抽取信号的各种统计特征,用这种统计特征组成特征向量,并在特征向量空间进行分类;结构方法则将复杂物体分为基本单元,并用基本单元的特征描述基本单元间的结构关系分类。

一般统计模式识别可以粗略地分为三个阶段:图像分割,特征提取和选择、分类决策。下面我们将结合目前所做的工作对此进行论述。

6.4.1.1 图像分割

图像分割的目的就是检测出各个物体,并把它们的图像和其余景物分离。图像分割可以采用三种不同的原理来实现:划分区域的方法,即把各像素划归到各个物体或区域中;利用边界的方法,先确定边缘像素并把它们连接在一起以构成所需的边界,再根据边界来分割图像。

第三种方法是阈值分割,它对物体与背景有较强对比的景物的分割特别有用。它计算简单,而且总能用封闭而且连通的边界定义不交叠的区域。

当使用阈值规则进行图像分割时,所有灰度值小于或等于某阈值的像素都被判属于物体,所有灰度值大于该阈值的像素被排除于物体之外。由于在我们的系统中,目标物体和工作台都具有比较均匀的灰度值,且两者的对比度较强,所以我们决定用阈值方法来分割物体。

在用阈值分割物体的方法中,阈值的选择至关重要,它对物体的边界的定位和整体的尺寸有很大的影响。这意味着后续的尺寸(特别是面积)的测量对于灰度阈值的选择很敏感。由于这个原因,我们需要一个最佳的,或至少是具有一致性的方法确定阈值。

我们采用图像的直方图来帮助确定最佳阈值。一幅含有一个与背景明显对比的物体的图像具有包含双峰的灰度直方图,如图6-8所示。两个尖峰对应于物体内部和外部较多数目的点。两峰间的谷对应于物体边缘附近相对较少数目的点。

直方图[14]可以定义为

$$H(D) = \lim_{\Delta D \to 0} \frac{A(D) - A(D + \Delta D)}{\Delta D} = -\frac{\mathrm{d}}{\mathrm{d}D} A(D) \tag{6-36}$$

其中,$A(D)$为图像的阈值面积函数,即一幅连续图像中被具有灰度级D的所有轮廓线所包围的面积。从而可得

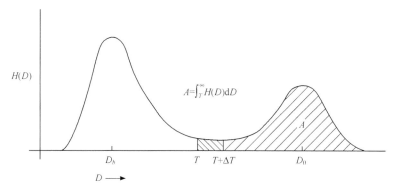

图 6-8 双峰直方图

$$A = \int_T^\infty H(D)\mathrm{d}D \tag{6-37}$$

可见,如果对应于直方图的谷,阈值从 T 增加到 $T+\Delta T$ 只会引起面积略微减少。因此把阈值设在直方图的谷底,可以把阈值选择中的错误对图像特征测量的影响降到最低。

对图像进行阈值处理的结果是将整幅图像分割成物体和背景两部分,一般图像的灰度值设为 0(即物体为黑色),背景灰度值设为 255(白色)。但由于噪声的影响,会在物体的区域中出现白色的"洞",背景上也会散布一些小的黑色噪声点。为了消除噪声的影响,我们对阈值化处理后的二值图像进行数学形态学运算[1]。

1) 腐蚀

简单的腐蚀是消除物体的所有边界点的一种过程,其结果使剩下的物体沿其周边比原物体小一个像素的面积。

一般意义的腐蚀概念定义为

$$E = B \otimes S = \{x, y \mid S_{xy} \subseteq B\} \tag{6-38}$$

即由 S 对 B 腐蚀所产生的二值图像 E 是这样的点 (x,y) 的集合;如果 S 的原点位移到点 (x,y),那么 S 将完全包含于 B 中。

2) 膨胀

简单膨胀是将与某物体接触的所有背景点合并到该物体中的过程。运算的结果是使物体的面积增大了相应数量的点。

一般膨胀定义为

$$D = B \oplus S = \{x, y \mid S_{xy} \cap B \neq \varnothing\} \tag{6-39}$$

也就是说,S 对 B 膨胀产生的二值图像 D 是由这样的点 (x,y) 组成的集合;如果 S 的原点位移到 (x,y),那么它与 B 的交集非空。

3) 开运算

先腐蚀后膨胀的过程称为开运算。它具有消除细小物体、在纤细点处分离物体和平滑较大物体的边界时又不明显改变其面积的作用。开运算定义为

$$B \circ S = (B \otimes S) \oplus S \tag{6-40}$$

4) 闭运算

先膨胀后腐蚀的过程称为闭运算。它具有填充物体内细小空洞、连接邻近物体和在不明显改变物体面积的情况下平滑其边界的作用。闭运算定义为

$$B \circ S = (B \oplus S) \otimes S \tag{6-41}$$

在程序中,我们是用一个八连通的模板(图 6-9)对图像中的每一个像素进行"逻辑与"或者"逻辑或"的运算。如果我们用像素值为 0 代表黑色,即物体;用 1 代表白色,即背景。那么我们在进行腐蚀运算(逻辑或)时,模板各个元素全为 0,如果邻域的中心像素值为 0,且运算结果也为 0,那么该像素值被置为 0,否则被置为 1。在膨胀运算(逻辑与)时,模板的各个元素全为 1,如果邻域中心像素值为 1,且运算结果为 1,则该像素值置为 1,否则为 0。

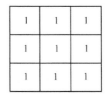

图 6-9　形态学运算模板

经过对图像进行相同次数的开运算和闭运算以后,就可以消除噪声对图像处理的影响。这样可以消除噪声对后续计算的影响,保证图像特征提取的准确性。

6.4.1.2　物体特征提取和识别

由于在特定的应用中,机器人的操作对象和工作环境的一些信息是已知的。这种情况下可以针对特定的情况,采取一些特定的措施,对通用算法加上一定的约束条件,以便提高系统的实用性。在我们的系统中,目标物体与背景具有较强的对比度,经过上节所述的方法即可实现物体与背景的分割。如果只有一个物体,只需对整幅图像进行扫描,即可实现对物体的识别。如果环境中存在多个物体,就要根据物体的面积、周长等特征对物体进行区分。

物体的形心在确定物体的位置方面起着重要的作用。形心在计算机帧存储器(computer frame memory)中的坐标可以用图像灰度函数 $f(i,j)$ 的一阶矩与其零阶矩的比值获得,即

$$\overline{X_f} = \frac{M_{10}}{M_{00}}, \quad \overline{Y_f} = \frac{M_{01}}{M_{00}} \tag{6-42}$$

其中，M_{00} 为图像的零阶矩，也就是图像的面积；M_{10}、M_{01} 为图像的一阶矩；X_f、Y_f 为像素在图像帧存中的行列号。

$$M_{ij} = \sum_{-\infty}^{\infty} \sum_{-\infty}^{\infty} X_f^i Y_f^j f(X_f, Y_f)$$

物体形心在图像坐标系下的坐标为真实坐标，即

$$X_d = s_x^{-1} d_x' (\overline{X_f} - C_x), \quad Y_d = d_y (\overline{Y_f} - C_y) \tag{6-43}$$

其中，d_x'、d_y 为摄像机内部常量，可由摄像机生产商提供的数据得到；其余参数是摄像机的内部参数，可以通过摄像机标定获得。

另外在下面的检测中，我们用物体投影的最小直径的姿态代表物体的姿态，所以我们还要对物体的投影进行扫描，获取物体的最小直径。

6.4.2 物体空间位姿检测方法

物体位姿检测一般用双目视觉的方法实现，但是双目立体视觉由于涉及图像匹配难度大、计算数据量大等问题，目前还不能普遍应用于实际任务。所以针对物体位姿识别，我们根据具体情况，提出了两种物体位姿检测方案：只用全局视觉单元检测，或者用摄像机-超声传感器的组合代替双摄像机，并提出了相应的算法。

6.4.2.1 全局摄像机检测法

如果工作环境已知并且操作任务比较简单，例如只有一个操作对象或者所有操作物体高度基本相当时，我们可以只用全局摄像机完成检测任务。这样做可以在保证精度的情况下简化检测步骤、提高检测速度。

一般情况下，对于摄像机镜头只考虑径向畸变，这时它的模型前面已经给出。如图 6-10 所示，设 p_d 是点 P 在图像平面中的实际投影位置，p_u 是不考虑镜头畸

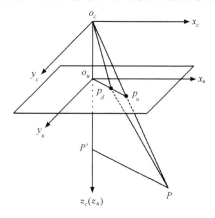

图 6-10 目标点位置检测

变时的理想位置。通过摄像机标定我们可以获得镜头的变形系数，从而可以根据 p_d 计算出 p_u。如果 $\overrightarrow{o_c P'}$ 长度固定，那么 $|\overrightarrow{o_c o_u}|$ 与 $|\overrightarrow{o_c P'}|$ 存在固定的比例关系，通过 p_u 即可知道点 P 的坐标。

由于全局摄像机装在实验平台上方，摄像机与工作台的距离不变，通过标定我们可以获得摄像机中心 o_c 与工作台的距离 L。如果目标物体高度 l 已知，$\overrightarrow{o_c P'}$ 的长度即为 $L-l$，那么

$$|\overrightarrow{PP'}| = \frac{|\overrightarrow{o_u p_u}|(L-l)}{|\overrightarrow{o_c o_u}|} = \frac{|\overrightarrow{o_u p_u}|(L-l)}{f} \tag{6-44}$$

其中，$|\overrightarrow{o_c o_u}| = f$ 为摄像机的焦距。设 $\overrightarrow{o_u p_u}$ 与 x 轴夹角为 θ，则点 $P(P_x, P_y)$ 的坐标为

$$P_x = |\overrightarrow{PP'}|\cos\theta, \quad P_y = |\overrightarrow{PP'}|\sin\theta \tag{6-45}$$

我们以物体投影的中心点的坐标代表物体的位置，以物体上某条直线（比如物体的最短直径）与坐标轴的夹角代表物体的姿态。通过标定我们可以事先得到全局摄像机坐标系与机器人基坐标系的转换关系，就可以将物体在摄像机坐标系中的位姿转换到机器人基坐标系中。

由于我们按照物体的投影进行计算，并且 l 是物体的高度，所以上述方法计算出的物体中心位置不一定完全正确，但是对于形状规则的物体，其偏差一般不会太大。那么对于较复杂的情况，我们就要用下面方法检测物体的位置和姿态。

6.4.2.2 基于超声传感器-摄像机信息融合物体位姿检测方法

双目视觉需要对两幅图像进行对应点匹配，而目前还没有比较完善的算法解决这个问题，一般误差较大，计算的数据量也很大。为了提高检测精度和速度，我们提出用超声传感器和摄像机相互结合的方法，只需一幅图像就可以实现物体的立体检测，这样就从根本上避免了图像匹配问题。

首先用全局摄像机对物体进行粗定位。在位置环境下，由于物体高度未知，可以设物体高度为零，即认为物体上所有点都在工作台平面上。利用该位置，我们可以调整机器人末端位姿，使目标物体进入局部摄像机的有效视场，并具有较好的观察角度。

我们规定物体的位置由其投影的形心坐标确定，姿态由物体投影的最小直径与三个坐标轴之间的夹角决定。这样，物体的位姿就可以用一个六维向量表示，该矢量可以被机器人直接应用。

为了确定任意一点在机器人基坐标系下的位置，我们首先求出该点在摄像机坐标系下的坐标。如图 6-11 所示，对于摄像机坐标系中的任意一点 P，可以用以该点为端点的矢量 $\overrightarrow{o_c P}$ 表示，而任一矢量又由其方向和模唯一确定。基于这一

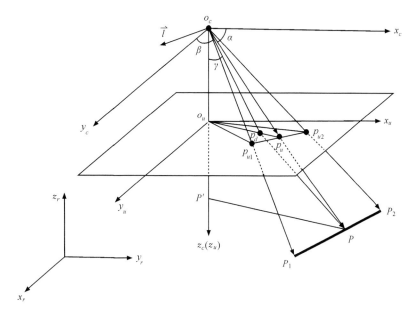

图 6-11 物体位姿检测

点,我们首先由图像信息获得 $\overrightarrow{o_cp_u}$ 与摄像机坐标系的三个坐标轴之间的夹角($\overrightarrow{o_cP}$ 的方向与 $\overrightarrow{o_cp_u}$ 相同),然后通过机器人的运动使超声传感器的坐标原点与点 o_c 重合,而方向与 $\overrightarrow{o_cp_u}$ 一致,经过超声测距获得 $\overrightarrow{o_cP}$ 的模的大小(超声波必然首先碰到点 P)。点 P 在摄像机坐标系中的坐标确定以后,就可以进一步转换到机器人基坐标系中。

1) 任意一点在摄像机坐标系中的坐标

空间任意一点 P,可以得到其在图像平面中的真实坐标 $p_d(x_d,y_d)$,由式(6-6)可以得到它在图像平面中的理想坐标 $p_u(x_u,y_u)$

$$x_u = x_d + x_d(k_1r^2 + k_2r^4), \quad y_u = y_d + y_d(k_1r^2 + k_2r^4) \quad (6\text{-}46)$$

则 $\overrightarrow{o_cP}$ 与摄像机坐标系各坐标轴间的夹角 α、β、γ 可以表示为

$$\alpha = \cos^{-1}\frac{x_u}{\sqrt{x_u^2+y_u^2+f^2}}, \quad \beta = \cos^{-1}\frac{y_u}{\sqrt{x_u^2+y_u^2+f^2}}, \quad \gamma = \cos^{-1}\frac{f}{\sqrt{x_u^2+y_u^2+f^2}}$$

$$(6\text{-}47)$$

其中,f 为摄像机的有效焦距。

灵巧手、摄像机和超声传感器固联在一起,其相互关系已经事先标定。我们可以通过机器人逆运动学求解机器人的各个关节的转角,调整机器人的末端位姿,使超声传感器的坐标系与 $o_cx_cy_cz_c$ 重合,然后绕过 o_c 点且垂直于 o_cPP' 平面的旋转轴 $\vec{l}$ 旋转 γ 角,使超声传感器 z 轴方向与 $\overrightarrow{o_cP}$ 相同。该旋转运动可表示为 $R(\vec{l},$

θ),其中

$$\vec{l} = -\frac{\cos\beta}{\sin\gamma}\vec{i} + \frac{\cos\alpha}{\sin\gamma}\vec{j} + 0\vec{k} = l_x\vec{i} + l_y\vec{j} + l_z\vec{k}, \quad \theta = \gamma$$

则

$$R(\vec{l},\theta) = \begin{bmatrix} l_x l_x \text{Vers}\theta + c\theta & l_y l_x \text{Vers}\theta - l_z s\theta & l_z l_x \text{Vers}\theta + l_y s\theta \\ l_x l_y \text{Vers}\theta + l_z s\theta & l_y l_y \text{Vers}\theta + c\theta & l_z l_y \text{Vers}\theta - l_x s\theta \\ l_x l_z \text{Vers}\theta - l_y s\theta & l_y l_z \text{Vers}\theta + l_x s\theta & l_z l_z \text{Vers}\theta + c\theta \end{bmatrix}$$

这里,$s\theta = \sin\theta$;$c\theta = \cos\theta$;$\text{Vers}\theta = 1 - \cos\theta$。对应的机器人各个关节角的运动量,可以用机器人逆运动学方程求解。然后,用超声传感器即可测量 $\overrightarrow{o_c P}$ 的长度 L。至此,可以得出点 P 在摄像机坐标系中的坐标为

$$\left.\begin{matrix} x_c = L\cos\alpha \\ y_c = L\cos\beta \\ z_c = L\cos\gamma \end{matrix}\right\} \tag{6-48}$$

2)物体在机器人基坐标系中的位姿

物体上任意一点,比如物体投影中心 P 在摄像机坐标系的坐标可用式(6-48)求得,它在机器人基坐标系下的坐标可表示为

$$\begin{bmatrix} x_r \\ y_r \\ z_r \end{bmatrix} = {}^r H_c \begin{bmatrix} x_c \\ y_c \\ z_c \end{bmatrix} \tag{6-49}$$

其中,${}^r H_c$ 为摄像机坐标系和机器人基坐标系之间的转换矩阵,可以通过机器人手-眼标定获得。

为了便于机器人的抓持,我们规定用物体的最短直径 $\overrightarrow{P_1 P_2}$ 的姿态来代表物体的姿态。如图 6-11 所示,对于空间任意物体 $\overrightarrow{P_1 P_2}$,可以求得两点在机器人基坐标系下的坐标 (x_{r1}, y_{r1}, z_{r1})、(x_{r2}, y_{r2}, z_{r2}),从而可以得到物体在基坐标系下的姿态角为

$$\left.\begin{matrix} \alpha_r = \cos^{-1}\dfrac{x_{r2} - x_{r1}}{L'} \\ \beta_r = \cos^{-1}\dfrac{y_{r2} - y_{r1}}{L'} \\ \gamma_r = \cos^{-1}\dfrac{z_{r2} - z_{r1}}{L'} \end{matrix}\right\} \tag{6-50}$$

其中

$$L' = \sqrt{(x_{r2} - x_{r1})^2 + (y_{r2} - y_{r1})^2 + (z_{r2} - z_{r1})^2}$$

那么,物体在机器人基坐标系中的位姿就可以用一个六维向量 $[x_r \quad y_r \quad z_r \quad \alpha_r \quad \beta_r \quad \gamma_r]^T$ 表示。该六维矢量通过局域网传给机器人控制器,用于机器人的轨迹规划,导引多指灵巧手对物体进行操作。

6.5 实　　验

6.5.1 系统标定

6.5.1.1 局部摄像机标定

我们用高精度的绘图打印机打印的黑白相间的方块的角点作为标定点，由于物体世界坐标系就建立在该图纸上，所以这些点的坐标都是已知的。

如图 6-12 所示即为标定物。由图中可以看出，图像存在严重的镜头畸变。

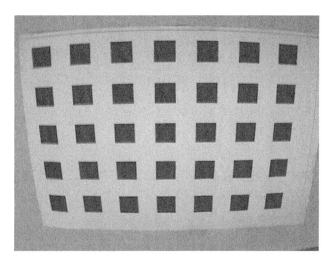

图 6-12　摄像机拍摄的标定物图像

1) 实验过程

（1）调整机器人位姿，使其处于通常的工作前初始状态，调节机器人的焦距，使标定物的图像最清晰。这一步的目的是使机器人能够在工作时获得最清晰的图像信息。

（2）在该位姿下对标定物拍照。图像经摄像机拍摄后，被 CCD 转换为标准的 PAL 信号。经过图像采集卡采集，读入图像帧存器，再用采集卡自带的函数可以读入计算机内存。

（3）我们可以对计算机内存中的图像进行操作，以便得到标定点在图像坐标系中的坐标。我们曾采用多种方法来检测标定物的角点。图 6-13 所示为对图像中标定点的探测结果。图中小圆圈的圆心就是探测到的标定点。

（4）对检测结果进行处理。如图 6-13 所示，结果中难免存在错判和漏判，需要对它们做进一步处理，剔除错误的数据。

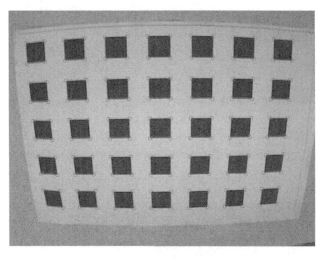

图 6-13　检测到的标定点

(5) 根据已知的标定点物体坐标系坐标和探测到的图像坐标,对摄像机的内部参数和外部参数进行标定。

2) 实验结果

表 6-1 所示为三次实验的结果。表中前五项是摄像机的内部参数:有效焦距 f;径向变形系数 k_1;采样定时误差系数 S_x;主点坐标 (C_x, C_y)。平移矢量的三个元素 T_x、T_y、T_z;旋转矩阵的三个分量(与坐标轴的夹角) R_x、R_y、R_z。由于每次标定都要移动摄像机,所以后面的六个量不具有可比性,而每次标定,摄像机的内部参数是固定的(没有调整摄像机的各项参数)。可以看到摄像机的内部参数是比较稳定的。特别需要指出,由于标定点位于同一平面,所以这里得出的 S_x 恒为 1。

表 6-1　摄像机标定的结果

f/mm	7.054728	7.086879	7.077426
k_1	1.570927e−002	1.623699e−002	1.623372e−002
S_x	1.000000	1.000000	1.000000
C_x(pixels)	388.531499	389.905055	390.134215
C_y(pixels)	272.277886	273.543036	273.420143
T_x/mm	−214.008724	−296.245043	−296.333643
T_y/mm	119.983462	208.156121	208.228187
T_z/mm	343.339398	386.782391	386.251253
R_x/(°)	−154.307525	−154.094078	0.671307
R_y/(°)	−0.463766	−0.585665	25.886942
R_z/(°)	0.863429	0.864860	−88.843333

6.5.1.2 全局摄像机标定

全局摄像机标定过程与局部摄像机标定相同,其实验结果为

$f = 22.0642$, $k_1 = 0.31446$, $S_x = 1$, $C_x = 439.40097$, $C_y = 276.19248$

$$T = \begin{bmatrix} 203.800008 & -140.525905 & 2148.334258 \end{bmatrix}^T$$

$$R = \begin{bmatrix} -0.999785 & 0.004689 & 0.020221 \\ 0.004350 & 0.999850 & -0.016771 \\ -0.020297 & -0.016679 & -0.999655 \end{bmatrix}$$

6.5.2 手-眼标定

手-眼标定是在摄像机标定的基础上进行的,它与摄像机标定应用相同的标定设备。手-眼标定的基本思路是控制机器人手爪在不同的位置观察空间一个已知的标定参考物,从而推导摄像机坐标系与机器人手爪坐标系的转换阵 $^g H_c$。

1) 实验过程

(1) 以初始位置对标定物拍照,并对摄像机的外参数(摄像机坐标系相对于标定物坐标系的旋转和平移矩阵)进行标定,记录此时的机器人手爪坐标系的位姿。

(2) 调整机器人末端位姿(一般是绕过摄像机坐标系原点的轴线做旋转运动),并在新的位置对标定物拍照,标定摄像机外参数,记录机器人手爪坐标系位姿。

(3) 重复步骤(2)两到三次。

(4) 综合上述数据,计算摄像机坐标系与手爪坐标系关系。

2) 实验结果

摄像机-PA10 的数据:

$$^{R_{PA10}} H_c = \begin{bmatrix} -0.037872 & -0.998353 & -0.043096 & 84.642571 \\ 0.994287 & -0.033341 & -0.101395 & 26.895617 \\ 0.099791 & -0.046690 & 0.993912 & 117.772219 \\ 0 & 0 & 0 & 1 \end{bmatrix}$$

摄像机-模块机器人的数据:

$$^{R_M} H_c = \begin{bmatrix} 0.939635 & 0.112179 & -0.323267 & 83.566452 \\ -0.108278 & 0.993665 & 0.030088 & 25.412153 \\ 0.324595 & 0.006731 & 0.945829 & 121.928178 \\ 0 & 0 & 0 & 1 \end{bmatrix}$$

6.5.3 物体位姿检测

为了检验提出的方法,实际检测了一个圆柱形木块的位姿。为了验证最后的实验结果,我们将圆柱形木块中心放在工作台坐标系的点(300.0,380.0,0.0)处,与 x 方向夹角为 $36°$,如图 6-14 所示。

图 6-14　目标物体

1) 实验过程

(1) 利用全局摄像机提供的信息调整机器人末端的位姿,采集物体的图像,分割识别物体。图 6-15 是物体的直方图,图 6-16 是经过二值化以后的物体图像。

(2) 求取目标点的坐标,确定投影矢量在摄像机坐标系中的姿态。

(3) 反解机器人各关节运动量,调整超声传感器的位置和姿态,测量投影矢量长度。

(4) 确定物体在摄像机坐标系和机器人基坐标系中的位置和姿态。

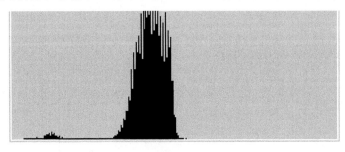

图 6-15　物体直方图

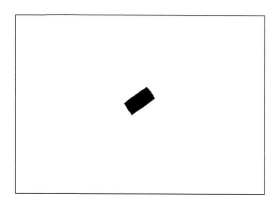

图 6-16 图像分割后的物体

2) 实验结果

物体的位姿检测结果最终要转换到机器人基坐标系中。之所以这么做是为了便于机器人的运动规划等问题。但是机器人基坐标系一般建立在机器人第一关节上,所以我们是无法直接测量这一坐标系的,因而我们也无法确切检测物体在机器人基坐标系中的位姿。所以我们也同时给出在标定物体坐标系(工作台坐标系)中的结果。

物体质心在机器人基坐标系中的坐标为

$$x_r = 287.5312, y_r = 427.5826, z_r = 63.9758$$

物体质心在工作台坐标系中的坐标为

$$x_w = 300.5681, y_w = 379.2917, z_w = 41.3563$$

物体在机器人基坐标系中的姿态角(与 x、y、z 轴的夹角)为(-144.1302, -125.8698, 90),在工作台坐标系中的姿态角为(36.4951, 53.5049, 90)。

3) 检测误差

物体中心坐标的检测结果与物体实际坐标误差为 0.908mm,角度误差为 0.4951°。所以我们的方法完全满足位置误差小于 1mm、姿态误差小于 1°的要求。

6.6 本章小结

在实际应用中,为了避免由于超声波入射角过大所导致的反射信号较弱,我们一般先将摄像机移到目标点上方(由全局摄像机近似确定物体位置),然后利用超声传感器进行长度测量。本测量方法的主要误差是机器人运动误差(约为 0.1mm)和超声测距的误差(最大为 3‰),实际抓取操作时,我们利用指端六维力传感器的信息控制机器人灵巧手做细调运动,以修正和弥补该误差。通过实验对我们提出的方法进行了验证。实验结果表明,该方法能够实现机器人对目标物体位姿的精确检测,完全满足一般的精度要求。

空间点的位置确定一般需要两幅图像,用两条投影线的交点来确定。而我们提出的方法则仅用一幅图像外加超声测距即可确定空间点的位置。如果仅仅要求检测物体的位姿,那么该方法可以完全取代双目视觉的检测方法。与双目视觉相比,本方法从根本上避免了由于图像匹配所引起的不确定性和误差。在空间点的图像坐标确定后,它在摄像机坐标系中的坐标可由超声传感器直接测量得到。而双目视觉则要先进行图像匹配,然后再求投影线的交点。显然,我们提出的方法大大减少了计算量。

参 考 文 献

[1] 钟玉琢,乔秉新. 机器人视觉技术[M]. 北京:国防工业出版社,1994.

[2] 贾云得. 机器视觉[M]. 北京:科学出版社,2000.

[3] 吴立德. 计算机视觉[M]. 上海:复旦大学出版社,1993.

[4] 高国富,谢少荣,罗均. 机器人传感器及其应用[M]. 北京:化学工业出版社,2004.

[5] 方建军,何广平. 智能机器人[M]. 北京:化学工业出版社,2004.

[6] Weiss L E. Dynamic visual servo control of robots:An adaptive image-based approach[D]. USA:Carnegie Mellon University, 1984.

[7] Wijesoma. Eye-to-Hand coordination for vision-guide robot control applications[J]. International Journal of Robotics Research, 1993,12(1):65-78.

[8] 解玉文. 基于摄像机和超声传感器信息融合的物体位姿检测[D]. 北京:北京航空航天大学,2002.

[9] 丁希仑,解玉文,战强. 基于多传感器信息融合的物体位姿检测方法[J]. 航空学报,2002,23(5):483-486.

[10] 解玉文,丁希仑,刘颖. 基于CCD和超声的物体位姿检测方法及精度分析[J]. 北京航空航天大学学报,2005,31(7):809-813.

[11] Weng J, Ahuja N, Huang T S. Matching two perspective views[J]. IEEE Transactions on Patten Analysis and Machine Intelligence, 1992,14(8):806-825.

[12] Lenz R, Tsai R Y. Calibration a Cartesian robot with eye-on-hand configuration independent of eye-to-hand relationship[C]. Proceedings of the IEEE International Conference on Computer Vision and Pattern Recognition, 1988.

[13] Tsai R Y,Lenz R K. A new technique for fully autonomous and efficient 3D robotics Hand/Eye calibration[J]. IEEE Transaction on Robotics and Automation, 1989,5(3):345-358.

[14] Tsai R Y. A versatile camera calibration technique for high accuracy 3d machine vision metrology using off the shelf TV camera and lenses[J]. IEEE Journal Robotics and Automation, 1987,3(4):1326-1333.

[15] 边肇祺,张学工. 模式识别[M]. 北京:清华大学出版社,2000.

第7章 基于多传感器信息分阶段控制方法

目前,一个功能较强的智能机器人通常配置有立体视觉、听觉、距离和接近觉、力/力矩等多种传感器。因此,多传感器系统能采集的环境信息将大大增加,而这些信息在时间、空间、可信度、表达方式上不尽相同,侧重点和用途也不同,这对信息的处理和管理工作提出了新的要求。智能机器人系统要在各种不确定的环境中工作,其首要的任务就是确切知道其所处环境,给出环境模型的描述,使用多种不同的传感器可以获得环境的多种特征,包括局部的、间接的环境知识。环境的统一描述将在这些知识上进行,所以一个高效的具有很强适应能力的多信息处理系统是反映智能机器人智能水平的重要条件之一。如果说机器人的各种感觉传感器是智能系统的硬件,那么多传感器信息处理和融合技术就是智能系统得以高效运行的软件[1,2]。

本书为了提高冗余度双臂空间机器人系统的感知能力,系统配有视觉传感器、超声传感器、腕力传感器和指端力传感器等多种传感器,其传感器系统布局如图7-1所示。

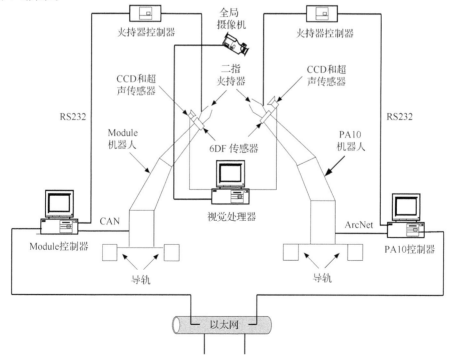

图7-1 冗余度双臂空间机器人传感系统结构图

本章分析了人体感觉与动觉智能控制系统，模拟人这种智能控制特性，并根据系统的分阶段控制特点，提出了一种分阶段利用传感器信息的机器人运动规划与控制方法，即利用全局视觉"粗测"阶段、利用局部视觉"精测"阶段、利用腕力传感器进行"微调"阶段及利用指端力传感器"夹持"阶段。该方法只对局部视觉和超声传感器信息进行了融合，实时获得被操作物体的位姿，而对其他传感器则不需要进行复杂的信息融合，提高了效率。此外，为了提高双臂机器人系统的识别能力，本章提出了一种基于模型知识库的物体识别方法，可以把识别的实际物体图像与知识库中的物体模型相匹配，避免了机器人对操作任务的盲目搜索，提高了智能性。

7.1 系统主要传感器及其性能

7.1.1 视觉传感器

视觉传感器由位于工作台上方的固定全局视觉和安装在机器人手腕末端随机器人一起运动的局部视觉构成。

1) 全局视觉

全局视觉传感器由一台日本 Sony 公司的 SSC-DC18P 型彩色摄像机和日本精工镜头 SL08551M 组成，如图 7-2 所示。

图 7-2　全局 CCD 摄像机外观图

该摄像机带有 1/3 英寸的 Hyper HAD™（hyper hole-accumulate diode）CCD，此外还具有下述特点：

① 高灵敏度（最小照明度：1.7lux，F1.2）；

② CCD-IRIS 功能；

③ 自动白色平衡寻迹和调节；

④ 兼容直流控制或视频信号控制的自动光圈镜头；

⑤ 通过 Smart Control 的自动逆光补偿功能和自动闪光减低；

⑥ 通过交流电源同步的行锁定功能。

此摄像机配备了可调节焦距(调节范围为 8～51mm)、光圈(IRIS)、缩放(Zoom)的镜头以及用于控制的多功能控制台。

2) 局部视觉

局部视觉传感器采用的是日本 Watec 公司的相机 WAT-202D 和日本精工镜头 SSG0612,并配有自动调节光圈的镜头(焦距为 8mm),如图 7-3 所示。

图 7-3 局部 CCD 摄像机外观图

其主要技术指标及性能和全局 CCD 摄像机相似,在此不再赘述。

7.1.2 超声传感器

超声波传感器由美国 Banner 公司生产,其型号为 U-GAGE T30UUNA。该传感器可进行简单、快速的示教模式编程而无须调整电位计;可以对两个输出同时编程或者单独编程;安全方便的远程示教输入;操作温度可达 -20～$+70℃$;可以选择 NPN 或 PNP 离散量,外加 0～10V 直流电压输出或 4～20mA 的模拟输出;具有电源开/关、信号强弱和模拟/离散输出操作的 LED 指示器。图 7-4 是超声传感器的外形图及 A/D 采集卡。

图 7-4 超声波传感器外形及其 A/D 采集卡

其主要技术指标如下：

① 测量范围：150mm～1m；

② 频率：228kHz；

③ 电缆：2m 5-pin 的 Euro QD；

④ 电源：12～24V 直流电源；

⑤ 离散量输出：NPN 或 PNP；

⑥ 模拟量输出：4～20mA；

⑦ 延迟时间：48ms。

7.1.3 六维腕力传感器

六维腕力传感器购自美国 ATI 公司，主要由变送器和数据处理器组成。其中，变送器由六个低噪声石英应变桥和信号预处理部分组成，具有较高的测试精度。该腕力传感器通过 ISA F/T 控制卡完成数据的处理，由于采用了 DSP 和 ISA 总线构架，所以它具有较高的处理速度。ISA F/T 控制卡采用了高速 DSP 技术，可以实时地把应变量数据变换为笛卡儿空间的力和力矩，为机器人力控制提供了可靠的信息。控制卡通过 PC 总线接口和离散 I/O 端口进行通信，其外形图及工作原理如图 7-5 所示。

该腕力传感器的性能指标如下：

① X、Y 方向的力范围是：±130N；

② Z 方向的力范围是：±260N；

③ X、Y、Z 方向力矩范围是：±10N·m；

④ 采样周期：125μs；

⑤ 外部尺寸：67×25；

⑥ 质量：180g；

⑦ 接收处理器总线：ISA 总线。

7.1.4 指端力传感器

为了测量二指夹持器在夹持被操作物体过程中的受力情况，保证夹持物体的安全可靠，系统采用了应变片式指端力传感器。因为应变片的应变大小与力作用的距离有关，所以四片应变片贴在手指指茎部分的上下表面，其理论模型为一悬臂梁结构应变式传感器。四片应变片组成一个直流电桥，由应变片桥路输出的电压信号经仪用放大电路放大后输入控制器的 A/D 采集模块，即可得到夹持力的大小并对其进行控制。指端力传感器的主要参数如表 7-1 所示：

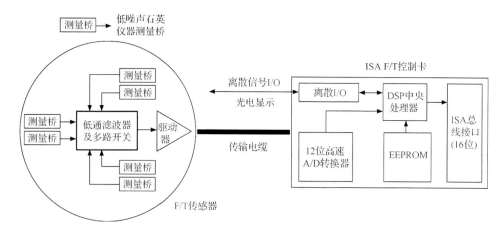

图 7-5 六维腕力传感器外形及其工作原理

表 7-1 指端力传感器的主要参数

参数名称	参数值
测量范围	0～100N
量程	100N
精度	0.1N
允许过负荷	120%FS
电源电压	±12V DC
输出电压范围	0～3.3V
温度范围	−10～50℃

图 7-6 是机器人末端夹持器的指端力控制结构。

上位机作为整个控制系统的管理层,负责向 DSP 控制器发送指令和返回运动信息,通信接口从上位机接收命令传送到处理器,并将夹持器的运动信息从处理器传送到上位机。处理器接收到命令后,通过控制电机驱动器来控制伺服电机的运

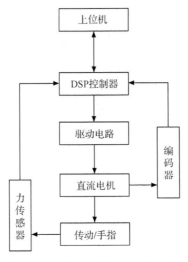

图 7-6　二指夹持器的力控制结构

动,电机通过传动系统驱动手指运动。指端力传感器实时采集手指运动过程中的夹持力大小,并将夹持力传送到 DSP 处理器,然后处理器进行力的伺服运算,并将结果输出给驱动电路,实现对夹持器的力控制,从而构成一个闭环控制系统[3]。

7.2　人体感觉与运动控制系统

研究机器人的感觉首先从研究人的感觉出发,人的各种感觉器官及其功能都是机器人感觉的模仿对象。从目前的研究现状来看,有些机器人感觉远不如人的感觉,如机器视觉和图像理解的速度、识别能力等;但也有些机器人传感器,其性能指标超过人的感觉,如机器人的腕力传感器,它不仅能测出小到几克的力的变化,而且能感觉到六个方向的力,显然这对于人来说是难以做到的。当然,人的感觉机理不是我们简单地用传感器能够模仿的,尤其是人的思维、推理方式、综合处理各种感觉信息的能力,更是现有的处理技术难以达到或比拟的。研究机器人的感觉也并非一味地模仿人,更多的是如何满足实际需要,解决问题。下面简要分析人体感觉与运动控制系统结构及分解控制的特点,并将此特点模拟应用到双臂机器人多传感器感知系统中。

7.2.1　人体感觉与运动控制系统的结构

人类自身的运动动作复杂而多样,这些动作从跑、跳、翻滚等涉及全身运动的动作,到拧、抓、触、握以及伸臂、书写等手的操作,有各种各样的运动组合。我们所感兴趣的是:控制支配这些巧妙运动的人的神经系统和大脑的构成是怎样的? 它们的工作原理如何? 或者换句话说,人的这种运动控制(control of movement)的机理是怎样的？下面具体观察分析一下日常生活中一个人取杯子喝水的简单动作[4]。

首先，想喝水的人找到并看见水杯，观察杯子的形状和大小并估计自己的手到杯子的距离。随后，他伸手去取杯子，并根据手指对杯子的大小形状的感觉，调整手指的形状以适应它；同时，协调手腕向前伸出的动作和手指及指尖弯曲的动作。当手拿住杯子时，根据手指对杯子的材质、重量的感觉，确定指尖加上的力，以及手掌和其他关节的形状与位置，握住并拿起杯子。在将盛水的杯子拿向嘴边的过程中，为了保持杯子的水平，不至于把水撒出杯外，他必须根据盛水的多少、杯中水平面晃动的情况，小心地调节手臂运动速度；当杯子靠近嘴边时降低速度，保证杯子在接触嘴唇的瞬间速度达到零。在确认嘴唇已经接触到杯子的时候，倾斜杯子完成喝水的动作。喝完水后，将杯子放回原处，确认杯底接触到桌面，感觉到反作用力后才撒手。这时手腕伸开和手指脱离的动作不仅是并行进行的，而且是按一定的顺序进行的。看起来简单的一个取杯子喝水动作，分析起来则是由这样复杂的运动程序所组成。从中可以看到，这里需要视觉、触觉、力觉等感觉信息的处理，需要对手运动的轨迹控制、对手指尖的力控制以及手、手腕、嘴唇、指尖的协调控制，直至最后生成整个运动顺序的程序控制方案。

人的身体由上百个以上自由度的肌肉骨骼系统组成，人体运动的大部分动作都必须在与周围环境相互作用的情况下进行。人体的运动仅仅用传统的控制理论中的反馈原理来解释或模仿是远远不够的。对于人体的运动这样多自由度非线性运动机构与复杂环境相互作用构成的复杂系统的控制，需要更加广泛、更加深刻的控制理论才能分析、解释和认识。因此，对人体自身运动机构的组成结构和运动机理的研究，将对控制理论的发展产生巨大的推动作用[4,5]。在神经科学和认知科学的启发下，可以认为人体运动控制系统应具有如图 7-7 所示的内部结构。

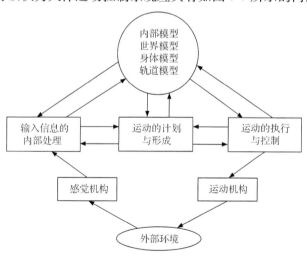

图 7-7 人体运动控制系统的内部结构

1) 感觉输入的信息处理

来自视觉、触觉、力觉、接近觉等人体感觉器官的大量输入信息是各种各样的、零散的、没有规律的。人体运动控制系统首先的任务是需要将收到的输入信息结构化和规范化，以便于后续的处理、识别和认知。鉴于人体运动控制的实时性，对输入信息进行特征抽取，并在此基础上辨识被感觉到的对象和外部环境是非常重要的。例如就视觉而言：当一幅景物场面出现在人的眼前时，人眼所接受到的信息是非常之多的。为了识别这个场面，首先从这些信息中抽取出看到的几何特征（诸如：线、面、角等）和物理特征（诸如：颜色、光强度、运动速度及方向等）；随后，将这些特征信息结构化和规范化，并与记忆中的模型结构比较，从这些几何与物理特征的关系对比中，识别出进入眼中景物是属于哪种物品（诸如：桌、椅、箱等），以及自己同这些物品之间的相对位置与距离。

2) 运动计划与运动决策的参照系——内部模型

通过对视觉以及各种感觉输入信息的结构化和规范化处理，人们可以了解自己所处环境的状况及它所具有的规律性，进而确定自己的运动模式，并估计自己的动作会给予环境怎样的影响。要达到这个目的，需要在人的主观世界中存在一种先验的内部表现。这种将自己和环境整合在一起的，在人的运动控制系统中起着主导作用的东西，在主观世界中综合并抽象化、模块化和符号化，形成描述对象世界的结构与组织的知识。这种被模块化了的知识，在认知科学中称为图式（Schema），其在人体内部的表现称为内部模型。可以说，这种内部模型构成了人体运动计划与运动决策的参照系。它们由表现环境的世界模型、表现自身身体或运动机构的身体模型和表现自身运动与环境关系的轨道模型组成。

3) 运动控制行为的形成——运用内部模型的前馈映射

以前面所述的喝水动作为例，为了在人体所处的环境下实现运动的目的，人体控制系统必须运用和操作内部模型，生成"喝水"过程必需的手臂的一系列运动程序。亦即需要在人体内部首先进行规划，形成运动计划。运动计划的形成是通过内部对运动与环境之间关系的预测，从许多可能的运动方案中优选出能达到运动目的的动作顺序，即产生运动程序的过程。可以说运动控制行为的形成就是人体控制系统运动内部模型实现前馈映射的过程。

4) 动觉智能图式的功能

图 7-8 表明了人们生活中最常用的动作——"伸手取物"的一系列动作图式的表现（sensory-motor intelligence schema）。图的上半部描述了感知图式的集合，这群感知图式表现了人体对环境的规律性和对处在环境中对象的认识。它们将对象的大小、位置、方向和动态的参数值传给图下半部的运动图式的集合。运动图式集合由手掌的轨迹运动、手指的调节运动和手腕的回转运动等"运动单位图式"组成。动觉智能图式就是通过上位感知图式获取对象和环境的信息，调动一系列相应运动图式，生成实现目标动作的图式集合。

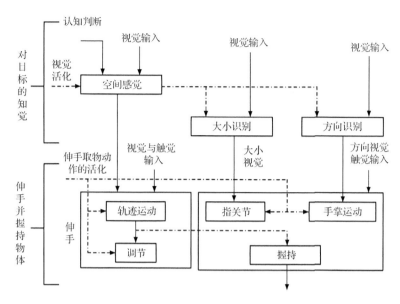

图 7-8 "伸手取物"的一系列图式动作表现(--------活化信号；————数据传送)

在"伸手取物"的一系列动作中，首先出现的是手的轨迹运动，然后在轨迹运动的后半部依据在视觉和触觉图式中所获得的信息激活手和手指的运动图式。最后取物的动作实现了基于触觉空间模式信息的手指形状控制。可以说严格运动图式的激活取决于运动的目的、相关感知图式的信息和其他运动图式的活动状态。运动动作的具体执行与控制涉及大脑运动中枢、小脑、脊髓和肌肉骨骼系统的一系列前馈和反馈控制。

人类在多次反复执行的定型运动中，学习形成了动觉智能图式这样的运动程序。一系列的动觉智能图式，包括感知图式、运动图式、协调图式和冲突调解图式，构成了完成人体运动的动觉智能控制的内部模型。人体运动的准确的、习熟的动作体现了这种内部模型的前馈映射。

7.2.2 人体感觉与运动控制系统的模拟

通过分析人体感觉与运动控制系统的结构可以发现，人的这种运动控制机理是分阶段性的。仍以人取杯喝水为例，当接受任务后，人首先利用视觉信息找到并看见杯子，并将眼睛识别出的杯子模型与大脑中存储的杯子模型相匹配(可能当前的杯子模型与大脑中存储的杯子模型不匹配，但是人脑根据先验知识可推理出这是杯子，只不过存储模型库中没有而已。因此，会将新模型存入模型库)，匹配成功后，利用视觉对杯子进行粗定位，估计人手到杯子的距离，这是第一阶段。第二阶段，人脑对取杯喝水任务进行规划，包括任务分解和任务分配。任务分解是将抓杯喝水任务分解为一系列的步骤和动作,任务分配是将分解的任务分配给单臂完成还是分配给双臂完成,哪个臂执行什么任务。第三阶段,根据视觉对杯子的测量信息,对手臂进行路径规划和轨迹规划,当杯子周围有障碍物时,还要进行必要的避碰规划。第四阶段,根据规划结果,人控制手臂进行具体的抓杯喝水操作,这一阶段主要是对触觉、力觉、手指尖的力等感觉信息的处理和控制。如果把人类的这种基于传感器信息的分阶段控制特性应用到双臂机器人系统控制当中,可以分阶段地利用传感器信息,避免了复杂的多传感器信息融合,起到了事半功倍的效果。

通过模拟、模仿人体感觉与动觉智能的机理是提高双臂机器人的感知智能化的途径之一,通过模拟这种控制机制,应用到机器人的传感系统控制中。要使双臂机器人感觉系统控制的智能化水平完全等同于人类控制双臂的智能是不可能的,也是不太现实的。但是,通过模拟人体感觉与动觉智能的机制,部分提高双臂空间机器人的智能化程度还是可行的,本章即采用了一种基于多传感器信息的分阶段控制方法。

7.3　基于多传感器信息的分阶段控制方法

7.3.1　多传感器信息的分类

机器人外部传感器采集到的信息是多种多样的,为使这些信息得以统一协调地利用,对信息进行分类是必要的,可将其分为以下三种:冗余信息、互补信息和协同信息,分别阐述如下[2]。

1) 冗余信息

它是由多个独立传感器提供的关于环境信息中同一特征的多个信息,也可以是某一传感器在一段时间内多次测量得到的信息,这些传感器一般是同质的。由于系统必须根据这些信息形成一个统一的描述,所以这些信息又被称为竞争信息。冗余信息可用来提高系统的容错能力及可靠性。冗余信息的融合可以减少测量噪声等引起的不确定性,提高整个系统的精度。由于环境的不确定性,感知环境中同一特征的两个传感器也可能得到彼此差别很大甚至矛盾的信息,冗余信息的融合必须解决传感器之间的这种冲突,所以同一特征的冗余信息融合前要进行传感数据的一致性检验。

目前,解决冗余信息融合问题一般采用定量信息融合方式。定量信息融合是数据到数据的转换,即将多个同类数据经过信息融合形成一致的结果数据。定量信息融合主要采用的是基于参数估计的信息融合方法,其中包括最小二乘估计和极大似然估计等。

2) 互补信息

在多传感器系统中,每个传感器提供的环境特征都是彼此独立的,即感知的是环境各个不同的侧面,将这些特征综合起来就可以构成一个更为完整的环境描述,这些信息就成为互补信息。互补信息的融合减少了由于缺少某些环境特征而产生的对环境理解的歧义,提高了系统描述环境的完整性和正确性,增强了系统正确决策的能力。由于互补信息来自于异质传感器,它们在测量精度、范围、输出形式等方面有较大的差异,因此融合前先将不同传感器的信息抽象为同一种表达形式就显得尤为重要,这一问题涉及不同传感器统一模型的建立。

一般采用定性信息融合的方式来解决互补信息的融合问题。定性信息融合的方法较多,很多智能理论对其有指导意义,如人工智能、神经网络等。目前,几种常用的多传感器信息定性融合方法包括 Bayes 统计决策法、D-S 证据理论法、基于模糊理论的多信息融合及神经网络多信息融合方法等。

3) 协同信息

在多传感器系统中,当一个传感器信息的获得必须依赖于另一个传感器的信息,或一个传感器必须与另一个传感器配合工作才能获得所需信息时,这两个传感器提供的信息称为协同信息。协同信息的融合很大程度上与各传感器使用的时间或顺序有关。如在一个配备了超声波传感器的系统中,以超声波测距获得远处目标物体的距离信息,然后根据这一距离信息自动调整摄像机的焦距,使之与物体对焦,从而获得检测环境下物体的清晰图像。

本书所研究的多传感器信息既有冗余信息,如全局视觉和局部视觉;又有互补信息,如局部视觉和超声传感器。如果对这些传感器信息分别进行信息融合,则算法相当复杂,实现困难。因为,采用上述一些信息融合算法,需要知道一些先验知识,即建立模型知识库,这在某些情况下是比较困难的,甚至是不可行的。此外,本系统的双臂空间机器人多传感器感知系统的传感器信息具有阶段性,如全局视觉用于物体的识别和粗定位,局部视觉要靠全局视觉信息的导引才能工作,而腕力传感器和指端力传感器只有在机器人末端执行器与外部环境相接触时才发挥作用。根据上述特点和双臂机器人系统的运动控制特性,本章决定采用一种基于传感器信息的分阶段控制方法,即利用全局视觉"粗测"阶段、利用局部视觉"精测"阶段、利用腕力传感器进行"微调"阶段及利用指端力传感器"夹持"阶段[6,7]。

7.3.2 分阶段控制系统结构及控制模型

对于人类来说,来自视觉、触觉、力觉、接近觉等人体感觉器官的大量输入信息(刺激)是各种各样的、零散的、没有规律的。人体运动控制系统首先的任务是需要将收到的输入信息结构化和规范化,以便于后续的处理、识别和认知。鉴于人体运动控制的实时性,对输入信息进行特征抽取,并在此基础上辨识被感觉到的对象和外部环境是非常重要的。因此,为了提高机器人对目标物体位姿检测的智能化程度,模拟人类的检测能力,采用了一种基于多传感器信息的分阶段控制方法。

1. 分阶段控制系统结构及各传感器功能介绍

双臂空间机器人多传感器系统由全局 CCD 视觉传感器、局部 CCD 视觉传感器、超声波传感器、六维腕力传感器、指端力传感器及其相应的信号处理单元等构成。全局 CCD 视觉传感器安装在工作台上方,构成全局视觉;局部 CCD 视觉传感器安装在末端执行器上,构成手眼视觉;超声波传感器的接收和发送探头也固定在机器人末端执行器上,由局部 CCD 视觉传感器获取待识别和抓取物体的二维图像,并引导超声波传感器获取深度信息;六维腕力传感器安装于机器人的腕部;指端力传感器安装于末端夹持器手指侧面。多传感器信息分阶段控制系统的结构如图 7-9 所示。

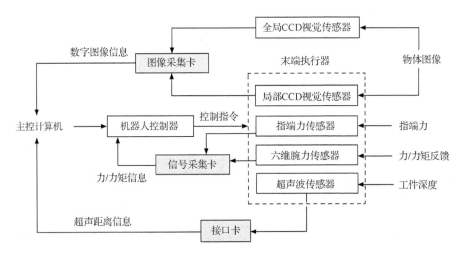

图 7-9 多传感器信息分阶段控制系统结构

图像处理主要完成对物体外形的准确描述,包括图像边缘提取、周线跟踪、特征点提取、区域分割及分段匹配、图形描述与识别。CCD 视觉传感器获取的物体图像经处理后,可提取对象的某些特征,如物体的形心坐标、面积、曲率、边缘、角点及短轴方向等。根据这些特征信息可得到对物体形状的基本描述。

由于局部 CCD 视觉传感器获取的图像不能反映物体的深度信息,因此对于二维图形相同、仅高度略有差异的物体,只用视觉信息不能正确识别。在图像处理的基础上,由视觉信息引导超声波传感器对待测点的深度进行测量,获取物体的深度(高度)信息,或沿着物体的待测面移动,超声波传感器不断采集距离信息,扫描得到距离曲线,根据距离曲线分析出物体的边缘或外形。计算机将视觉信息和深度信息融合推断后,进行图像匹配、识别,并控制机器人以合适的位姿准确地抓持物体。

超声波传感器由发射和接收探头构成,根据声波反射的原理,检测由待测点反射回的声波信号,经处理后得到物体的深度信息。为了提高检测精度,在接收单元电路中,采用可变阈值、峰值检测、温度补偿和相位补偿等技术,可获得较高的检测精度。

六维腕力传感器测试末端执行器所受力/力矩的大小和方向,从而确定末端执行器的运动方向。指端力传感器用于测量末端执行器所夹持物体的受力大小,保证稳定抓持。

2. 分阶段信息控制模型

在多传感器信息处理的过程中,应将系统的传感器精度和有效作用范围结合起来。全局CCD的检测范围较大,但精度较低,故适用于在大范围、低精度检测的条件下;局部立体视觉系统在一定距离内具有较高的精度,该范围相对较小,超出此范围检测精度迅速下降,故局部立体视觉系统适用于在该范围内的高精度检测;腕力传感器和指端力传感器只有在微力接触时产生作用。依据图 7-10 的机器人多传感器分阶段控制的模型来解释每个阶段的传感器信息的使用[7,8]。

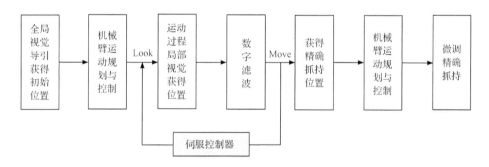

图 7-10　分阶段信息控制模型

首先通过全局 CCD 对目标物体进行识别和匹配,然后检测目标物体相对工作台的相对坐标,此时检测获得的只是粗略的位置。通过变换矩阵,可以获得目标物体在操作臂基坐标系中的位置坐标。由于局部 CCD 的视野相对狭小,操作臂在某一位形时,操作物可在其盲区上,所以根据全局 CCD 提供的粗略位置,导引操作臂做大范围运动,使目标物体尽快进入局部 CCD 的视野,避免局部 CCD 的盲目搜索。

因为已标定局部 CCD 在一定距离范围内的精度较高,所以利用全局 CCD 和局部 CCD 信息使操作臂做 Look-and-Move 式的运动,获得的信息经过数字滤波,滤波器输出的目标物体的位置接近于实际真值,可根据滤波器输出的位置值进行运动学规划与控制。反复的 Look-and-Move 过程会使滤波器的输出值趋于稳定。

从物理意义上看,此时CCD接近或达到标定时的距离,测量精度最高。从此位置开始,将当前的各关节角的位置推入"位置栈"。建立一个这样的策略:当抓持或规划失败时,从"位置栈"弹出关节角值,可以迅速返回到局部CCD能精确检测目标的位置,重新检测与运动规划控制。

最后进入微调抓持阶段。当机器人末端夹持器距离目标物体较近时,局部CCD便失去了作用,局部的精确抓持靠全局CCD、超声传感器、腕力传感器和指端力传感器。在接触到物体时,全局CCD和超声传感器的作用都已失效,只有借助力传感器,通过六维腕力传感器、指端力传感器进行局部的微调,最后达到精确稳定抓持。

进行局部微调的过程如下,首先利用腕力传感器确定其坐标系中外力的方向。然后根据腕力传感器坐标系、工具末端坐标系和世界坐标系之间的变换关系,可以将外力 F_a 在世界坐标系中表达,不考虑坐标系变换中的力矩作用,求该力的单位矢量 $\vec{n} = [n_x \quad n_y \quad n_z]^T$,它提供了微调运动规划的重要信息。显然,该外力使灵巧手碰到被抓持物体,微调运动规划的方向显然应该是 $\vec{n}$ 的反向,这样可以使外力 $|F_a|$ 迅速减小。该运动规划过程采用增量式控制方式,设当前的末端位置为 (x_e, y_e, z_e),经过微调运动到 $(x_e - n_x\Delta, y_e - n_y\Delta, z_e - n_z\Delta)$,其中 $\Delta = 1 \sim 2mm$。小范围地修改工具末端的姿态,继续向被抓持物体运动。

此外,为了提高数字滤波器的鲁棒性,该滤波器的设计采用了全局滤波和局部滤波相结合的方式,结构如图7-11所示。下面介绍全局滤波器,全局滤波器的主要功能:位姿预报、修正、位姿估算。位姿预报提供了位姿的粗略数据,为修正提供阈值,剔除局部滤波器非正常值。提供估计位姿的同时,将该估计值作为下一次位姿预报的输入值。局部滤波器1、2对局部CCD、超声传感器的信息采用取均值的方法进行滤波。

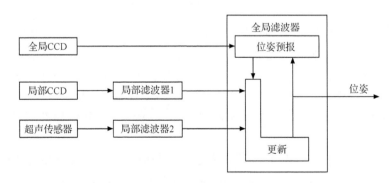

图7-11 滤波器实现

7.3.3 基于模型知识库的物体识别方法

1. 物体识别系统的构成

物体识别通常是指从一幅图像中确定某一已知物体是否存在以及该物体在图像中的位置和方向,可以认为,物体识别系统包括四个主要模块:模型库、特征检测器、假设生成(hypothesis formation)和假设验证(hypothesis verification)模块。图 7-12 给出了系统不同模块之间的作用和信息流图[8]。

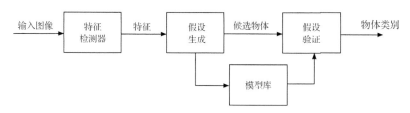

图 7-12 物体识别系统组成示意图

模型库包含所有的已知模型。模型库的信息取决于物体识别方法,可以是定量、定性或函数描述,也可以是精确的几何曲面信息。在大多数情况下,物体的模型是抽象的特征矢量。特征是物体的一种属性,比如尺度、色彩和形状等,特征在描述和识别物体过程中起着十分重要的作用。输入图像可以是灰度图像、彩色图像、深度图像或它们的组合。特征检测器对输入图像的特征进行检测,并对特征进行定位,这样有助于假设生成。物体特征的选取取决于待识别物体的类型和模型库数据结构。假设生成模块使用图像特征来给场景中的物体分配一个似然值,这一步可以大大减小物体识别的搜索空间。一般来说,模型库是一种索引图,它有利于从所有可能的物体集合中去除那些不可能的候选者。假设验证模块使用物体模型来验证假设,并进一步给出精确似然值。在所有证据的基础上,选用具有最大似然值的物体作为识别结果。

假设生成和假设验证在不同的识别方法中的重要性是不一样的。一些系统仅仅使用假设生成,然后选择具有最高似然值的物体作为识别结果。模式分类方法是此种方法的一个很好的例子。另一方面,许多智能系统很少依靠假设生成,更多的工作是在验证阶段。实际上,经典模式识别方法之一的模板匹配方法就没有假设生成阶段。

为了实现上述步骤,物体识别系统必须选择合适的手段和方法。对于特定的应用,在选择合适的方法时,必须考虑许多因素和问题。

2. 基于模型知识库的物体识别方法

物体识别能力是机器人智能化的重要体现,是机器人确切知道被操作物体的能力,因而也是当前机器人视觉研究中的重点,许多学者提出了很多有价值的识别方法。Takatori 等[9]提出了一种采用远程知识库对物体进行识别的新方法,知识库中存有目标物体的几何和材料等物理特性。根据知识库,机器人可在不同方向和角度实现对目标物体的自动识别。Meikle 等[10]提出了一种"线对匹配"的物体识别算法,可实时识别噪声环境下的几何平面物体。该方法从已知物体模型和位于视觉场景中物体抽取出直线片段进行匹配比较,如果两条线段几何匹配成功,则就会估计出物体模型在仿真场景中的位置、姿态信息。王敏等[11]设计了一种基于视觉与超声技术的机器人自动识别与抓取系统,融合物体二维图像信息与深度信息进行工件的识别与抓取。李冰等[12]以仿人臂-手系统为研究对象,对多指手的多种抓取模式进行了分析,提出了主动抓取目标物体的策略,即将孩童抓取和知识抓取结合起来,由推理机获得抓取模式及算法,并存入模型知识库。唐新星[13]研究了一种基于立体视觉的目标物体自动识别系统,系统采用三目摄像机作为机器人的视觉传感器,先通过描述将目标物体的三维信息生成二维图像,再通过识别将二维图像重建三维恢复。目标物体自动识别系统能够根据图像提取目标物体轮廓并获取其空间位置信息。

  本书根据双臂空间机器人系统的特点,模拟人对目标物体的识别能力,采用了一种基于模型知识库的物体识别方法。物体识别主要靠全局视觉传感器,我们在规划系统中建立了一个模型知识库,它存有空间舱内典型被操作物体的二维模型,如螺母和螺栓、小型工件、箱体、棒料等规则物体,如图 7-13 所示。其中,图 7-13(c)

(a) 棒料识别图

(b) 螺母和螺栓识别图

(c) 箱体识别图

图 7-13　部分工件样板识别模型图

识别的是箱体上的标示物。本节所提出的物体识别方法就是将模型知识库中已存有的物体模型与全局摄像机摄取的物体识别图像进行比较和匹配,判定被操作物体是什么。如果识别成功,系统就进行下一步的操作;否则,任务执行失败。这样就避免了机器人执行任务的盲目搜索,提高了机器人的智能。

物体识别方法有样板匹配法、统计模式识别法、结构模式识别法,以及在这些方法基础上进行的改进方法等。由于本系统的模型库比较简单,所以本文采用比较常用的样板匹配法,其他方法请参阅相关文献[14]。样板匹配方法是预先准备好标准图像(样板),然后将分割出的图像的一部分与样板重叠,根据它们的一致性定义其类似度。在二值图形的情况下,重叠之后黑色或白色像素相一致的总像素与总面积之比,可作为类似度。对于灰度图像,相关系数或者差值绝对值之和可作为类似度。相关系数定义为

$$\frac{\sum_{(x,y)\in \mathbf{R}} f(x,y) \cdot p(x,y)}{\sqrt{\sum_{(x,y)\in \mathbf{R}} f(x,y)^2} \cdot \sqrt{\sum_{(x,y)\in \mathbf{R}} p(x,y)^2}} \tag{7-1}$$

差值绝对值之和为

$$\sum_{(x,y)\in \mathbf{R}} |f(x,y) - p(x,y)| \tag{7-2}$$

其中,$f(x,y)$ 为输入图像;$p(x,y)$ 为样板图像。

7.3.4 分阶段控制过程的实现

1) 任务输入

计算机通过人机界面(鼠标操作)接受用户输入的宏观任务。由控制体系将任务逐步分解为指令,控制机器人并对传感器数据进行采集和处理。

2) 物体识别与定位

物体识别方法如7.3.3节所述,全局视觉用一个二维的CCD摄像机来确定物体的 X 和 Y 方向的位姿,具体的定位方法如第6章所述。所确定的物体位姿以向量的形式直接传送到规划系统,供规划系统使用。

3) 3D模型显示

本书采用VC++与OpenGL、3DMAX相结合的方法,实现物体三维模型的构建与显示(详见第9章)。物体的3D模型尺寸与实际物体的尺寸严格保持一致,并以全局视觉确定的位姿在仿真平台上显示出来,如图7-14和图7-15所示。

4) 路径规划与轨迹规划

初始时,全局视觉被应用到机器人的路径和轨迹规划;当机器人抓持物体以后,局部视觉则应用到机器人的规划系统当中。局部视觉提供的六维位姿向量可直接应用于机器人的规划系统,具体的路径和轨迹规划方法请见第4章。规划后的结果在仿真平台上进行预演,以判断规划结果的正确性。最后,将正确的规划结

图 7-14 几种典型的工件实体图

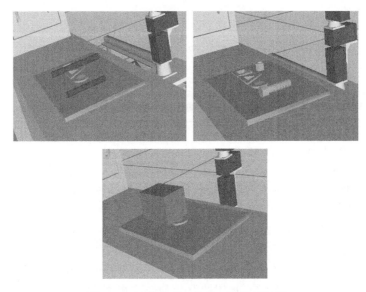

图 7-15 几种典型工件的三维模型显示

果通过通信接口传送到机器人的控制器,从而控制机器人完成规划动作。

5) 指端力抓持

二指夹持器借助于指端力传感器的力信息可实现对被操作物体的稳定抓持。

6) 腕力调整

根据腕力传感器所测得的力信息,可实现对机器人运动控制的微调,主要采用一种基于遗传算法的模糊力控制,详见第8章。

通过上述分析可以看出,采用分阶段利用传感器信息的控制方法很符合双臂空间机器人系统实际控制的需要,不但算法简单,实现方便,而且避免了复杂的多传感器信息融合问题(只需要对局部视觉和超声传感器信息进行简单融合),提高了系统执行效率。

图7-16是双臂空间机器人系统基于多传感器信息的分阶段规划的流程图。

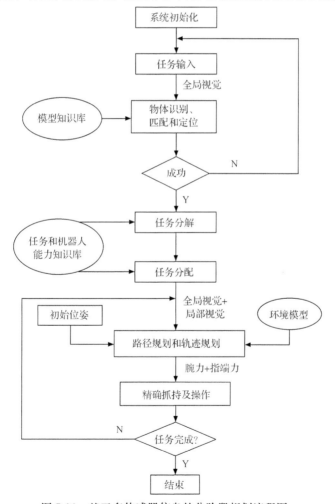

图7-16 基于多传感器信息的分阶段规划流程图

7.4 本章小结

本章分析了冗余度双臂空间机器人系统的各类外部传感器的性能及特点。针对双臂机器人多传感器系统的分阶段作用的特点,模拟人体感觉与运动控制系统的阶段性,采用了一种基于多传感器信息的分阶段控制方法。即利用全局视觉"粗测"阶段、利用局部视觉"精测"阶段、利用腕力传感器进行"微调"阶段及利用指端力传感器"夹持"阶段,提高了双臂机器人的感知能力和信息处理能力。分析了该方法的体系结构及具体的实现过程,该方法符合系统实际控制的需要,算法简单,实现方便,而且避免了复杂的多传感器信息融合问题,提高了系统执行效率。此外,还采用一种基于模型知识库的物体识别方法,避免了机器人执行任务的盲目搜索,提高了机器人的智能。

参 考 文 献

[1] Harashima F, Hashimoto H, Kubota T. Sensor based robot control systems[C]. IEEE International Workshop on Intelligent Motion Control, USA, 1990, 1:1-10.
[2] 罗志增,蒋静坪. 机器人感觉与多信息融合[M]. 北京:机械工业出版社,2002.
[3] 李建伟. 基于力控制的夹持器设计及臂手集成控制研究[D]. 北京:北京航空航天大学,2007.
[4] 李祖枢,涂亚庆. 仿人智能控制[M]. 北京:国防工业出版社,2003.
[5] 郭巧. 现代机器人学——仿生系统的运动、感知与控制[M]. 北京:北京理工大学出版社,1999.
[6] 张武. 基于多传感器信息融合的导轨移动式操作臂运动规划与控制技术研究[D]. 北京:北京航空航天大学,2003.
[7] 丁希仑,张武,解玉文. 基于多传感器信息的冗余度机器人运动规划与控制[J]. 机器人,2004,26(4):361-367.
[8] 贾云得. 机器视觉[M]. 北京:科学出版社,2000.
[9] Takatori J, Suzuki K, Hartono P. Object recognition for autonomous robot utilizing distributed knowledge database[C]. Proceedings of SPIE-The International Society for Optical Engineering, USA: The International Society for Optical Engineering, 2003, V5264:104-112.
[10] Meikle S, Amavasai B P, Caparrelli F. Towards real-time object recognition using pairs of lines[J]. Real-Time Imaging, 2005, 11(1): 31-34.
[11] 王敏,黄心汉. 基于视觉与超声技术机器人自动识别抓取系统[J]. 华中科技大学学报,2001,29(1):73-75.
[12] 李冰,张永德. 臂-手系统主动抓取策略及仿真[J]. 机器人技术与应用,2002,1:41-45.
[13] 唐新星. 具有立体视觉的工程机器人自主作业控制技术研究[D]. 长春:吉林大学,2007.
[14] 日本机器人学会. 机器人技术手册[M]. 北京:科学出版社,1996.

第 8 章 冗余度双臂空间机器人的协调控制

8.1 双臂空间机器人的分层递阶控制结构

8.1.1 机器人规划系统概述

8.1.1.1 典型机器人的规划系统结构

规划系统用于机器人,即机器人规划,也称机器人问题求解。感知能力使机器人认识对象和环境,而运用感知信息产生适应对象和环境的动作,最后解决问题,还要依靠规划功能。例如,在杂乱的环境下,机器人按照什么步骤去操作每个工件?机器人如何寻求避免与障碍物碰撞的路径,去接近某个目标?规划功能的强弱反映了智能机器人的智能水平。

机器人规划系统的基本任务是在一个特定的工作区域中自动地生成从初始状态到目标状态的动作序列、运动路径和轨迹的控制程序[1]。图 8-1 表明了典型的机器人规划系统的组成。

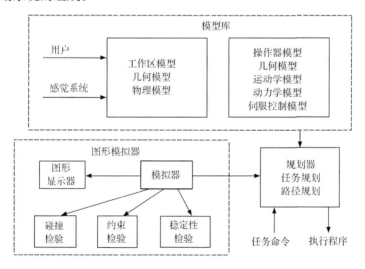

图 8-1 典型的机器人规划系统结构

各基本单元的功能如下:

(1) 工作区模型主要描述机器人工作区内物体的几何、物理性质,提供对象和环境的信息,这些信息可由用户或感觉系统输入或修正。

(2) 操作器模型的内容主要为规划时考虑具体实现所用。

(3) 图形模拟器用以检验规划所产生的操作器的动作、运动轨迹的可行性。

(4) 规划器中包括两极不同规划问题的子系统。任务规划子系统,根据任务命令,自动生成完成该任务的机器人执行程序。如将任务理解为工作区的状态变化,则它生成的输出结果就是把初始状态一步步变换为目标状态的操作序列。运动规划子系统首先将任务规划的结果变成一个无碰撞的操作运动路径,这称为路径规划;然后将路径变换为操作器各关节的空间坐标,形成运动轨迹,这称为轨迹规划。

8.1.1.2 机器人规划系统的层次性

机器人的规划系统是有层次的,为了更好地说明规划这一概念,我们可以举生活中的一个例子。例如,应用于社会的各种各样的服务机器人,当主人用声音命令机器人"给我倒一杯水"时,下面来分析一下机器人是如何来完成主人交给的任务的[2]。如图 8-2 所示。

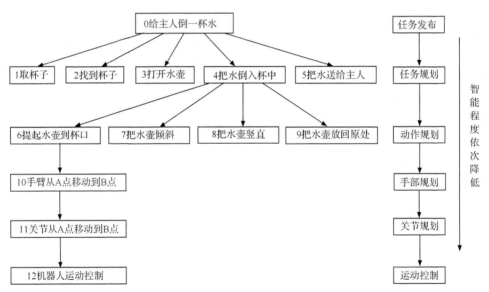

图 8-2 智能机器人的规划层次

(1) 第一步,机器人把给它的任务进行分解,把主人交代的任务 0 分解为图中 1、2、3、4、5 等若干任务。这一层次的规划称为任务规划(task planning),它完成总体任务的分解。

(2) 第二步,再对每一个子任务进行进一步的规划,每一个子任务根据本身的情况,又有它自己的若干动作。在此,以 4 子任务为例,可以进一步分解为 6、7、8、9 等若干动作,这一层次的规划称为动作规划(motion planning),它把实现每一个子任务的过程分解为一系列具体的动作。

(3) 第三步,为了实现每一个动作,需要对机器人的操作臂末端或手部的运动轨迹进行必要的规划,即操作臂末端或手部的轨迹规划(hand trajectory planning)。

(4) 第四步,为了实现预定的运动,就要知道关节的运动规律,形成关节轨迹规划(joint trajectory planning)。

(5) 第五步,实现关节的运动控制(motion control)。

从上面的例子中可以看出,机器人的规划系统应该是分层次的,从高层的任务规划、动作规划到操作臂末端(手部)的轨迹规划和关节轨迹规划,最后是底层的运动控制。各个层次间的智能化程度是依次降低的,因此智能化程度越高,规划的层次就越多。

8.1.2 双臂空间机器人的分层递阶控制结构

为了实现合作行为,双臂机器人协作系统必须依赖于某种体系结构,这种结构定义了整个系统内每个机器人之间的相互关系和功能分配。目前,对双臂机器人协调控制系统结构乃至应用的研究很少,仅有少数文章在这方面做了探讨,大部分的研究成果只是借助于仿真来实现,而很少在实际系统上验证。其原因在于机器人商用控制器都是针对单一机器人设计的,是一种封闭结构,其局限于某一种具体任务,它们不适用于机器人的研究工作,更没有一种机器人控制器能满足双臂机器人协调作业、通信、复杂的传感器信息处理及动态编程等需要。因此,研究和开发这样一种控制系统已成为机器人控制研究中迫切需要解决的问题之一。

8.1.2.1 双臂空间机器人系统结构

双臂机器人控制系统的结构主要有三类:集中控制、分散控制和集散控制[3,4]。

1) 集中控制

即在双臂机器人系统中用一台控制器同时控制两个机器人,这也是目前多数国内外研究机构在实现双机器人控制时所采用的方式。在这种控制结构中,可以将双臂机器人看成一个系统,对各个关节的运动进行统一规划、集中控制,这要求主 CPU 有足够强的计算能力,以应付大量的在线计算。但是,由于这种结构形成的系统具有较强的刚性,缺乏灵活性,并产生计算上的瓶颈问题。在实际的双臂机器人协调系统中,机器人控制器既要解决规划、控制、协调问题,又要处理来自各种外部传感器的信息等,所以瓶颈问题尤为突出,在某些情况下甚至是不可行的。加之工业机器人商用控制器都是对单机器人而言的,采用集中控制实现双臂协调在资源上也是一个很大的浪费。

因此,集中控制方式适用于少量机器人的紧耦合运动控制,而在机器人数目较多,且要求系统具有结构柔性和可扩展性时,很难有实用价值。

2) 分散控制

在这种控制系统中没有类似集中控制那样的主计算机,系统中的各个机器人可以并行地完成各自的子任务,并利用通信实现相互之间的信息交流。分散控制具有较大的灵活性和可扩展性,能实现同步操作和并行处理。然而,该控制结构在执行需要协调程度较高的任务时(如共同搬运一刚体且保持其姿态不变),由于机器人通信之间的延时,用分散控制很难完成,尤其是使用商品化机器人系统时更是如此。

3) 集散控制

当集中控制和分散控制皆不能满足机器人协调系统的要求时,设计一种控制结构,使其既具有集中控制和分散控制的特点,又能较好地利用现有资源,成为解决问题的方法。集散控制就是对机器人系统进行集中规划、管理,然后分散处理、控制和执行,从而解决了分散控制对"紧协调"的滞后和集中控制的瓶颈问题,同时,合理的分散度也使危险分散,增加了系统的安全度。

8.1.2.2 分层递阶控制结构

本书所研究的对象是由日本三菱公司的 PA10 机器人和德国 Amtec 公司的 Module 机器人组成的异构冗余度双臂机器人系统。要实现双臂间的协调控制,需要有高层的规划、仿真,中层的协调、控制及复杂的传感器信息处理,低层的执行等。但是,和目前其他商品化的机器人一样,这两类机器人主要是针对机器人的单独应用而设计的,其控制系统缺少协作控制机制。它们缺乏对外通信和管理的能力,缺乏与其他机器人共享信息、资源和对复杂环境的适应能力。因此,很难直接利用现有的机器人系统进行协调控制。鉴于此,在开展双臂机器人协调作业研究之前,必须对原有的控制系统进行必要的改进和扩展。本章采用集散控制理论,建立了一个四级的双臂机器人分层递阶控制结构,如图 8-3 所示[3,5]。在结构上采取多级递阶分布式结构,这也正与双臂机器人协调系统本身所固有的特点相吻合。

第一层为任务规划层:该层负责任务的建模和输入,并根据知识和规则将任务进行规划、分解,形成独立于机器人之外的操作序列,是为任务规划。同时,基于操作序列,根据机器人能力、环境和机器人本体等相关的知识和规则,将操作序列转化为面向机器人的作业命令序列,然后将作业命令序列传给运动控制层。在生成面向机器人的作业命令序列时,需要考虑机器人的协调问题、机器人的避碰问题

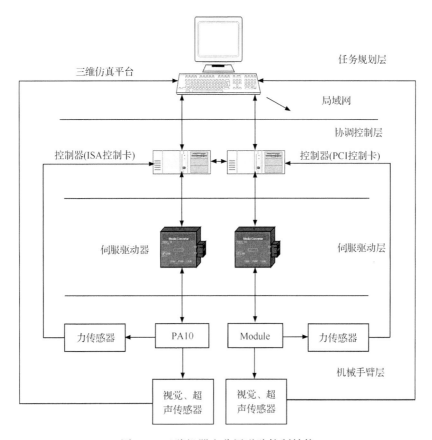

图 8-3　双臂机器人分层递阶控制结构

等。避碰问题包括环境物体可能构成机器人的障碍物和机器人在作业时可能互为障碍物等情况,是为路径规划。

因此,在该层我们开发了一个冗余度双臂机器人三维动态仿真平台。在该环境下,可进行双臂机器人协调作业的离线编程和仿真,以及无碰撞路径规划,该层通过局域网与下层相连。

第二层为协调控制层:它实现双臂机器人的协调控制,并对部分传感器信息进行处理。该层由两台华硕工控机组成,内装有 ISA(MHID6780)和 PCI(IXXAT IPC-I320)运动控制卡,它既可以接受来自上层的命令或指令,对机器人进行控制,也可以在该层独立编程,实现对机器人控制。

第三层为伺服驱动层:该层实现机器人的高精度伺服控制,主要负责机器人各个关节的伺服控制,位置闭环、过速保护、轨迹平滑等皆由该层完成。

第四层为机械手臂层:该层由 PA10 机器人、Module 机器人、二指夹持器及其各种外部传感器等构成。

8.2 双臂空间机器人的协调控制方法

8.2.1 主要协调控制方法分类

双臂空间机器人协调控制的方法主要有纯位置控制、主从控制、力/位混合控制[6]、阻抗控制以及智能控制[7]，下面将分别进行介绍这些控制方法的特点。

1. 纯位置控制

根据双臂机器人协调运动学方程，理论上就可实现机器人的协调控制。因为这种控制仅依靠机器人的运动学模型，没有考虑机器人协调作业中各种力的作用，所以称为位置控制。这种纯粹的位置控制方法在理论上是可行的。但在实际应用中，只有当机器人闭链系统中的柔性比较大时方可实现，即允许有较大协调误差。有些应用就在机器人的末端装上柔性手腕(RCC)，以降低系统的刚性。事实上，在机器人运动过程中，由于机器人本身的几何误差，在一个刚性系统内，这些误差将影响机器人系统的品质，并产生很大的扭力，导致机器人系统损坏，因此需要有力的检测元件。此外，下列因素也需要考虑力的影响：

（1）在某些情况下，需要在被操作体上施加一定的力，如双机器人靠压力搬运一物体。

（2）在装配作业中，需要控制装配件的接触力。

（3）在一些协调作业中，也只有靠力来检测被抓物体有没有滑动，两手爪间是否有扭力存在等。

基于上述各种因素，又发展了一种双机器人的主从协调控制方式。

2. 主从控制方式

主从控制方式是讨论的比较多的一种协调控制方式，许多学者[8,9]在这方面进行了研究，已取得了一批实验结果，该方法的主要思想是：

（1）把双臂机器人中的一个定义为主臂(leader)，另一个为从臂(follower)，主臂的轨迹预先指定，或从指定的被操作体(object)的轨迹中求得。

（2）从臂则被要求在被操作体上施加一定的力，这些力用来承担被操作体的重量或用来满足施加在被操作体上的某些约束。

在主从控制方式中，只有位置信息被送到主臂，而从臂则只用测量到的力来控制。通常情况下是机器人的腕部装有一个力传感器。该方法的原理图如图8-4所示。

如图可知，从臂可根据力传感器的反馈量，在各个方向上跟踪主手的运动。与位置控制方法相比，主从控制方法不需由运动约束关系来计算从臂的轨迹。主从运动轨迹的改变，通过被操作体作用到从臂上，产生力的变化，由力传感器反馈回

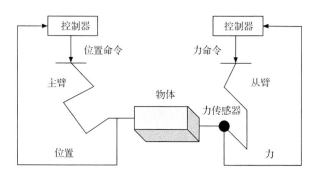

图 8-4　主从控制原理图

去,从而引起从臂的运动变化。也就是说,主臂的位置信息通过被操作体传递到从臂,故主从控制方式不适宜于柔性体或具有自由度的被操作体。

此外,主从控制方式还存在下述问题:

(1) 从臂为了跟踪主臂,必须具备快速响应,但是从臂是通过被操作体由力传感器感知主臂位置变化的,为了确保快速响应,要求整个系统的阻抗必须很大,即闭链的刚性要很大。然而,当阻抗很大时,力控制存在稳定性问题。

(2) 主臂和从臂的命令似乎是解耦的,即相互独立的。但事实上,二者是相关的。为了解决这个问题,需在主臂控制中引入力的前馈控制,但这样使控制系统变得相当复杂。

(3) 由于从臂跟踪精度受其响应速度的影响,特别是当主臂突然加减速度改变其运动方向时,从臂的跟踪只能变得很坏。

因此有些学者在从臂中也引入位置控制,用力传感器进行小范围的修正,其效果比原来大为改观。图 8-5 给出了它的控制原理图。

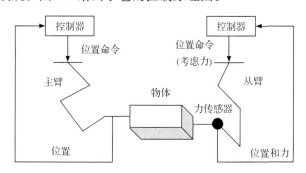

图 8-5　改进后的主从控制原理图

Hayati 等[10]还提出了一种广义的主从控制方法,如图 8-6 所示。其基本思想是:主从臂皆采用力与位置的混合控制,公共坐标系定在被操作物体上。在该坐标系下,每个臂都被定义为力或位置的控制分量,它对应两个互补子空间,一个是位

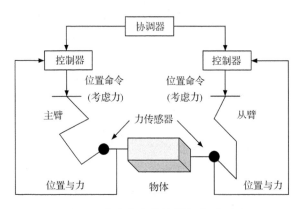

图 8-6 广义的主从控制方式原理图

置控制,另一个则是力控制。两臂的轨迹由被操作物体的轨迹导出。此外,在各臂中又加入了一个力反馈环,两臂的位置控制确保机器人协调作业的基本任务,如被操作物体的移动等,而力的控制则保证机器人在协调运动中的一些约束关系的满足。

前面我们讨论了主从控制的各种形式,但无论哪种形式,都存在着两臂控制命令的耦合问题。其主要原因在于被操作物体虽只有一个,但为了实现被操作物体运动而采用双机器人分别独立控制的方法,由此造成了这种不可调和的矛盾。

3. 基于力/位混合的控制方式

为了改善主从控制方式的不足,又出现了一种新的控制方式——基于力与位置混合的协调控制。该方式对双臂机器人协调系统描述形式进行了改变,即双臂机器人在协调作用中所扮演的角色不再有主从之分,而是起着相同的作用。此外,双臂机器人不再使用独立的控制器,而是用同一个控制器进行控制,Dauchez[11]、Ramadorai[12]、Hu[13]等许多学者对此进行了深入研究。图 8-7 是它的原理图,图 8-8 则给出了双臂机器人力与位置混合控制的框图。

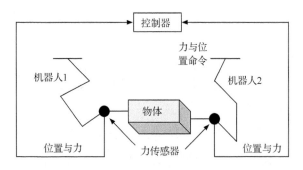

图 8-7 基于力与位置混合的协调控制原理图

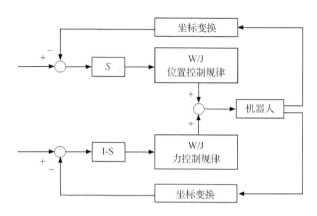

图 8-8 机器人协调力与位置混合控制框图

期望的位置则包括机器人末端执行器在参考坐标系中的位置与方位；而期望力则对应机器人末端执行器作用在环境上的力与力矩。当然，若机器人在空间中自由运动，它不作用在环境上任何力；相反，若机器人完全地锁住，则它不能做任何运动。这是机器人协调中的两种极端情况。通常是由这两种极端情况再加上一些中间的情况，与此相对应，控制方式的选取则依赖于选择矩阵 S。

选择矩阵 S 是一个对角阵，其元素为 1 或 0。因为 I-S 对应力伺服环，所以若 S 的某元素为 1，则 I-S 中的该元素为 0，反之亦然。在空间坐标系中，分别选定位置控制方向和力控制方向，力和位置控制不能同时作用在一个方向上。而转换到关节空间中，则两个控制规律叠加到一起并送到机器人的驱动器上，从而实现力与位置的混合控制。

但是，该方法计算复杂，必须根据精确的环境约束方程来实时确定雅可比矩阵，并计算其坐标系，要实时地用反映任务要求的选择矩阵来决定力和位置的控制方向。因此，力和位置混合控制理论明确但付诸实施难。

4. 阻抗控制

阻抗控制的特点是不直接控制机器人与环境的作用力，而是根据机器人端部的位置（或速度）和作用力之间的关系，通过调整反馈位置误差（Schneider[14]）、速度误差或刚度（Bonitz[15,16]）来达到控制力的目的。阻抗控制方式实现力跟踪的困难在于需要对接触环境信息有精确的了解。因此，要解决这个困境，就要减少甚至取消对环境知识的依赖。当被控对象参数未知，或者由于环境参数发生较大变化时，应采用有效的控制方法使阻抗控制器具有对环境的适应能力。

5. 智能控制

上述控制策略都存在一个共同建模的难题，就机器人本身来讲，时变、强耦合以及不确定性给机器人控制带来了困难，再加上反馈的输入，更增加了建模的难度。从现有的研究成果来看,上述各种控制策略各有优缺点,但大多处于理论探索和仿真阶段,无法寻找一种策略彻底解决机器人力控制问题。另外机器人研究已进入智能化阶段,决定了机器人智能力控制策略出现的必然性。因此,提高双臂协调运动控制的智能化程度将是大势所趋,双臂协调的智能控制方法便应运而生了。许多学者对此进行了深入探索和研究,取得了许多可喜的成果。双臂协调的智能控制方法一般是在上述几种控制方式的基础上,采用一些智能控制方法,如基于事件控制(Xi[17])、神经网络控制(Connolly[18])、模糊控制(蔡自兴[19])、遗传算法(Gao[20])等进行改进而得到的。

8.2.2 基于主从式双臂的力/位混合控制方法

在我们研究的冗余度双臂机器人实验系统上,提出了一种力与位置的混合控制方法。每个机器人末端都安装了一个六维腕力传感器,采用一种混合控制方式,即两臂的工作方式仍采用主从方式,主臂用位置控制,从臂用力与位置混合控制,从臂在每个周期内都可得到主臂的位置与姿态,且两臂具有通信及数据传输等功能。主从控制方式有较大的滞后,速度快时该现象尤为明显;纯位置控制方式所产生的扭力非常大,在某些条件下甚至是不可行的,力反馈只能补偿缓慢变化的力,对快速变化的力,尤其是在加速度非常大的情况下,力补偿效果不明显。为了克服主从工作方式中从臂的滞后问题,我们研究了一种递推算法(见 3.4.1 节直线姿态位置插补),它可以很好地加以补偿。递推补偿的基本思想是将由主臂得到的位置和方位信息向前预先估计一个值,使得从臂利用这种数据进行逆运动学求解,并驱动机器人运动时与主臂在效果上同步,从而解决主从方式的滞后问题。递推补偿可较好地提高从臂的跟踪精度,改善系统的品质。单纯的递推补偿对控制效果并没有太大的改善,若与力修正结合在一起,则效果有明显的改善。

从臂的力与位置的混合控制的基本思想是:位置控制的实现是通过在每个周期内读取主臂的位置与方位,经过协调运动的约束关系实时导出从臂所应达到的位置与方位。力控制则是由从臂的六维力传感器实时检测,因各种因素所产生的力或力矩通过一系列控制规则将力或力矩信息转化为对机器人位姿的修正值,实现对位姿的修正,是一种"力环包容位置环"的控制结构。而主臂的力传感器主要是负责负载的平衡及监控双臂机器人的工作状态,起保护作用。其从臂力/位混合控制结构如图 8-9 所示。

由于对机器人的传统力控制方法一般与机器人的动力学相联系,而这种方式要计算双臂协调运动的动力学方程,改变机器人的控制器,这对于自己开发且自由度数少的机器人尚可,但对于自由度数多且商品化的机器人来说无异于是难上加难,既复杂又难以应用于实际。因此该方法的好处在于:把力控制回路置于位置控制器的外层,力控制器的输出作为位置控制器的输入,力控制作用是通过位置控制

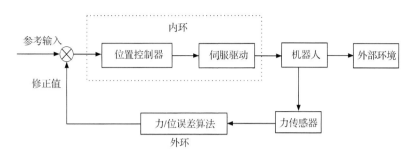

图 8-9 力环包容位置环的控制结构

实现的[21]。这种控制结构简单,不用改变机器人的控制器,容易在现有的位置控制器基础上实现,并且控制效果明显。

下面就对从臂将力或力矩信息转化为机器人位姿修正信息的控制规则进行详细介绍。

8.2.2.1 基于模糊控制的力控制方式

机器人在执行装配、抛光等任务时,其末端操纵器与外界工作环境因发生接触而产生相互作用力,而这种接触力有可能会损坏工件或机械手本身,致使任务无法进行。因此,在控制机器人进行作业时,不仅要控制机器人的位置,而且还要对力进行控制[19]。目前机器人力控制策略可分为以下四类:阻抗控制策略、力/位混合控制策略、自适应控制策略和智能控制策略。前三种控制策略存在着一个共同建模的难题。就机器人本身来讲,时变、强耦合以及不确定性给机器人的控制带来了困难,再加上反馈的输入,更增加了机器人建模的难度。从现有的研究成果来看,上述三种策略各有优缺点,但大多处于理论探索和仿真阶段,无法寻找一种策略彻底解决机器人力控制问题。Yun[22]研究了双臂靠推力操作的动力学模型和协调控制,这种任务需要被抓持物体的运动规划和相互作用力的瞬时控制。作用力的控制需要确保被操作物体不会掉落和因受力过大而被压坏,这种方法需要计算动力学,比较复杂。另外机器人研究已进入智能化阶段,决定了机器人智能力控制策略出现的必然性[23]。具有代表性的研究是:Connolly 等[18]将多层前向神经网络用于力/位混合控制,根据检测到的力和位置,由神经网络计算选择矩阵和人为约束,并进行了插孔实验;Xu 等[24]提出了主动柔顺和被动柔顺相结合的观点,研制了相应的机械腕,采用模糊控制的方法实施插孔;Lin[25]进行了双臂工业机器人基于位置的模糊力控制,该双臂机器人只有一个臂装有腕力传感器,通过模糊控制对阻抗参数进行辨识,把测得的接触力通过阻抗控制转变为机器人位置控制器的修正值。这与本节提出的方法极其相似,但是该方法需要预先知道机器人和环境的模型参数。从研究成果来看,智能控制仍处于起步阶段,尚未形成独立的控制策略，仅仅将智能控制原理如模糊控制理论和神经网络理论对以往研究中无法解决的难题进行新的尝试，仍具有一定的局限性。

本节针对PA10冗余度机器人，利用阻抗控制策略不改变机器人位置控制的特点，根据机器人末端的位置（或速度）和末端作用力之间的关系，通过调整反馈位置误差、速度误差或刚度来控制力的优点，引入模糊集理论模拟人的力感知信息，提出了一种利用模糊控制理论与阻抗控制策略相结合对机器人进行力控制的方法，对PA10机器人所受到的接触力进行了控制[26]。仿真和实验表明，该方法可以有效地控制接触力和位置，在机器人力控制方面是一个很好的尝试。

1. 系统组成

1）系统硬件结构

如图8-10所示，系统主要由控制计算机、力控制器、机器人控制器、PA10机器人和六维力/力矩传感器五个部分组成。

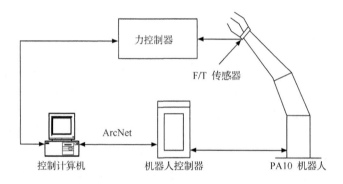

图8-10　系统硬件结构

其中，控制计算机既可以接受来自上层的命令或指令，对机器人进行控制，也可以在该层独立编程，实现对单机器人控制或协调控制。控制计算机内装有ISA（MHI-D6780）运动控制卡，它主要计算与机器人末端位姿相应的每个关节的速度命令值。机器人控制器实现对PA10机器人的伺服，通过ArcNet接收控制计算机发送来的控制命令，将机器人控制到某一个确定的位姿。PA10机器人是日本三菱公司生产的一种七自由度冗余机器人，它提供了一个动态链接库，可以在VC++环境下对机器人进行编程控制。六维腕力传感器购自美国ATI公司，它主要由变送器和数据处理器组成。其中，变送器由六个低噪声石英应变桥和信号预处理部分组成，具有较高的测试精度。该传感器通过ISA F/T控制卡完成数据的处理，由于采用了DSP和ISA总线构架，所以它具有较高的处理速度。腕力传感器可以实时采集机器人末端所受的力和力矩，为机器人力控制提供了可靠的信息。腕力传感器及其原理如图8-11所示。

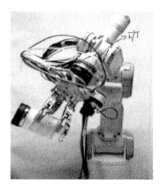 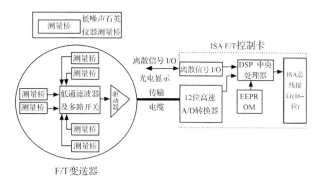

(a) 六维腕力传感器及其安装　　　　　(b) 六维腕力传感器原理图

图 8-11　腕力传感器及其原理图

2) 力控制系统结构

力控制系统结构[27]如图 8-12 所示。

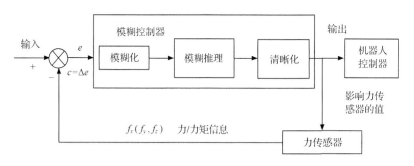

图 8-12　力控制系统结构

采用模糊控制理论,根据六维腕力传感器的实时信号,选择合适的模糊控制策略,计算出 PA10 机器人的位置补偿值。同时,将该位置值发送到机器人控制器给予实现,从而影响力传感器的实时信号,使之达到期望的力值:

① 输入信号:期望的力信息,f_{x0} 或 f_{y0} 或 f_{z0};
② 反馈信号:由力传感器实测的力信息,f_x 或 f_y 或 f_z;
③ 输出信号:对 PA10 机器人位置的修正值。

力信息有 f_x、f_y、f_z 三个方向,可以为每个方向上的力设置一个模糊控制器,如图 8-12 中线框内所示。控制器将力传感器输出力信号的误差及误差的变化作为输入量,并对其进行模糊化,根据控制规则计算出输出量的模糊集合,然后将其进行清晰化计算得到输出量的清晰值,最后经过尺度变换得到实际的控制量。如果需要也可以对力矩进行控制。

2. 力控制器设计[28,29]

1) 输入的模糊化

对于实际的输入量,首先需要进行尺度变换,将其变换到要求的论域范围。变换的方法可以是线性的,也可以是非线性的。

例如,若实际的输入量为 x_0^*,其变化范围为 $[x_{\min}^*, x_{\max}^*]$,要求的论域为 $[x_{\min}, x_{\max}]$,且采用线性变换,则

$$x_0 = (x_{\min} + x_{\max})/2 + k(x_0^* - (x_{\max}^* + x_{\min}^*)/2) \tag{8-1}$$

$$k = (x_{\max} - x_{\min})/(x_{\max}^* - x_{\min}^*) \tag{8-2}$$

其中,k 为比例因子。

在该实验中,为了保证机器人在装配过程中的安全性,我们为每个方向的受力设定一个范围,分别为:$f_x \in [-5,5]$ N,$f_x \in [-5,5]$ N,$f_z \in [-10,10]$ N。以 f_x 方向受力为例,f_y、f_z 的分析与其相似。设定 f_x 的离散论域范围为 $[-6,6]$;偏差 e 和偏差 e 的变化 c 的变化范围分别是:$e \in [-5,+5]$,$c \in [-2.5,+2.5]$;控制量 u 的变化范围为 $u \in [-2.5,+2.5]$。

2) 输入输出的模糊分割

模糊分割是要确定对于每个语言变量取值的模糊语言名称个数。模糊分割的个数决定了模糊控制精细化的程度,也决定了模糊规则的个数。模糊分割数越多,控制规则数也越多,因此模糊分割不可太细,否则需要确定太多的控制规则,这也是很困难的一件事。当然,模糊分割数太小将导致控制太粗略,难以对控制性能进行精心调整。目前,尚没有一个确定模糊分割数的指导性方法和步骤,它仍主要依靠经验和试凑。

在本书中,将偏差 e、偏差 e 的变化 c 和控制量 u 分别变换到离散论域,即

$$X' = \{-6,-5,-4,-3,-2,-1,-0,+0,1,2,3,4,5,6\}$$
$$Y' = \{-6,-5,-4,-3,-2,-1,0,1,2,3,4,5,6\}$$
$$Z' = \{-6,-5,-4,-3,-2,-1,0,1,2,3,4,5,6\}$$

则可分别得到离散论域上的 e^*、c^* 和 u^*。

对 e^* 定义八个模糊集合 $E_1, E_2, \cdots, E_8$,分别代表 PL(正大),PM(正中),PS(正小),PZ(正零),NZ(负零),NS(负小),NM(负中),NL(负大);对 c^* 定义七个模糊集合 $C_1, C_2, \cdots, C_7$,分别代表 PL,PM,PS,ZE,NS,NM,NL;同理,对 u^* 定义七个模糊集合 $U_1, U_2, \cdots, U_7$,分别代表 PL,PM,PS,ZE,NS,NM,NL。

3) 输入输出的模糊隶属度函数

为了表示方便,我们采用函数描述方法,对 e^*、c^* 和 u^* 的模糊集合都采用三角形隶属度函数,其隶属函数分别如图 8-13～8-15 所示。

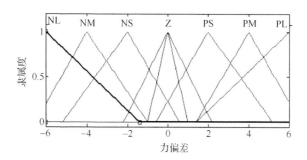

图 8-13 误差模糊集合 E_i 的隶属度函数

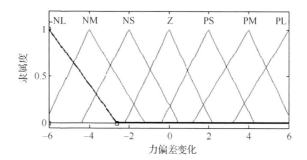

图 8-14 误差的变化模糊集合 C_j 的隶属度函数

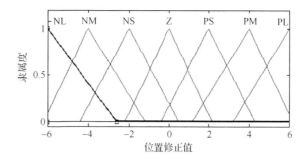

图 8-15 输出模糊集合 U_k 的隶属度函数

4) 模糊控制规则

采用常用的状态评估模糊控制规则,它具有如下的形式:

If $e^* = E_i$ and $c^* = C_j$, then $u^* = U_k$, $i = 1, 2, \cdots, 8; j = 1, 2, \cdots, 7; k = 1, 2, \cdots, 7$。

根据经验,可设计控制规则如下:

If $e^* =$ NL and $c^* =$ PL, then $u^* =$ PM;
If $e^* =$ NM and $c^* =$ PL, then $u^* =$ NM;
If $e^* =$ NS and $c^* =$ PL, then $u^* =$ NM。

将这些控制规则列成表格的形式,如表 8-1 所示。

表 8-1 控制规则表

e^* \ c^*	NL	NM	NS	NZ	PZ	PS	PM	PL
NL	NL	NL	NM	NM	NM	NS	ZE	ZE
NM	NL	NL	NM	NM	NM	NS	ZE	ZE
NS	NL	NL	NM	NS	NS	ZE	PM	PM
ZE	NL	NL	NM	ZE	ZE	PM	PL	PL
PS	NM	NM	ZE	PS	PS	PM	PL	PL
PM	ZE	ZE	PS	PM	PM	PM	PL	PL
PL	ZE	ZE	PS	PM	PM	PM	PL	PL

5) 模糊推理

本章所设计的力控制器是两个输入、一个输出的模糊控制器,由表 8-1 可知:

(1) 对于第 i 条规则,如果 e^* 是 E_i 且 c^* 是 C_i,则 u^* 是 U_i,这种模糊蕴含关系可表示为

$$R_i = (E_i \text{and} C_i) \to U_i \tag{8-3}$$

所有 n 条模糊控制规则的总模糊蕴含关系为

$$R = \bigcup_{i=1}^{n} R_i \tag{8-4}$$

(2) 对于不同的 e^* 和 c^* 值,根据模糊控制规则进行模糊推理,可以得到输出模糊量(用模糊集合 U' 表示)为

$$U' = (E' \text{and} C') \circ R \tag{8-5}$$

以上各式中,"and"运算采用求交(取小)的方法,合成运算"∘"采用最大-最小的方法,蕴含运算"→"采用求交的方法。

用同样的方法,对每对输入 e^* 和 c^* 求出相应的输出 u^*,最后可得出全部的 U'。

6) 清晰化计算

以上通过模糊推理得到的是模糊量,而对于实际的控制必须为清晰量,因此需要将模糊量转换成清晰量,这就是清晰化计算所要完成的任务。本章我们采用加权平均法。对于离散论域,计算公式为

$$z_0 = \mathrm{d}f(u^*) = \sum_{I=1}^{n} u^* \mu_{U'}(u^*) / \sum_{I=1}^{n} \mu_{U'}(u^*) \tag{8-6}$$

在模糊控制系统运行时,控制器需要进行模糊化、模糊推理和逆模糊化等运算,按上述过程在线运算时,需要很长时间。因此,可以通过离线计算产生一个模糊控制总表如表 8-2 所示。表中第一行表示误差 e^* 的离散论域,第一列表示误差

第 8 章 冗余度双臂空间机器人的协调控制

的变化 c^* 的离散论域。

表 8-2 模糊控制规则总表

	−6	−5	−4	−3	−2	−1	0	1	2	3	4	5	6
−6	−4.91	−4.71	−4.34	−4.06	−3.90	−3.8	−3.36	−2.85	−1.76	−1.12	−0.81	−0.21	0
−5	−4.82	−4.64	−4.2	−4.05	−3.85	−3.75	−3.31	−2.78	−1.72	−1.12	−0.84	−0.25	0
−4	−4.90	−4.68	−4.31	−4.05	−3.65	−3.38	−2.96	−2.49	−0.69	−0.23	0.10	0.76	0.88
−3	−4.79	−4.64	−4.18	−4.05	−3.63	−2.93	−2.48	1.94	−0.22	0.82	1.08	1.80	1.96
−2	−4.90	−4.68	−4.31	−4.05	−3.41	−2.74	−1.56	−1.14	−0.18	1.27	1.66	2.36	2.66
−1	−4.76	−4.58	−4.16	−4.02	−3.28	−2.08	−0.46	0.81	1.63	2.22	2.50	3.53	3.82
0	−4.58	−3.96	−3.4	−3.30	−2.75	−1.68	0	1.56	2.58	3.12	3.18	3.90	4.54
1	−3.95	−3.53	−2.52	−2.23	−1.74	−0.86	0.41	2.06	3.37	4.02	4.02	4.69	4.82
2	−2.64	−2.35	−1.72	−1.35	−0.52	1.13	1.53	2.77	3.37	4.02	2.25	4.78	5.11
3	−1.94	−1.80	−1.12	−0.82	−0.14	2.01	2.50	2.96	3.56	4.02	4.10	4.82	5.01
4	−0.80	−0.62	0.02	0.34	0.76	2.58	3.02	3.47	3.62	4.02	4.26	4.84	5.11
5	0	0.24	0.84	1.04	1.56	2.88	3.31	3.70	3.80	4.02	4.17	4.83	5.00
6	0	0.20	0.75	1.02	1.50	2.76	3.39	3.77	3.82	4.02	4.31	4.86	5.11

为了更直观地表示输入输出之间的关系,我们可以得到模糊推理输入输出关系曲面图和它们的模糊推理关系图,如图 8-16 和图 8-17 所示。图 8-17 中表示了当 $e^* = -1.65$ 和 $c^* = 2.24$ 时,$z_0 = 0.261$ 的情况。拖动图中两输入线可以得到不同输入对时的输出清晰值。

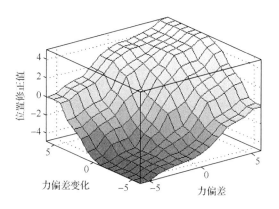

图 8-16 模糊推理输入输出关系曲面

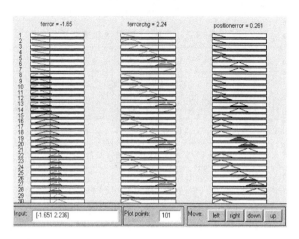

图 8-17 模糊推理关系

7) 实际控制

在求得清晰值 z_0 后,还需经尺度变换为实际的控制量。变换的方法可以是线性的,也可以是非线性的。若 z_0 的变换范围为 $[z_{min}, z_{max}]$,实际控制量的变换范围为 $[u_{min}, u_{max}]$,采用线性变换,则

$$u_t = (u_{max} + u_{min})/2 + k(u_0 - (z_{max} + z_{min})/2) \tag{8-7}$$

$$k = (u_{max} - u_{min})/(z_{max} - z_{min}) \tag{8-8}$$

其中,k 为比例因子。

在实时控制时,控制器得到 e_t 和 c_t,并将其变换成离散量 e_t^* 和 c_t^*,从控制总表查得相应的控制信号 u_t^* 的清晰值,再对清晰值做适当的尺度变换,即可得到实际控制信号输出 u_t。将 u_t 加到机器人控制器上,对机械手进行偏差补偿,控制机械手到达某一确定位置,从而影响力传感器的信号,使之达到期望值。

3. 仿真与实验

我们采用功能强大的数学软件 Matlab6.1 进行实验仿真。书中模糊集合的隶属度函数图、模糊推理输入输出关系曲面图、模糊推理关系等都是由 Matlab6.1 进行仿真得到的。实验程序采用 VisualC++6.0 编制,六维腕力传感器提供了一个 ActiveX 控件,可以利用该控件的 NewData 事件,实时采集力传感器所测得的受力信息。此外,利用该控件的 EventRate 属性,我们设定力传感器的采样周期为 0.1s。软件控制界面如图 8-18 所示。

在机器人运动过程中,单击 Start 按钮后,开始采集受力信息,机器人末端所受到的力可实时在控制界面上显示。同时力控制器进行模糊推理计算,不断调整机器人末端的位置以使机器人顺利完成装配实验。当单击 Stop 按钮后,停止采集和运算。再单击 Collect 按钮,可把力误差和力误差的变化数值保存到两个文本文件中,以便查看。

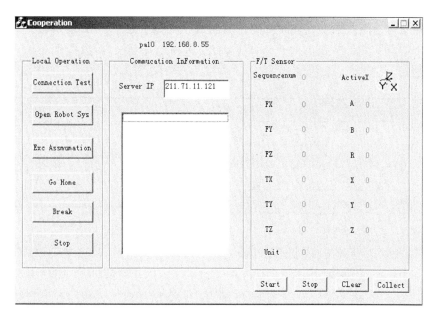

图 8-18　软件控制界面

为了验证该方法的有效性,我们进行了机器人抓持工件进行装配的实验。装配过程为 3s,如图 8-19 和图 8-20 所示。由于三指灵巧手抓持的不稳定性和机器人关节控制电机的转动,又由于力传感器的灵敏度比较高,因此在机器人抓持工件进行装配时,即使工件与孔壁有稍微接触甚至不接触,力传感器也能测出各个方向的微小受力误差。所以,我们认为力传感器所测得力的偏差在一定范围内是被允许的,不影响工件装配的进行。我们设定受力偏差的允许范围是[-0.6,+0.6]N,当超出这个范围时,才进行力模糊控制。

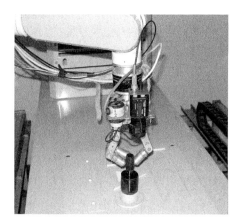

图 8-19　抓持工件对准

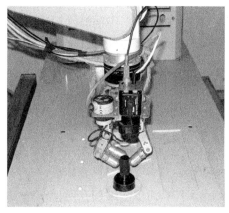

图 8-20　抓持工件装配

图 8-21 和图 8-22 分别是实验中力传感器 X 轴方向力误差随时间变化的曲线和 X 轴方向力误差的变化随时间变化的曲线。从图中可以看出,当力偏差超出允许范围时,力控制器立即对其进行调整,使其达到允许范围内,以保证工件装配的顺利进行。

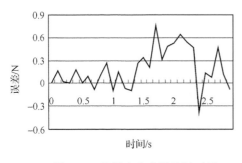

图 8-21　X 轴方向力误差随时间变化的曲线　　图 8-22　X 轴方向力误差的变化随时间变化的曲线

对 PA10 机器人进行控制的实验结果表明,本书提出的模糊力控制方法是有效的,可以将机器人末端所受到的力控制到某一范围之内。机器人力控制对系统的实时性要求很高,所以六维腕力传感器的准确度及其反应时间、力控制系统的控制时间以及信号的传输时间等都会影响到实验的结果。因此,尽可能地缩短各个子系统的时间,使系统更为实时、可靠地跟踪期望力[27]。

8.2.2.2　基于遗传算法的模糊力控制方式

1. 模糊控制规则的遗传优化

模糊控制规则对模糊控制算法的实现起着至关重要的作用,它的获得一般是基于专家知识或经验的,但是对于不同的控制对象,专家的知识和经验只能起到一个指导性作用,控制规则也应随被控对象的变化而变化,应通过一定的寻优方法来获得与被控对象最匹配的规则。遗传算法是模拟自然进化中优胜劣汰、适者生存的原理来进行自学习和寻优的,它特别适合于模糊系统规则的优化。

1)初始种群的生成

(1)输入输出模糊空间划分及隶属度函数。

在本书中,将偏差 e、偏差 e 的变化 c 以及输出 u 都变换到论域 $[-3,3]$,对论域上的 e^*、c^* 和 u^* 定义模糊分割如下:

① 对 e^* 和 c^* 都定义七个模糊集合,分别代表(NB,NM,NS,ZE,PS,PM,PB);

② 对 u^* 定义八个模糊集合,分别代表(NB,NM,NS,NE,PE,PS,PM,PB)。

为了计算简单和编程方便,所有的隶属度函数均用表格的形式表示,e^* 和 c^* 的隶属度函数一样,如表 8-3 所示;表 8-4 则表示的是 u^* 的隶属度函数。

表 8-3 输入 e^* 和 c^* 的隶属度函数

X', Y' 语言值	−3	−2	−1	0	1	2	3
NB	1	0.3	0	0	0	0	0
NM	0.3	1	0.3	0	0	0	0
NS	0	0.3	1	0.3	0	0	0
ZE	0	0	0.3	1	0.3	0	0
PS	0	0	0	0.3	1	0.3	0
PM	0	0	0	0	0.3	1	0.3
PB	0	0	0	0	0	0.3	1

表 8-4 输出 u^* 的隶属度函数

Z' 语言值	−3	−2	−1	0	1	2	3
NB	1	0.3	0	0	0	0	0
NM	0.3	1	0.3	0	0	0	0
NS	0	0.3	1	0.3	0	0	0
NE	0	0	0.3	1	0	0	0
PE	0	0	0	1	0.3	0	0
PS	0	0	0	0.3	1	0.3	0
PM	0	0	0	0	0.3	1	0.3
PB	0	0	0	0	0	0.3	1

此外,模糊推理中的"and"运算采用求交(取小)的方法;合成运算"。"采用最大-最小方法;蕴含运算"→"采用求交的方法;采用加权平均法进行清晰化计算[30]。

(2) 编码和解码。

为保证规则的完整性和一致性,按照顺序将两输入变量值 e^* 和 c^* 固定,只对模糊控制规则表中的输出语言变量值 u^* 进行编码。输出语言变量值 u^* 共有(NB,NM,NS,NE,PE,PS,PM,PB)等八个值,在程序中可将这八个值依次表示为(0,1,2,3,4,5,6,7),形成一个控制量矩阵,即

$$\begin{bmatrix} 0 & 0 & 1 & 1 & 2 & 4 & 4 \\ 0 & 0 & 1 & 1 & 2 & 3 & 3 \\ 0 & 0 & 1 & 2 & 3 & 6 & 6 \\ 0 & 0 & 1 & 4 & 6 & 7 & 7 \\ 1 & 1 & 3 & 5 & 6 & 7 & 7 \\ 4 & 4 & 5 & 6 & 6 & 7 & 7 \\ 3 & 3 & 5 & 6 & 6 & 7 & 7 \end{bmatrix}$$

要对矩阵进行优化,首先要确定控制规则的编码法则。因为二进制编码具有搜索能力强、编码和解码比较简单、交叉和变异也容易实现的优点,所以采用二进制编码方法。同时为了便于解码,采用行优先的方法,对每个输出变量值用三位二进制码来表示。即可将(NB,NM,NS,NO,PO,PS,PM,PB)八个值依次编码为(000,001,010,011,100,101,110,111)。将上面控制量矩阵所示的模糊控制规则进行二进制编码,并依次排列组成一条147位的染色体,即

000 000 001 001 010 100 100 … 101 110 110 111

(3) 种群的确定。

初始种群的质量和数量对遗传算法计算的复杂性和能否快速收敛都有很大的影响,现在还没有成熟的理论来指导如何确定初始种群的规模。由于该问题的解空间较大,又完全没有专家经验的指导,导致遗传算法需要的搜索空间很大,所以吸取截断选择法的部分思想,采用以下初始筛选种群的方法[31,32]:

① 第一步:随机抽取 n 个 7×7 的矩阵作为控制量值的矩阵,每个矩阵中的数为 0~7 的随机整数;

② 第二步:分别计算每个个体的适应度,将这 n 个个体按适应度大小进行排序;

③ 第三步:去掉适应度差的 m 个个体,剩下的 $n-m$ 个个体作为初始种群 S,这里的种群大小取法可根据具体问题来定。

经多次实验研究发现:一般 n 和 m 分别取 100~200、20~50 的整数较好。

2) 适应度函数的确定

利用遗传算法获取规则必须解决个体评估问题,以便评价每个个体的优劣。在每一个学习周期,适应度较低的个体将被淘汰,适应度最高的个体被认为是最满意解。在模糊规则生成的问题中,对于给定的一些训练实例,如果预测输出与模糊推理系统的实际输出之间的误差越小,说明该个体的适应度越高,预测输出越接近模糊推理系统的实际输出,这样生成的模糊规则越合理。在这里,适应度的评估覆盖所有训练实例。假设给定 n 组训练数据,用 fitness 表示其适应度函数,y_d^* 表示模糊推理系统实际输出,y_d 表示其期望输出,则 fitness 可以表示成

$$\text{fitness} = \frac{1}{\sum_{d=1}^{n}(y_d^* - y_d)^2/n} \tag{8-9}$$

3) 选择操作

为了解决遗传算法在优化过程中出现成熟前收敛和陷于停滞状态,本章采用非线性排序选择机制和最佳个体保留策略[32,33]。

排序选择策略的主要思想是对群体中的所有个体按其适应度大小进行排序,基于这个排序来分配各个体被选中的概率。在具体选择个体时,按照排在前面的个体选择两份,排在中间的个体选择一份,排在后面的个体不选择,以保持群体中

总个数的不变。最佳个体保留策略的基本思想是：如果遗传算法在第 k 代具有的优质个体 $E(k)$ 优于第 $k+1$ 代具有的优质个体 $E(k+1)$，即 $E(k) > E(k+1)$，则用 $E(k)$ 取代第 $k+1$ 代群体中的最差个体。

4) 交叉和变异概率的自适应控制策略

在标准遗传算法中，交叉概率 P_c 和变异概率 P_m 在整个进化过程中是保持不变的，这是导致算法性能下降的重要原因。因此，Srinivas[34]、邝航宇[35]等提出了自适应遗传算法，使交叉概率 P_c 和变异概率 P_m 在进化过程中自适应地改变。此后的许多学者都在此基础上进行了改进，但是这些自适应控制算法都是以个体为单位来改变 P_c 和 P_m，缺乏整体的协作精神。因此，在某些情况下（如整体进化的停滞期），该算法不容易跳出局部最优解。同时，由于对每个个体都要分别计算 P_c 和 P_m，算法复杂，实现困难，也会影响程序的执行效率。

针对上述算法的缺点，本章采用一种改进的自适应控制策略[36]。根据适应度集中程度，自适应地变化整个群体的 P_c 和 P_m，并采用群体的最大适应度 $\text{fit}_{\max}$、最小适应度 $\text{fit}_{\min}$ 和平均适应度 fit_{ave} 三个变量来衡量群体适应度的集中程度。

$\text{fit}_{\min}$ 与 $\text{fit}_{\max}$ 的接近程度反映了整个群体的集中程度，二者越接近，遗传算法越可能陷于局部最优解，也就是适应度越集中。当 $\dfrac{\text{fit}_{\min}}{\text{fit}_{\max}} > a$ 时，认为个体集中，其中参数 $0 < a < 1$。参数 a 越接近于 0，该式就越容易满足，从而越容易判断为集中。fit_{ave} 与 $\text{fit}_{\max}$ 的接近程度反映了群体内部适应度的分布情况，二者越接近，表明该代中的个体越集中。当 $\dfrac{\text{fit}_{\text{ave}}}{\text{fit}_{\max}} > b$ 时，认为个体集中，其中参数 $0.5 < b < 1$。参数 b 越接近于 0.5，该式就越容易满足，从而越容易判断为集中。

当 $\dfrac{\text{fit}_{\min}}{\text{fit}_{\max}} > a$ 且 $\dfrac{\text{fit}_{\text{ave}}}{\text{fit}_{\max}} > b$ 时，判断为群体集中，此时应使 P_c 和 P_m 根据群体的集中程度自适应变化；若不满足该条件时，判断为群体分散，P_c 和 P_m 则保持最初的较小初值。如下式所示：

$$P_c = \begin{cases} P_{c0} \dfrac{1}{1 - \dfrac{\text{fit}_{\min}}{\text{fit}_{\max}}}, & \dfrac{\text{fit}_{\min}}{\text{fit}_{\max}} > a \text{ 且 } \dfrac{\text{fit}_{\text{ave}}}{\text{fit}_{\max}} > b \\ P_{c0}, & \text{其他} \end{cases} \qquad (8\text{-}10)$$

$$P_m = \begin{cases} P_{m0} \dfrac{1}{1 - \dfrac{\text{fit}_{\text{ave}}}{\text{fit}_{\max}}}, & \dfrac{\text{fit}_{\min}}{\text{fit}_{\max}} > a \text{ 且 } \dfrac{\text{fit}_{\text{ave}}}{\text{fit}_{\max}} > b \\ P_{m0}, & \text{其他} \end{cases} \qquad (8\text{-}11)$$

5) 遗传算法流程

遗传算法的整个流程如图 8-23 所示。

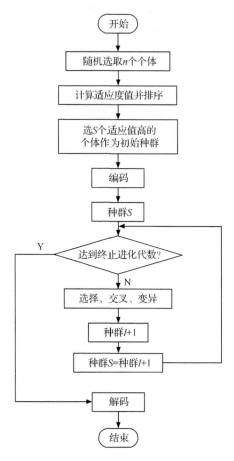

图 8-23 遗传算法流程图

2. 程序编制

1) 遗传算法程序

遗传算法程序用 VC++6.0 和 Matcom 相结合的方法进行编制,基于单文档视图,单击菜单弹出遗传算法对话框,在视图中显示相关图形。程序中定义了一个遗传算法类 Class GA,它包含以下主要成员函数:

void Initialization(int all,int remove); 初始化

double Fitness(Mm chrom); 适应度

void Selection(int number); 选择

void Crossover(double pc,int number); 交叉

void Mutation(double pm,int number); 变异

void Sort(int number); 排序

double Cross_probability(double pc); 交叉概率

double Mutate_ probability(double pm); 变异概率

Mm Recode(CString newchrom); 解码

程序界面如图 8-24 所示,通过计算可得到最优解及相应的图形显示,如图 8-25 所示。主要的控制程序清单请见附录。

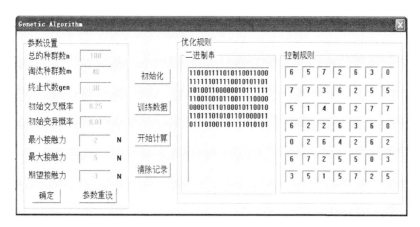

图 8-24 遗传算法对话框

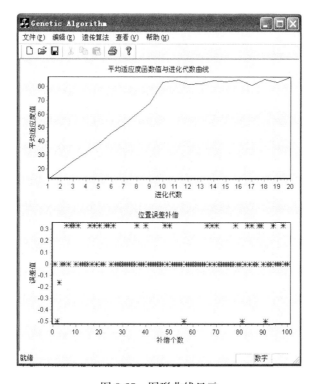

图 8-25 图形曲线显示

2) 控制程序

控制程序采用 VisualC++6.0 编制,六维腕力传感器提供了一个 ActiveX 控件,可以利用该控件的 NewData 事件实时采集力传感器所测得的受力信息。利用该控件的 EventRate 属性,设定力传感器的采样周期。在每个周期内,控制系统对力误差进行模糊力/位解算,把位置输出量作为机器人位置控制器的修正值,从而跟踪期望的接触力,PA10 机器人端的控制程序界面如图 8-26 所示。

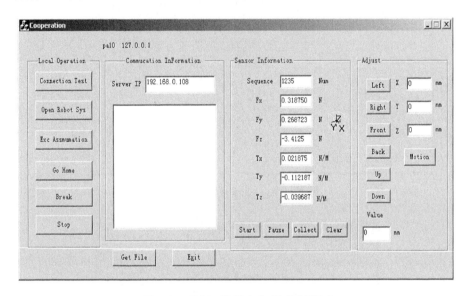

图 8-26 PA10 机器人力/位控制界面

具体的仿真和实验结果详见第 11 章双臂协调搬运箱体部分。

8.3 本章小结

本章主要分析了空间机器人的双臂协调操作的控制结构和控制方法。首先分析了机器人规划系统的结构和层次性。采用集散控制理论,建立了一个四级的双臂空间机器人分层递阶控制结构。然后总结了空间机器人双臂协调控制的一些主要的控制方法。并针对双臂协调操作过程中的受力问题,在采用力环包容位置环来对机器人位姿实现修正的控制结构的基础上,提出了基于模糊控制的机器人力/位混合控制方法以及衍生出来的基于遗传算法的模糊力/位混合控制方法。

参 考 文 献

[1] 赵兵.基于 MAS 技术的多机器人智能装配系统的任务规划[D].北京:北京工业大学,2002.
[2] 陶其铭.机器人轨迹规划的研究[D].合肥:合肥工业大学,2003.

[3] 孟庆鑫,李平,郭黎滨,等.多机器人协作技术分析及其实验系统设计[J].制造业自动化,2004,26(11):43-47.

[4] 高志军,颜国正,丁国清.多 Agent 协作环境下的任务分配[J].系统工程与电子技术,2005,27(1):134-136.

[5] 曲道奎,谈大龙,张春杰.双机器人协调控制系统[J].机器人,1991,13(3):6-11.

[6] 蒋新松.机器人学导论[M].沈阳:辽宁科学技术出版社,1994.

[7] 蒋新松.机器人与工业自动化[M].石家庄:河北教育出版社,2003.

[8] Zheng Y F, Luh J Y S. Control of two coordinated robots in motion[C]. Proceedings of the 24th IEEE Conference on Decision and Control, New York: IEEE, 1985: 1761-1765.

[9] Kopf C D, Yabuta T. Experimental comparison of master/slave and hybrid two-arm position/force control[C]. Proceedings of the IEEE International Conference on Robotics and Automation, New York: IEEE, 1989: 425-430.

[10] Hayati, Samad. Hybrid position/force control of multi-arm cooperating robots[C]. Proceedings of the IEEE International Conference on Robotics and Automation, New York, 1986: 82-89.

[11] Dauchez P, Delebarre X, Degoulange E, et al. Adaptive load sharing for hybrid controlled two cooperative manipulators[C]. Proceedings of the IEEE International Conference on Robotics and Automation, USA, 1991: 986-991.

[12] Ramadorai A K, Tarn T J, Bejczy A K. Task definition, decoupling and redundancy resolution by nonlinear feedback in multi-robot object handing[C]. Proceedings of the IEEE International Conference on Robotics and Automation, USA, 1992: 467-474.

[13] Hu Y R, Goldenberg A A. An adaptive approach to motion and force control of multiple coordinated robots[J]. ASME Journal of Dynamic Systems, Measurement, and Control, 1993, 115: 60-69.

[14] Schneider S A, Cannon R. Object impedance control for cooperative manipulation: theory and experimental results[J]. IEEE Transactions on Robotics and Automation, 1993, 8(3): 383-394.

[15] Bonitz R G, Hsia T C. Internal force-based impedance control for cooperating manipulators[J]. IEEE Transactions on Robotics and Automation, 1996, 12(1): 78-89.

[16] Bonitz R G, Hsia T C. Robust internal force-based impedance control for cooperating manipulators-theory and experiments[C]. Proceedings of the IEEE International Conference on Robotics and Automation, USA, 1996: 622-628.

[17] Xi N, Tarn T J, Bejczy A. Intelligent planning and control for multirobot coordination: an event-based approach[J]. IEEE Transactions on Robotics and Automation, 1996, 12(3): 439-452.

[18] Connolly, Thomas H, Pfeiffer F. Neural network hybrid position/force control[C]. Proceedings of the IEEE International Conference on Intelligent Robots and Systems, Piscataway, 1993: 240-244.

[19] 蔡自兴,谢光汉,伍朝晖,等.直接在位置控制机器人上实现力/位置自适应模糊控制[J].机器人,1998,20(4):297-301.

[20] Gao S, Zhao J, Cai H G. Immune genetic algorithm for the path planning of tightly coordinated two-robot manipulators[J]. Chinese Journal of Mechanical Engineering, 2004, 17(4): 481-484.

[21] 舒婷婷.操作臂机器人运动规划算法研究与实现[D].武汉:华中师范大学,2001.

[22] Yun X. Coordination of two-arm pushing[C]. Proceedings of the IEEE International Conference on Robotics and Automation, Piscataway, 1991, 1: 182-187.

[23] 殷跃红,朱剑英,尉忠信.机器人力控制研究综述[J].南京航空航天大学学报,1997,29(2):220-226.

[24] Xu Y S, Paul R P. Robotic instrumented complaint wrist[J]. Journal of Engineering for Industry, Transactions of the ASME,1992,114(1):120-123.
[25] Lin S T, Huang A K. Position-based fuzzy force control for dual industrial robots[J]. Journal of Intelligent and Robotic Systems,1997,19:393-409.
[26] 王秀俊,葛运建,肖波,等. 人工智能在机器人力控制中的应用研究[J]. 华中科技大学学报(自然科学版),2004,32(Sup):65-67.
[27] Hu Y R, Goldenberg A A. Dynamic control of multiple coordinated redundant manipulators with torque optimization[C]. Proceedings of the IEEE International Conference on Robotics and Automation,1990:1000-1005.
[28] 孙增圻. 智能控制理论与技术[M]. 北京:清华大学出版社,1997.
[29] 李国勇. 智能控制及其MATLAB实现[M]. 北京:电子工业出版社,2005.
[30] 孙增圻. 智能控制理论与技术[M]. 北京:清华大学出版社,1997.
[31] 张景元. 模糊控制规则优化方法研究[J]. 计算机工程与设计,2005,26(11):2917-2919.
[32] 雷英杰,张善文,李续武,等. MATLAB遗传算法工具箱及应用[M]. 西安:西安电子科技大学出版社,2005.
[33] 王小平,曹立明. 遗传算法-理论、应用与软件实现[M]. 西安:西安交通大学出版社,2002.
[34] Srinivas M, Patnaik L M. Adaptive probabilities of crossover and mutation in genetic algorithm[J]. IEEE Transactions on System, Man and Cybernetics,1994,24(4):656-667.
[35] 邝航宇,金晶,苏勇. 自适应遗传算法交叉变异算子的改进[J]. 计算机工程与应用,2006,12:93-96.
[36] 王蕾,沈庭芝,招杨. 一种改进的自适应遗传算法[J]. 系统工程与电子技术,2002,24(5):75-78.

附　录

遗传算法部分程序

1. 初始种群

```
void GA::Initialization(int all,int remove)
{
    initM(MATCOM_VERSION);
    for(int k = 0;k<all;k + +)
    {
        double m[7][7];
        CString gene,connect;
        Mm b;
        b = 8 * rand(7,7);
        for(int i = 0;i<7;i + +)
        {
            for(int j = 0;j<7;j + +)
```

```
            {
                m[i][j] = b.r((i+1),(j+1));
                if(m[i][j]>=7)
                    m[i][j] = 7;
                else if(m[i][j]>=6&&m[i][j]<7)
                    m[i][j] = 6;
                else if(m[i][j]>=5&&m[i][j]<6)
                    m[i][j] = 5;
                else if(m[i][j]>=4&&m[i][j]<5)
                    m[i][j] = 4;
                else if(m[i][j]>=3&&m[i][j]<4)
                    m[i][j] = 3;
                else if(m[i][j]>=2&&m[i][j]<3)
                    m[i][j] = 2;
                else if(m[i][j]>=1&&m[i][j]<2)
                    m[i][j] = 1;
                else
                    m[i][j] = 0;
            }
    }
    double rule[7][7];
    for(int p = 0;p<7;p++)
    {
        for(int q = 0;q<7;q++)
        {
            rule[p][q] = m[p][q];
            if(rule[p][q] == 7)
            gene = "111";
            else if(rule[p][q] == 6)
            gene = "110";
            else if(rule[p][q] == 5)
            gene = "101";
            else if(rule[p][q] == 4)
            gene = "100";
            else if(rule[p][q] == 3)
            gene = "011";
            else if(rule[p][q] == 2)
            gene = "010";
```

```
                else if(rule[p][q] = = 1)
                    gene = "001";
                else
                    gene = "000";
                    connect + = gene;
            }
        }
        Mm ch;
        ch = zeros(7,7);
        for(int a = 0;a<7;a + +)
        {
            for(int b = 0;b<7;b + +)
            {
                ch. r(a + 1,b + 1) = rule[a][b];
            }
        }
        chromfitness[k] = Fitness(ch);
        chromsome[k] = connect;
    }
}
```

2. 适应度计算

```
    double GA::Fitness(Mm& matrix)
    {
        ...
        //隶属度函数
    int kz[7][7];
    for(int u = 0;u<7;u + +)
    {
        for(int v = 0;v<7;v + +)
        {
            kz[u][v] = matrix. r(u + 1,v + 1);
        }
    }
    double CA[7],CB[7],C[7],RA[7][7],RB[7][7];
    int Al[7] = {0,0,0,0,0,0,0};
    int Bl[7] = {0,0,0,0,0,0,0};
    int pp[7] = { - 3, - 2, - 1,0,1,2,3};
```

```
double CC[49][7],c[7],z[7][7];
double max = 0,sum1 = 0,Jq,sum2 = 0;
int i,j,k,m,n,p,q,r,s,t = 0;
double ra = 0,rb = 0;
for(r = 0;r< = 6;r+ + ) //模糊推理过程
{
    if(r = = 0)   Al[r] = 1;
    else {Al[r - 1] = 0;Al[r] = 1;}
    for(s = 0;s< = 6;s+ + )
    {
        if(s = = 0) Bl[s] = 1;
        else {Bl[s - 1] = 0;Bl[s] = 1;}
        for(i = 0;i< = 6;i+ + )
        {
            for(j = 0;j< = 6;j+ + )
            {
                k = kz[i][j]; //确定模糊控制规则
                for(p = 0;p< = 6;p+ + )
                {
                    for(q = 0;q< = 6;q+ + )
                    {
                        if(xl[i][p]> = ul[k][q]) RA[p][q] = ul[k][q];
                        else RA[p][q] = xl[i][p];
                        if(yl[j][p]> = ul[k][q]) RB[p][q] = ul[k][q];
                        else RB[p][q] = yl[j][p];
                    }
                } //求 RA,RB
                for(m = 0;m< = 6;m+ + )
                {
                    CA[m] = RA[r][m];
                    CB[m] = RB[s][m];
                } //求 CA,CB
                for(m = 0;m< = 6;m+ + )
                {
                    if(CA[m]< = CB[m]) C[m] = CA[m];
                    else C[m] = CB[m];
                }
                for(m = 0;m< = 6;m+ + )
```

```
                {
                    CC[t][m] = C[m];
                }
                t++;
            }
        }
        t = 0;
        for(m = 0;m<= 6;m++)
        {
            for(n = 0;n<= 48;n++)
            {
                if(CC[n][m]>= max) max = CC[n][m];
                else max = max;
            }
            c[m] = max;    //求 c
            max = 0;
        }
        for(m = 0;m<= 6;m++)
        {
            sum1 += c[m] * pp[m];
            sum2 += c[m];
        }
        Jq = sum1/sum2;
        z[r][s] = Jq;    //用加权平均法求得 z
        table[r][s] = Jq;
        sum1 = sum2 = 0;
    }
}
...
```

3. 排序

```
void GA::Sort(int allgen)
{
    double temp,all_fitness = 0;
    CString temp1;
    for(int i = 0;i<allgen;i++)
    {
        for(int j = 0;j<allgen-i-1;j++)
```

```
            {
                if(newchromfitness[j]<newchromfitness[j+1])
                {
                    temp = newchromfitness[j+1];
                    temp1 = initchrom[j+1];
                    newchromfitness[j+1] = newchromfitness[j];
                    initchrom[j+1] = initchrom[j];
                    newchromfitness[j] = temp;
                    initchrom[j] = temp1;
                }
            }
        }
        maxchrom = initchrom[0];
        max_fitness = newchromfitness[0];
        min_fitness = newchromfitness[allgen-1];
        for(int m = 0;m<allgen;m++)
        {
            all_fitness+ = newchromfitness[m];
        }
        ave_fitness = all_fitness/allgen;
    }
```

4. 选择

```
    void GA::Select(int gogen)
    {
        int number,number1,number2;
        number = gogen/3; number1 = number/2; number2 = number*2;
        for(int n = 0;n<number1;n++)
        {
            temporarychrom[n] = initchrom[n+number];
        }
        for(int i = 0;i<number;i++)
        {
            initchrom[i+number] = initchrom[i];
        }
        for(int j = 0;j<number1;j++)
        {
            initchrom[j+number2] = temporarychrom[j];
```

```
                initchrom[j + number1 + number2] = temporarychrom[j];
            }
        }
5. 交叉
        void GA::Crossover(int gen_number,double cross)
        {
            double crossoverproba,random_number[60];
            cross_number = 0;
            newcross_number = 0;
            crossremain_number = 0;
            crossoverproba = CrossoverProbability(cross);
            for(int k = 0;k<gen_number;k + +)
            {
                random_number[k] = rand();
                if(random_number[k]<crossoverproba)
                {
                    cro_chromsome[cross_number] = initchrom[k];
                    int cc = initchrom[k].GetLength();
                    cross_number + +;
                }
                else
                {
                    crossremain_chromsome[crossremain_number] = initchrom[k];
                    int ff = initchrom[k].GetLength();
                    crossremain_number + +;
                }
            }
            if((cross_number % 2) = = 0)
            {
                for(int i = 0;i<cross_number;i + +)
                {
                    int quzh = int(rand() * 147);
                    if(quzh = = 0)
                    {
                        quzh = 1;
                    }
                    CString tempchrom1,tempchrom2,tempchrom3,tempchrom4;
```

```
            tempchrom1 = cro_chromsome[i].Right(147 - quzh);
            tempchrom2 = cro_chromsome[i].Left(quzh);
            tempchrom3 = cro_chromsome[i+1].Right(147 - quzh);
            tempchrom4 = cro_chromsome[i+1].Left(quzh);
            newcross_chromsome[newcross_number] = tempchrom2 + tempchrom3;
            newcross_chromsome[newcross_number + 1] = tempchrom4 + tempchrom1;
            newcross_number = newcross_number + 2;
            i = i + 1;
        }
        for(int j = 0;j<cross_number;j++)
        {
            initchrom[j] = newcross_chromsome[j];
        }
        for(int m = 0;m<crossremain_number;m++)
        {
            initchrom[m + cross_number] = crossremain_chromsome[m];
        }
    }
    else
    {
        cro_chromsome[cross_number] = crossremain_chromsome[crossremain_number-1];
        for(int i = 0;i<cross_number + 1;i++)
        {
            int quzh = int(rand() * 147);
                if(quzh = = 0)
                {
                    quzh = 1;
                }
                CString tempchrom1,tempchrom2,tempchrom3,tempchrom4;
                tempchrom1 = cro_chromsome[i].Right(147 - quzh);
                tempchrom2 = cro_chromsome[i].Left(quzh);
                tempchrom3 = cro_chromsome[i+1].Right(147 - quzh);
                tempchrom4 = cro_chromsome[i+1].Left(quzh);
                newcross_chromsome[newcross_number] = tempchrom2 + tempchrom3;
                newcross_chromsome[newcross_number + 1] = tempchrom4 + tempchrom1;
                newcross_number = newcross_number + 2;
```

```
                i = i + 1;
            }
            for(int j = 0;j<cross_number + 1;j + + )
            {
                initchrom[j] = newcross_chromsome[j];
            }
            for(int m = 0;m<crossremain_number - 1;m + + )
            {
                initchrom[m + cross_number + 1] = crossremain_chromsome[m];
            }
        }
    }
```

6. 变异

```
    void GA::Mutation(double init_mutate,int allgen)
    {
        double mutationproba; int gene;
        mutationproba = MutationProbability(init_mutate);
        gene = allgen * 147;
        double random[8820];
        for(int k = 0;k<gene;k + + )
        {
            random[k] = rand();
            if(random[k]<mutationproba)
            {
                int mynumber = int(k/147);
                int genenumber = k - mynumber * 147;
                char a;
                a = initchrom[mynumber].GetAt(genenumber);
                if(a = = '0')
                {
                    initchrom[mynumber].SetAt(genenumber,'1');
                }
                if(a = = '1')
                {
                    initchrom[mynumber].SetAt(genenumber,'0');
                }
```

```
    }
    for(int i = 0;i<allgen;i++)
    {
        int cc = initchrom[i].GetLength();
        Mm mychrom1;
        mychrom1 = zeros(7,7);
        for(int j = 0;j<7;j++)
        {
            for(int k = 0;k<7;k++)
            {
                mychrom1.r(j+1,k+1) = Recode(initchrom[i]).r(j+1,k+1);
            }
        }
        newchromfitness[i] = Fitness(mychrom1);
    }
}
```

7. 解码

```
Mm GA::Recode(CString newchrom)
{
    CString mychrom;
    double rechrom[49];
    Mm recode_chrom;
    recode_chrom = zeros(7,7);
    code = 0;
    for(int i = 0;i<145;i++)
    {
        mychrom = newchrom.Mid(i,3);
            if(mychrom == "000")
                rechrom[code] = 0;
            else if(mychrom == "001")
                rechrom[code] = 1;
            else if(mychrom == "010")
                rechrom[code] = 2;
            else if(mychrom == "011")
                rechrom[code] = 3;
            else if(mychrom == "100")
                rechrom[code] = 4;
            else if(mychrom == "101")
```

```
            rechrom[code] = 5;
        else if(mychrom = = "110")
            rechrom[code] = 6;
        else
            rechrom[code] = 7;
    code + + ;
    i = i + 2;
}
...
```

第9章　离线编程及虚拟仿真环境

机器人编程及仿真技术在机器人的研究与应用中发挥着重要的作用,已成为机器人技术向智能化发展的关键技术之一,尤其令人瞩目的是机器人离线编程(offline programming)系统。随着计算机性能的迅速提高以及可视化技术的出现,使得人们能够在三维图形中观察机器人形体的变化,并通过计算机交互对机器人进行仿真。因此,研制基于PC机的三维图形仿真系统平台已成为当前仿真技术的一种发展趋势[1,2]。

如今,OpenGL(open graphics library)已成为高性能图形和交互式视景处理的工业标准,它可以理解为图形硬件的软件接口。OpenGL是网络透明的,可以通过网络发送图形信息至远程机,也可以发送图形信息至多个显示屏幕,或者与其他系统共享处理任务[3,4]。支持OpenGL的三维图形加速卡的推出,使人们可以方便地使用OpenGL及其应用软件来建立自己的三维图形,很容易在PC机上实现实时动画仿真。

本章以冗余度双臂空间机器人实验平台为模版,在VC++环境下开发并完善了基于OpenGL的双臂机器人运动学三维图形动态仿真平台(dual-arm robot simulation system based on OpenGL,简称为OG-DARSS),该平台提供了离线编程与仿真环境、实时编程环境及友好的人机界面,并提供了强有力的对外通信及传感器信息处理能力,该平台能非常直观地检验算法的有效性和可靠性。

9.1　机器人仿真技术概述

若要通过计算机自动控制机器人产生人们所期望的动作,就必须在计算机内部建立某种模型,机器人根据这种模型对动作进行规划,并自动地生成完成这些动作的目标程序。为了达到这个目的,需要把机器人本体和机器人所在的作业环境抽象为某种模型,并且对人们所设计的机器人动作进行仿真,仿真技术在机器人设计和应用中起到重要作用。由于引入了仿真技术,在对机器人进行作业的编程系统中就能实现如下的功能[5]。

(1) 不用让机器人动作就能预先对其运动情况进行检查。
(2) 能以对话的形式对机器人运动进行示教。
(3) 能对机器人的运动进行规划,自动生成运动轨迹,使机器人自主工作。

图9-1是为了实现上述功能的编程系统框图。在支持机器人编程系统的仿真

技术中,有以下几项基础技术:为了在计算机内描述机器人和作业环境的建模技术;使用模型对机器人要完成的作业进行规划和对机器人运动轨迹进行运算的机器人运动仿真技术;把机器人的运动在图形显示器上进行显示的图形仿真技术等[6]。

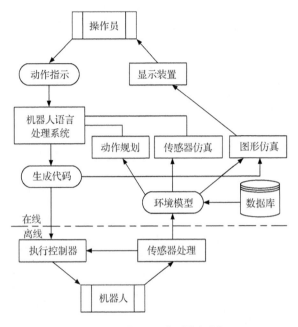

图 9-1　机器人程序系统框图

但是从现阶段仿真技术所达到的水平来看,还不可能完全真实地建立实际环境模型,通过仿真技术所建立的环境模型总是与实际环境有不同之处。此外,在建模过程中还存在由于测量误差、规划方法和传感器性能的不完善所带来的不确定因素。如何最大限度地消除这些不确定因素的影响?如何大力提高使用含有这些不确定因素环境模型的仿真系统的性能?这些都是机器人仿真技术中需要进行研究并加以解决的问题。

9.2　OG-DARSS仿真系统介绍

9.2.1　任意构形串联机器人运动学建模

OG-DARSS是在VC++环境下基于OpenGL而建立的,以北京航空航天大学机器人所的冗余度双臂空间机器人实验平台为模版。针对各种不同构型的串联机器人(单臂机器人、多臂机器人和人形机器人)进行了建模。利用面向对象的编程思想建立了一些描述机器人模型的基本类:关节类(joint)、连杆类(link)、手部末端类(hand)、基础件类(base)、机器人类(robot)等。此外,对机器人构型的基本类如关节类(joint)、连杆类(link)、手部末端类(hand)等建立了对象标示。因此,利用这些基本数据结构就可以完成对任意构型机器人的运动学建模,从而提高了程序的通用性。

图 9-2 是我们要完成自动建模的机器人的几种不同的构形。

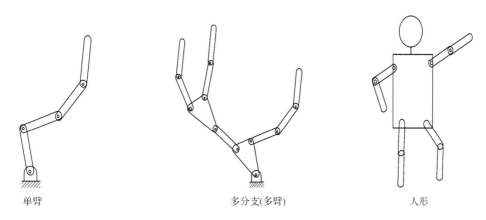

图 9-2 建模针对的各种不同构形的机器人

经过一系列研究,我们的结论是:可以认为一个杆件是由 n 个关节组成的,而关节的主要成员要素是变换矩阵。当一个杆件存在多个关节的时候这些关节存在着一些约束,比如:它们的关节类型是一致的、关节范围(最大关节变量的值减去最小关节变量的值)是一致的,等一个关节要锁定的时候,整个杆件都要锁定。

我们认为手是一个特殊的杆件:手只有一个关节,它总是出现在最末端。

还有一个类是基座,基础坐标系就建立在那里,其成员要素主要是基础坐标系在绝对坐标系中的表示矩阵。对于非移动机器人,这个矩阵是常量;对于移动机器人和人形机器人,可以认为基座是移动的,固结在一个杆件上,这个矩阵是变量。

这样,我们解决了任意形态构形的机器人的模型的抽象。由于我们的程序要解决任意自由度、任意构形的机器人的几何模型存储,所以可以认为一个机器人的数据结构如图 9-3 所示。根据这个结构就可以完成对任意构形机器人的运动学建模,提高了程序的通用性。

9.2.2 机器人三维仿真模型的建立

该平台对环境和三维几何构型采用 VC++、OpenGL、Proe、3DMax 等相结合的方法来实现,把这些软件的功能相结合,根据相关数学算法即可建立仿真度极高的三维几何构型。同时,采用 OpenGL 技术来制作动画,以完成仿真功能。系

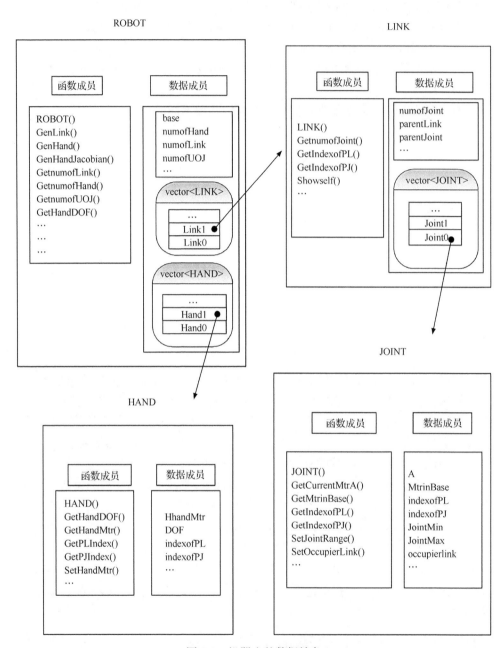

图 9-3 机器人的数据抽象

统采用了两种动画技术:"画面存储、重放"和"换页面"。

由于仿真模型和实际的机器人之间存在误差,故在 OG-DARSS 系统中设置了误差校正环节。系统使用了下面两种误差校正方法。

（1）基准点法：即在工作空间内选择一些基准点，由系统规划使机器人运动经过这些点，利用基准点和实际经过点两者之间的差异形成误差补偿函数。

（2）传感器反馈法：首先利用离线编程系统控制机器人位置，然后利用传感器（主要是视觉和力觉）进行局部精确定位。

9.2.3 OG-DARSS 的模块介绍

OG-DARSS 的总体结构如图 9-4 所示。

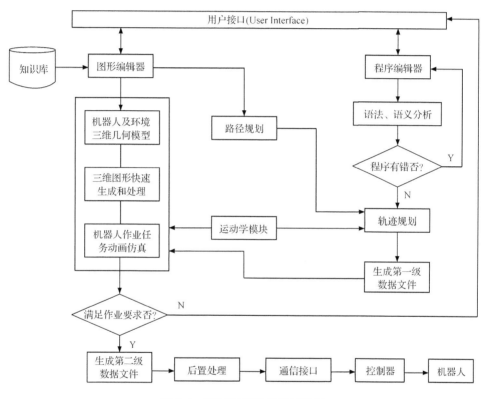

图 9-4 OG-DARSS 系统结构图

图 9-5 是双臂空间机器人三维动态仿真平台界面，该平台中的结构参数、运动学参数与 PA10 机器人、Module 机器人、导轨的实际参数严格保持一致。准确测量了机器人的二指夹持器、安装法兰、操作工件（螺母螺栓、棒料孔件、箱体等）、全局视觉传感器、全局视觉支架的尺寸大小。严格按照实际尺寸将这些实体模型在仿真平台上的具体位置显示出来。该仿真平台主要有正向运动学模块、逆向运动学模块、优化模块、关节值输出模块、平台设置模块、遥操作模块、任务规划模块、网络通信模块以及实验仿真演示模块等[7,8]。

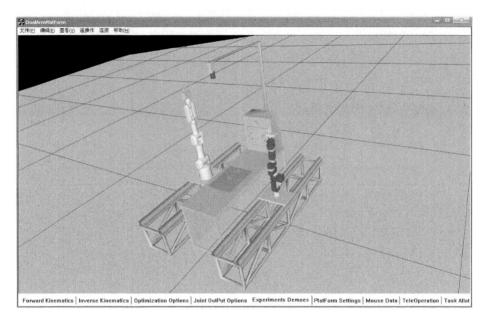

图 9-5 双臂空间机器人三维动态仿真平台

1) 正向运动学模块

根据每个机器人实际数据对其各个关节都引入了关节极限,可以拖动滑竿条来让机器人的某个关节产生对应的运动。还可以让机器人在规定的时间内达到期望的关节值。如果输入的期望关节值在关节极限之外,程序会自动提醒,重新输入。

对机器人的运动设定了两种模式,一种是匀速运动,即关节按照指定的速度匀速运动到指定的关节值。另一种是变加速运动,可以从当前关节值从静止变加速(正弦函数)运动到指定关节值,并使到达指定关节值时关节速度为零。

融入了机器人的容错控制,可以把某个关节锁定,在以后的运动过程中,该关节不再有运动。

图 9-6 所示的是机器人的正向运动学功能,其中 PA10 机器人的滑轨被锁定,其他关节在指定时间(1s)内变加速运动到指定的关节角。Module 机器人的第三个关节被拖动产生相应的运动。

2) 逆向运动学模块

可以设定机器人的任务空间维数,也就是既可以设定对机器人只有位置要求而没有姿态要求,又可以设定对机器人既有位置要求也有姿态要求。

可以设定机器人的任务是相对于手部还是相对于抓持器的。

可以设定机器人的任务位姿矩阵是表示在机器人的基础坐标系中还是表示在

第 9 章 离线编程及虚拟仿真环境

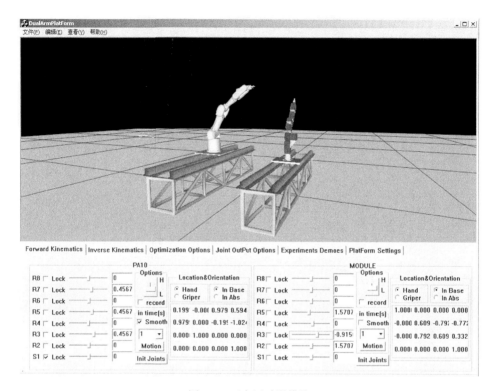

图 9-6　正向运动学模块

绝对坐标系中的。

可以设定机器人的位置运动曲线是直线还是圆弧。根据输入的任务时间参数,可以调整机器人的运动速度。

和正向运动学部分一样,也设置了两种运动方式:匀速和变加速。

图 9-7 展示的是机器人的逆运动学功能,PA10 在走直线,变加速运动,只对手部的位置有要求,任务空间是三维的;Module 的抓持器中心在走圆弧,匀速运动,任务空间是六维的,其运动参数是表示在绝对坐标系中的。

3) 优化模块

可以对每个机器人设定其优化方法。比如常用的 GPM、WLN 等方法。

4) 关节值输出模块

正向、逆向运动学部分都有记录关节值的选项,本软件可以对记录的关节值以曲线图的形式输出,并在曲线图中标有关节极限线。图 9-8 所示的是速度曲线,可以看出第五个关节速度超限。

5) 平台设置模块

机器人的基坐标、抓持器坐标的设定:

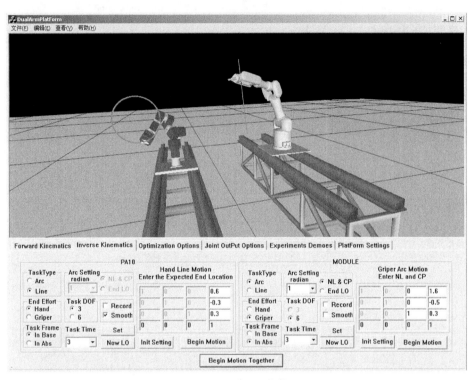

图 9-7 逆向运动学

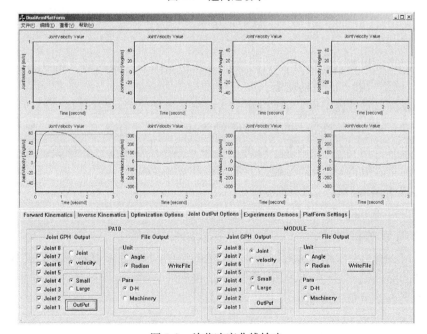

图 9-8 关节速度曲线输出

(1) 可以对机器人的基础坐标系在绝对坐标中的位置进行修正,也可以用来弥补实验误差。

(2) 可以对机器人的抓持器坐标在手部坐标系中的位姿进行修正,当机器人抓持物体的时候,对抓持器坐标进行修正,可以把抓持器坐标重新建立在被抓持物体上,方便运算。

6) 任务规划模块

双臂空间机器人的任务规划模块如图 9-9 所示。通过选择不同的任务,系统根据知识库中的知识和规则自动进行任务的分解和分配,同时把任务分解和分配的信息显示出来。规划过程中,可以实时激活传感器采集信息,规划过程既可以单步执行,又可以自动执行,详细内容请见第 5 章。

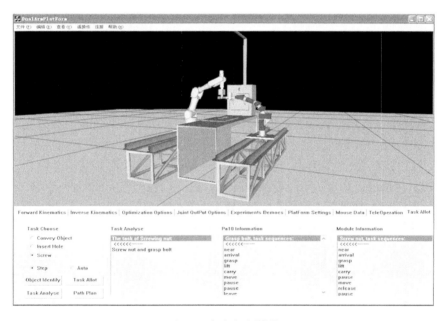

图 9-9　任务规划模块

7) 网络通信模块

基于局域网的双臂机器人协调通信模块,网络通信界面如图 9-10 所示。此通信部分非常重要,它是用来联系离线编程及仿真系统与机器人控制器的桥梁。这部分采用菜单驱动,只要选择了通信菜单,系统便进入了通信状态,通过网络把仿真环境下机器人运动时产生的数据(不同时刻机器人末端位姿所对应的各个关节值)传给远端的机器人控制器,再通过控制器控制机器人完成任务。

8) 实验仿真演示模块

包括双臂协调插孔、双臂协调搬运箱体、双臂旋拧螺母、避障等仿真实验演示,

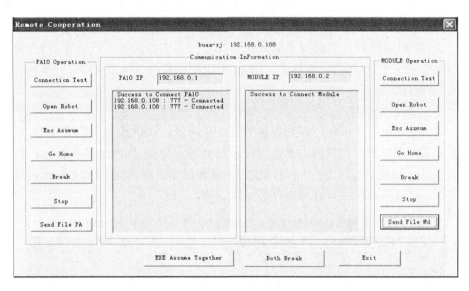

图 9-10　仿真平台端的网络通信操作界面

控制面板如图 9-11 所示，其中机器人避障实验演示如图 9-12 所示。此外，还考虑了机器人的关节极限和速度极限，当机器人的某个关节的变量值超出关节极限的时候，该杆件就会显示为红色；超出关节速度极限的时候，就会显示为黄色，如图 9-13 所示。通过仿真演示可以模拟实际双臂机器人协调作业的情况，保证了双臂机器人协调操作的安全性和可靠性，防患于未然。在演示过程中可以随时暂停、停止以及继续演示，不影响整个实验过程，操作非常方便。该模块还可以记录一些环境信息，比如实验平台及被操作物体的有无、目标物体的位置、障碍物的位置等；可以把记录值写入指定的文件，只要以后读入这些文件，就可以再现运动过程、环境信息等。

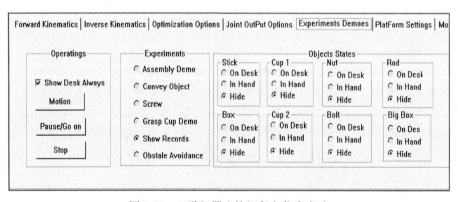

图 9-11　双臂机器人协调任务仿真实验

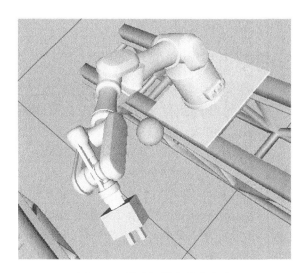

图 9-12　单臂机器人避障演示

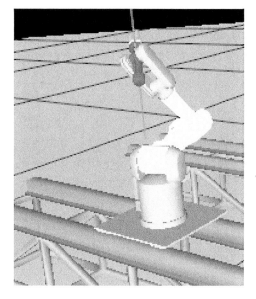

图 9-13　机器人关节值及速度值超限提示功能

9.3　实时控制环境

协调控制层提供了机器人实时控制环境,它包括 PA10 机器人实时控制界面(PA library)和 Module 机器人控制界面(M5API)。在实时控制环境下,用户可以实现单臂机器人控制或者双臂机器人协调控制,并且可以进行腕力传感器信息的反馈控制以及指端力传感器的力控制。

9.3.1 PA10 机器人的实时控制环境

图 9-14 是 PA10 机器人实时控制环境界面,它主要有以下几个方面的功能:

(1) 实现了与 3D 仿真平台的通信,并显示连接及通信的状态信息,该部分的通信连接与仿真平台的通信连接是一一对应的。

(2) 利用系统提供的库函数对机器人控制器进行初始化,主要包括 PA library 库的初始化、控制手臂打开、运动控制器开始操作等。

(3) 对机器人实时控制,可实现机器人关节坐标空间和笛卡儿坐标空间的实时控制,主要包括末端位姿值或每一轴关节值两种实时控制模式。

(4) 对腕力传感器和指端力传感器信息进行处理,实现力反馈控制和对仿真数据的实时路径修正。同时,腕力传感器在每一周期的受力信息可实时在控制界面上显示出来,并可存入到一个文本文件中以便查看。

(5) 利用 Adjust 部分,可以实现对单臂机器人在各个方向上的位置调整。

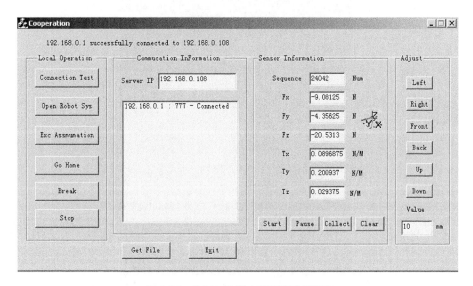

图 9-14　PA10 机器人实时控制界面

9.3.2 模块机器人的实时控制环境

图 9-15 是 Module 机器人实时控制环境界面,它与 PA10 机器人实时控制环境的功能相似,在此不再赘述。

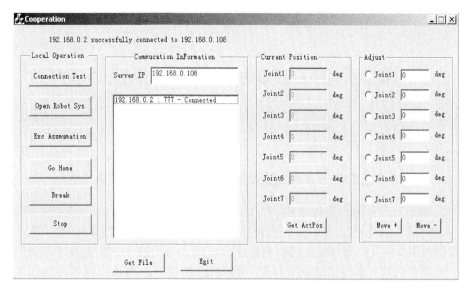

图 9-15　Module 机器人实时控制界面

9.4　本章小结

开发了 VC++环境下基于 OpenGL 的冗余度双臂空间机器人三维动态仿真平台 OG-DARSS。介绍了其建模原理、建模方法和功能模块,分析了双臂机器人实时控制环境的功能和特点。该平台不但功能强大,而且操作简单、直观,可以很好地完成双臂协调操作任务的仿真规划和控制,以便检验算法的有效性与可靠性。

参 考 文 献

[1] 王从庆,赵正明,程玉清,等. 基于 OpenGL 的机械手三维可视化仿真研究[J]. 机器人,2001,23(7): 577-579.
[2] 张兴国,臧铁生,刘明. 基于 OpenGL 仿真的装配机器人离线编程系统[J]. 系统仿真学报,2005,17(10):2433-2436.
[3] 向世明. OpenGL 编程与实例[M]. 北京:电子工业出版社,2000.
[4] 和平鸽工作室. OpenGL 高级编程与可视化系统开发——系统开发篇[M]. 北京:中国水利水电出版社,2003.
[5] 熊有伦. 机器人学[M]. 北京:机械工业出版社,1993.
[6] 日本机器人学会. 机器人技术手册[M]. 北京:科学出版社,1996.
[7] Mack B, McClure S. Using advanced technology for space robotics[C]. Proceedings of Third Annual Conference on Intelligent Robotics Systems for Space Exploration, USA, 1991: 114-120.
[8] Zghal H, Dubey R V, Euler J A. Efficient gradient projection optimization for manipulators with multiple degree of redundancy[C]. Proceedings of the 1990 IEEE International Conference on Robotics and Automation, Los Alamitos, 1990: 1006-1011.

第10章 拟人双臂机器人系统遥操作研究

10.1 单机-单操作者-多人机交互设备-多机器人遥操作体系

10.1.1 单机-单操作者-多人机交互设备-多机器人遥操作系统体系结构

正如许多的复杂任务需要靠人类双手来完成一样,许多复杂的遥操作任务单靠一个机器人是无法完成的。有人做过统计,在空间环境中全部195种EVA空间操作中至少有166种EVA操作需要双臂机器人协调操作才能完成。多机器人系统比单个机器人系统的功能更强大,它们可以完成一些由单个机器人无法完成的任务,如搬运重物、装配和空间操作等。在太空、核环境、深海等复杂工作环境下,多机器人遥操作具有更广阔的应用前景。

在多机器人遥操作系统中,往往采用多操作者、多机器人的遥操作方式,即由多个操作者分别遥控各个机器人并相互协调、相互配合完成遥操作任务。这种操作方式无疑增加了各个操作者之间的通信和协调,使系统变得更加复杂,操作变得更加困难。

针对本书研究的拟人双臂机器人平台的特点,采用了"单机-单操作者-多人机交互设备-多机器人"的模式,如图10-1所示。可以减少操作者之间的相互通信,使操作者不必担心碰撞问题,减轻了操作者的负担,能够更有效地完成各种协调操作任务,如搬运物体、装配和抓取漂浮物等。

10.1.2 基于虚拟现实的人机交互技术

虚拟现实技术(VR)是一种创建和体验虚拟世界的计算机系统,操作者作为主角存在于环境中,并能以客观世界的实际动作或以人类熟悉的方式来操作虚拟系统,从而以自然直观的交互方式来实现高效的人机协作。作为一门先进的人机交流技术,虚拟现实技术已被广泛应用于视景仿真、军事模拟、虚拟制造、虚拟设计、虚拟装配、科学可视化等领域。

机器人遥操作是虚拟现实技术的又一个重要应用领域。在基于Internet的机器人遥操作中,通信时延是不可避免的,通过网络直接遥控机器人显然是非常困难的。为了解决这个问题,人们进行了多方面的努力和研究。Kheddar等在1997年提出了隐藏机器人的概念[1],实际上就是利用虚拟现实技术,建立一个虚拟的现实环境,让操作者控制本地仿真环境中的虚拟机器人模拟实际的机器人运动,而远端

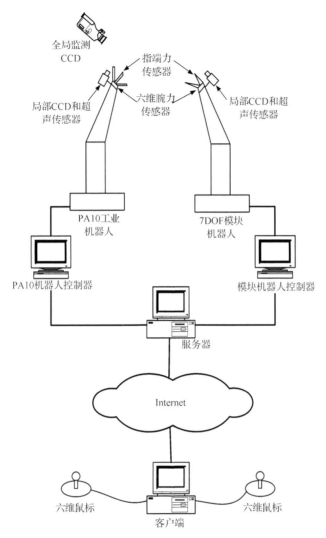

图 10-1 "单机-单操作者-多人机交互设备-多机器人"遥操作系统结构

的实际机器人会根据仿真平台中的仿真结果实际地完成操作任务,从而实现了控制人员对远端机器人的遥操作。由于在仿真平台上执行的操作是本地化的操作,不存在时延,操作者的执行结果会在仿真平台中实时显示出来。因此,操作者通过仿真平台就可以预先知道机器人将要达到的位姿和状态,并规划下一步操作,从而减小了 Internet 时延对操作的影响,提高了操作的连贯性和工作效率。

虚拟现实技术在遥操作中的应用关键在于交互性(interaction),尤其在单人控制多个机器人时,交互性显得更为重要。本章对原有的双臂仿真平台中的操作环境进行了改进,使其与实际的操作台一致,并使用两个六维鼠标作为人机交互设备,提高仿真平台的操作性能,便于实现单人对多个机器人的控制。

10.1.2.1 人机交互设备介绍

遥操作中的人机交互是指人和虚拟环境之间的通信,这种交互是一种双向的信息交换,可由人向计算机输入信息,也可由计算机向使用者反馈信息。

1963年,发明鼠标器的美国斯坦福研究所的 Engleberg 预言鼠标器比其他输入设备都好,并在超文本系统、导航工具方面会有杰出的成果。10年后,鼠标器经 Xerox 研究中心改进后,成为影响当代计算机使用的最重要成果。我们平常所使用的键盘、鼠标、光笔和触摸屏等就是比较典型的人机交互设备,是计算机系统中必不可少的信息输入设备,它使我们对计算机的操作更快捷。

为了提高遥操作任务的执行效率,我们采用专用的人机交互设备作为操作者向虚拟仿真环境信息输入的媒介。在遥操作中使用适合的人机交互设备可以使操作变得更简单、直观,而且易于实现一个操作者同时控制仿真平台中的两个虚拟臂,达到单人控制多机器人的目的。

当前人机交互设备可被分为传统交互设备和新型交互设备,前者已趋于成熟并得到广泛普及,后者则主要在 VR 中使用。新型交互设备包括各类 3D 控制器、3D 空间跟踪、语音识别、姿势识别,还有空间定位器、数据手套、数据服装、视线跟踪装置等。

所有三维空间控制器的共同特点是都具有六个自由度。对应于描述三维对象的宽度、深度、高度(x、y、z),以及俯仰角(pitch)、转动角(yaw)、偏转角(roll),后三个自由度对于虚拟现实技术的基本交互任务(导航、选择、操纵、旋转等)是必不可少的。由于机器人的任务一般是空间的操作,具有六个自由度,因此,我们选用三维控制器作为机器人遥操作中的人机交互设备。

常见的三维控制器有跟踪球(spaceball)、三维探针(3D probes)、三维鼠标器(3D mouse)、三维操纵杆(3D joystick)等,如图 10-2 所示。

3Dconnexion 公司的 SpaceBall 是一款较成熟的 3D 控制器,并有完善的 SDK 开发工具集;燕山大学与河北工业大学联合研制的六维鼠标有详细的工作原理说明,这些都便于用户的二次开发。而且,它们分别基于 USB 和串口通信,在同一平台上同时使用这两个设备彼此之间不会干扰。因此,我们选用了 SpaceBall 和六维鼠标作为"单人-单机-多人机交互设备-多机器人"遥操作系统中的交互设备。

10.1.2.2 3D 控制器与仿真平台的集成

1. 3D 控制器控制虚拟臂的原理

我们使用两个三维控制器 SpaceBall 和六维鼠标分别独立地控制仿真环境中的两个虚拟臂。操纵 3D 控制器可以进行三维移动和三维转动,如图 10-3 所示。

(a) SpaceBall

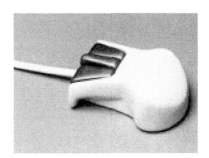
(b) 六维鼠标

(c) SpaceTraveler

(d) 6D Mouse

图 10-2 常见的三维控制器

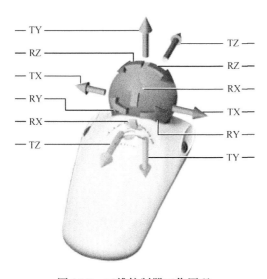

图 10-3 三维控制器工作原理

从而得到一个移动矩阵和转动矩阵,即

$$\text{Trans}(x,y,z) = \begin{pmatrix} E & T \\ 0 & 1 \end{pmatrix} \in \mathbf{R}^{4\times 4} \quad (10\text{-}1)$$

$$\text{Rot}(x,y,z) = \begin{pmatrix} R & 0 \\ 0 & 1 \end{pmatrix} \in \mathbf{R}^{4\times 4} \quad (10\text{-}2)$$

其中,$T=(x,y,z)^{\text{T}} \in \mathbf{R}^{3\times 1}$ 为控制器沿各轴的移动距离矩阵;$E \in \mathbf{R}^{3\times 3}$ 为单位矩阵;$R = \text{Rot}(x,\theta)\text{Rot}(y,\varphi)\text{Rot}(z,\psi) \in \mathbf{R}^{3\times 3}$ 为控制器绕各轴的转动角度矩阵。

我们把操纵 3D 控制器时得到的三维移动和三维转动数据作为机器人初始末端位姿的变换矩阵,从而通过操纵三维控制器得到新的机器人末端位姿,则有

$$P_1 = T_0 P_0 \quad (10\text{-}3)$$

其中,$P_0 \in \mathbf{R}^{4\times 4}$ 为机器人末端的初始位姿矩阵;$P_1 \in \mathbf{R}^{4\times 4}$ 为机器人末端的目的位姿矩阵;T_0 为从机器人末端的初始位姿矩阵到目的位姿矩阵的变换矩阵,且有

$$T_0 = \text{Rot}(x,y,z)\text{Trans}(x,y,z) = \begin{pmatrix} R & 0 \\ 0 & 1 \end{pmatrix}\begin{pmatrix} E & T \\ 0 & 1 \end{pmatrix} = \begin{pmatrix} R & T \\ 0 & 1 \end{pmatrix} \in \mathbf{R}^{4\times 4}$$

机器人新的末端位姿 P_1 再经过逆运动学反解出各关节值,使虚拟臂实现从旧位姿到新位姿的运动。用 3D 控制器控制虚拟臂运动的整个过程,感觉就像是用控制器拖曳机器人末端进行运动,操作简单、直观,这种控制方式易于实现一个操作者同时操纵两个控制器分别控制不同的虚拟臂运动。

2. SpaceBall 与仿真平台的通信连接

3Dconnexion 公司为 SpaceBall 提供了驱动程序和 SDK 开发工具包,使用者通过捕获驱动程序发送的消息获得对 SpaceBall 的控制权,然后利用 SDK 中的各种函数调用实现控制器的各种功能。

由于仿真平台程序要处理差补、运动学等大量的计算工作,而且还要负责图形的处理和六维鼠标的串口通信,如果再去让它捕获 SpaceBall 驱动程序的消息并实现控制器的功能,这会增加平台程序的负担,使程序忙不过来,不能流畅地运行。为了减轻平台程序的负担,用另一个进程处理 SpaceBall 的驱动消息并实现其功能,然后利用进程间通信(IPC)实现仿真平台和 SpaceBall 两进程间的数据交换。

在 Win32 下提供的进程间通信方式主要有以下几种[2~7]。

1) 共享内存(share memory)

在 DOS 时代,使用数据文件是应用程序交换信息的唯一方法。时至今日,文件不仅没有从 IPC 领域中消失,反而在 32 位的 Windows 操作系统中更加发扬光大了,然而观念上早已不是纯粹界定在文件系统的实体文件。在 Win32 下不再直接使用磁盘文件,而是在内存中为调用进程开辟一块称为 share memory 的空间,授予句柄,其他进程可通过句柄直接读取这块内存数据。

使用共享内存在处理大数据量数据的快速交换时表现出了良好的性能,这种

大容量、高速的数据共享处理方式在设计高速数传通信类软件中有着很好的使用效果。

2) 邮件槽(mailslot)

邮件槽是一种单向的进程间通信机制。从字面上看来,这像是与寄信有关的通信机制,实际上它的行为也的确与其名称相符合。Mailslot 就像是你的信箱,只要知道地址,任何人都可以寄信给你,不过只有你才可以打开信箱读信。

一个邮件槽就是驻留在内存中的一个 Windows 临时虚拟文件,利用 Windows 标准文件函数可以创建邮件槽,并且向其中写入与读取消息。邮件槽可在不同主机间交换数据,分为服务器方和客户方,双方可以通过其进行数据交换。创建并拥有邮件槽的进程为服务器,而向指定的邮件槽写入消息的进程则为客户方。创建邮件槽的服务器方只能读取消息,不能写入消息;而客户端则正好与之相反。

邮件槽工作方式有三大特点:单向通信、广播消息和数据报传输。利用邮件槽可以很方便地实现局域网的内部远程控制。

3) 管道(pipe)

管道是点对点的通信机制,它是具有两个端点的通信通道:有一端句柄的进程可以和有另一端句柄的进程通信。管道可以是单向的——一端端点是只读的,另一端端点是只写的;也可以是双向的——管道的两端点既可读也可写。

管道可分为匿名管道(anonymous pipe)与命名管道(named pipe) 两种。

(1) 匿名管道:匿名管道是在父进程和子进程之间,或同一父进程的两个子进程之间传输数据的无名字的单向管道。通常由父进程创建管道,然后由要通信的子进程继承通道的读端点句柄或写端点句柄,实现通信。父进程还可以建立两个或更多个继承匿名管道读和写句柄的子进程,这些子进程可以使用管道直接通信,不需要通过父进程。

匿名管道的数据只能单向流动,而且仅限于单机内父进程和子进程之间或同一父进程的两个子进程之间使用,但它却是进程标准 I/O 重定向的有效方法。

(2) 命名管道:命名管道是服务器进程和一个或多个客户进程之间通信的单向或双向管道。由于命名管道在建立时给它指定了一个名字,因此,其他任何进程可以很容易的依照名字打开管道的另一端。命名管道可以在不相关的进程之间和不同计算机之间使用,通信范围不限于单机内父进程和子进程之间或同一父进程的两个子进程之间使用。

命名管道提供了相对简单的编程接口,使通过网络传输数据并不比同一计算机上两进程之间的通信更困难,不过如果要同时和多个进程通信它就力不从心了。

4) WM_COPYDATA 消息

WM_COPYDATA 是一个应用程序向另一个应用程序传递数据时所发出的消息,它功能强大,但知之者却甚少。

众所周知,Windows是消息驱动的操作系统,系统统一管理每个进程发送的消息,并负责传递给指定的进程。同样,可以利用这种机制来达到进程间数据传递的目的。我们只要把数据放在消息中一起发送出去,就可以实现两进程间的通信。基于WM_COPYDATA消息的进程间通信机制的本质其实是先创建了一个文件映射的对象,将发送方的原始数据先拷贝至映射文件,然后再在接收方对这个映射文件打开一个视图,接收发送方的数据。

利用WM_COPYDATA消息实现进程间的通信,我们只要调用SendMessage()函数,以对方窗体的句柄作为第一个参数,以含有指向实际数据的指针结构的地址作为第二个参数,就可以把整个数据块当成消息发向另一个应用程序。获得对方窗体的句柄最简单的方法就是使用FindWindow,找窗口类或者名;第二个消息参数则为数据结构COPYDATASTRUCT的指针,此结构原形声明如下:

```
typedef struct tagCOPYDATASTRUCT {
DWORD dwData;
DWORD cbData;
PVOID lpData;
} COPYDATASTRUCT;
```

其中,只需将待发送数据的首地址赋予lpData,并由cbData指明数据块长度即可。

发送端示例代码:

```
HWND hWnd = FindWindow(NULL,"MyApp");
if(hWnd! = NULL)
{
    COPYDATASTRUCT cpd; /*给COPYDATASTRUCT结构赋值*/
    cpd.dwData = 0;
    cpd.cbData = strlen("字符串");
    cpd.lpData = (void*)"字符串";
    ::SendMessage(hWnd,WM_COPYDATA,NULL,(LPARAM)&cpd);//发送!
    /*结束!!*/
}
```

消息发出后,接收端重载ON_WM_COPYDATA消息映射函数,在消息映射函数中通过随消息传递进来的第二个参数完成对数据块的接收。

接收端ON_WM_COPYDATA消息映射函数示例代码:

```
BOOL CMainFrame::OnCopyData(CWnd* pWnd, COPYDATASTRUCT* pCopyDataStruct)
{
    /*利用对话框表示收到消息*/
    AfxMessageBox((LPCSTR)(pCopyDataStruct->lpData));
```

```
    return CWnd::OnCopyData(pWnd, pCopyDataStruct);
}
```

WM_COPYDATA 消息传递机制实现进程间通信非常简单、安全,但它只能用于 Windows 平台的单机环境下。

除上述几种进程间通信方式外,还可以通过剪贴半(clipboard)、动态数据交换(DDE)、远程过程调用(RPC)、socket、COM 等方法实现进程间的通信。

与以上几种进程间通信方法相比,利用 WM_COPYDATA 消息实现 3D 控制器程序与平台程序之间的通信有着明显的优势。因为 3D 控制器程序与仿真平台程序的一次数据交换的数据量较少,但要求能够快速交换,而 WM_COPYDATA 实现方便、应用灵活,广泛应用于小数据量、快速交换的内部进程通信系统之中,所以选用这种方法实现两进程间的通信。

3. 六维鼠标与仿真平台的通信连接[8~11]

燕山大学与河北工业大学联合研制的六维鼠标是基于串口通信的 3D 控制器,它通过 RS-232 通信规程与计算机通信,如图 10-4 所示,计算机由串行口接收六维鼠标发送的数据,乘以标定矩阵获得六维控制信号的数值。

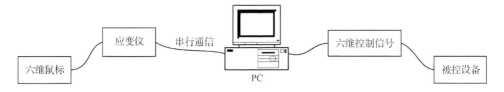

图 10-4 六维鼠标与计算机通信连接

为了使仿真平台程序能够接收六维鼠标通过串行口发送的数据,我们在仿真平台程序中添加 MSComm 控件,使其具有串行通信功能。

Microsoft communications control(简称 MSComm)是 Microsoft 公司提供的简化 Windows 下串行通信编程的 ActiveX 控件,它为应用程序提供了通过串行接口收发数据的简便方法。MSComm 控件通过串行端口传输和接收数据,为应用程序提供串行通信功能。MSComm 控件在串口编程时非常方便,程序员不必花时间去了解较为复杂的 API 函数,而且在 VC、VB、Delphi 等语言中均可使用。

MSComm 控件提供了两种处理通信的方式:事件驱动方式和查询方式。

1) 事件驱动方式

事件驱动通信是处理串行端口交互作用的一种非常有效的方法。在使用事件驱动法设计程序时,每当有新字符到达,或端口状态改变,或发生错误时,MSComm 控件将解发 OnComm 事件,而应用程序在捕获该事件后,通过检查 MSComm 控件的 CommEvent 属性可以获知所发生的事件或错误,从而采取相应的操作。这种方法的优点是程序响应及时、可靠性高,但每个 MSComm 控件对应着一个串行端口,如果应用程序需要访问多个串行端口,必须使用多个 MSComm 控件。

2) 查询方式

查询方式实质上还是事件驱动,这种方法适合于较小的应用程序。在这种情况下,每当应用程序执行完某一串行口操作后,将不断检查 MSComm 控件的 CommEvent 属性以检查执行结果或者检查某一事件是否发生。例如,如果写一个简单的电话拨号程序,则没有必要对每接收一个字符都产生事件,因为唯一等待接收的字符是调制解调器的"确定"响应。

MSComm 控件有很多重要的属性,下面简单介绍几个。

(1) CommPort 属性,设置并返回通信端口号。在设计时,Value 可以设置成从 1~16 的任何数(缺省值为 1)。但是如果用 PortOpen 属性打开一个并不存在的端口时,MSComm 控件会产生错误 68(设备无效)。CommPort 属性必须在打开端口之前设置。

(2) Setting 属性,设置并返回波特率、奇偶校验、数据位、停止位参数。Value 由四个设置值组成,有如下的格式:"BBBB,P,D,S"。其中,BBBB 为波特率,P 为奇偶校验,D 为数据位数,S 为停止位数。Value 的缺省值是:"9600,N,8,1"。

(3) PortOpen 属性,设置并返回通信端口的状态,也可以打开和关闭端口。如果 Value 设为 True 时,可以打开端口;设置为 False 时,可以关闭端口,并清除接收和传输缓冲区。一般情况下,在程序开始时打开端口,在程序结束时关闭端口。当应用程序终止时,MSComm 控件自动关闭串行端口。在打开端口前,确定 PortOpen 属性设置为正确的端口号。而且,用户的串口设备必须支持 Settings 属性当前的设置值。如果 Settings 属性包含硬件不支持的通信设置值,那么硬件可能不会正常工作。

(4) Input 属性,从接收缓冲区返回和删除字符。该属性在端口未打开时不可用,在运行时是只读的。

(5) Output 属性,向传输缓冲区写一个字符串。该属性在端口未打开时不可用,在运行时是只读的。Value 为准备写到传输缓冲区中去的一个字符串。

(6) RThreshold 属性,在 MSComm 控件设置 CommEvent 属性为 comEvReceive 并产生 OnComm 之前,设置并返回的要接收的字符数。

(7) SThreshold 属性,MSComm 控件设置 CommEvent 属性为 comEvSend 并产生 OnComm 事件之前,设置并返回传输缓冲区中允许的最小字符数。

(8) InputLen 属性,设置并返回 Input 属性从接收缓冲区读取的字符数。

我们使用 MSComm 串行通信 ActiveX 控件编程的方法实现了仿真平台程序与六维鼠标的通信,从而使六维鼠标能够控制仿真平台中的虚拟臂运动。

10.1.2.3 拟人双臂机器人虚拟仿真环境平台

1. 拟人双臂机器人系统的虚拟建模

我们以拟人双臂机器人实验平台为模板,在 VC 环境下基于 OpenGL 开发了三维图形仿真平台。仿真平台中的结构参数、运动学参数与 PA10 机器人、模块机器人和导轨的实际参数严格保持一致,利用机器人运动学算法,使虚拟臂能够模拟真实机器人的运动[12],实现图形仿真平台对实际机器人实验平台的真实再现,如图 10-5 所示。以此视觉信息作为计算机向使用者的反馈信息以及操作者任务规划的依据。三维图形仿真模型的建立详见第 9 章。

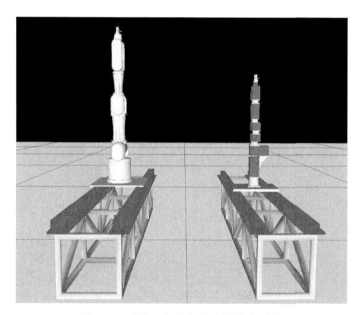

图 10-5　拟人双臂机器人虚拟仿真平台

2. 实验台的虚拟建模

OpenGL 虽然提供了很强的三维图形功能,但是它的三维建模功能则相对薄弱。辅助库中提供的一些绘制函数只能完成对球、立方体、多面体等简单形体的绘制,对于复杂形体的建模则是一件困难的工作。因此我们选择了 3DS Max 作为三维建模软件,先用 3DS Max 对机器人的工作环境建模,然后在 OpenGL 中读取 3DS 文件并重构,实现对工作环境的三维图形仿真。

对于机器人遥操作系统来说,由于信号传输存在大的通信时延,操作者通过时延的视频图像来操作机器人显然是非常困难的,操作的安全性也很难保证。解决时延问题的有效途径之一就是采用虚拟现实技术的预测显示控制方法,即在本地计算机中建立一个虚拟的现实环境,操作者通过操作虚拟环境中的机器人来实现对远端真实机器人的遥操作。由于操作者与仿真图形之间不存在时延，因而这种控制是非常容易的，而实际的机器人则在几秒后跟着仿真图形中的机器人而运动，从而实现了操作者对远端机器人的遥操作，有效地解决了大时延的问题。此外，我们还可以在仿真环境中对机器人的操作任务进行规划，如图10-6所示，即在仿真环境中对双臂机器人拧螺栓实验进行任务规划。

通过对机器人工作环境的仿真建模，使远端的实际环境在操作端真实再现，操作者通过对仿真操作对象的操作就可以达到控制远端实际操作对象的目的，易于实现基于虚拟现实技术的遥操作。

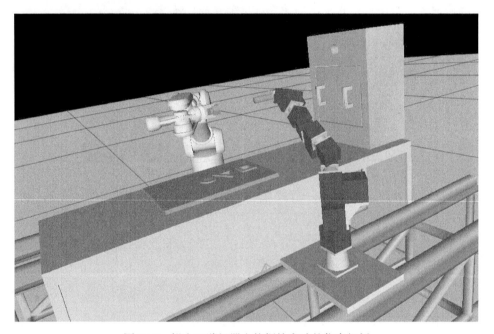

图10-6 拟人双臂机器人拧螺栓实验的仿真规划

10.1.3 基于Internet遥操作网络通信软件设计

近年来，随着Internet技术的飞速发展和普及，国际互联网已经逐渐成为机器人遥操作系统中的主要通信媒介。

由于互联网分布区域广，接入方式灵活，可以在不同的地理位置方便地接入网络，几乎可以不受地域限制，这大大方便了遥操作系统的搭建，降低了系统的成本。而且以TCP/IP作为机器人遥操作系统的标准通信协议，使基于Internet开发的机器人遥操作系统的通信软件具有良好的通用性和可移植性。

与采用专用线路的遥操作系统相比，基于Internet的遥操作系统具有成本低、开放性和灵活性等许多优点，因此，越来越多的学者利用互联网实现机器人的远程控制。其实,由于Internet的普及,其通信成本降低,技术相对成熟,所以许多空间和水下的遥操作实验都是在地面上利用网络对系统进行验证。

但由于网络中存在着时延、噪声和丢包等不可避免的问题,如何充分利用带宽确保控制数据准确、顺畅地传输是基于Internet通信系统必须考虑的问题。本章对这些问题进行了分析,给出了一些解决办法,并完成了遥操作中通信软件的设计。

10.1.3.1 网络通信系统结构

在遥操作系统的网络通信部分,我们采用了客户机/服务器(client/server)模式,如图10-7所示。客户端不是与实际的机器人直接连接,而是通过服务器间接地控制机器人,这样可以通过服务器对双臂的运动进行协调控制,使其能同步完成操作任务。

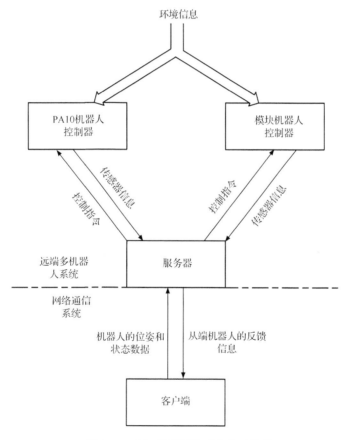

图 10-7 C/S模式网络通信体系结构

Windows 环境下的 Internet 通信主要是进行 sockets 编程,基于 TCP/IP 协

议的流式 socket(socket_stream)是可靠的双向通信数据流,提供了一个面向连接的数据传输服务,无重复地发送且按发送顺序接收,所以流式 socket 可以达到高质量的数据传输[13]。利用流式 socket 进行网络通信编程可以防止丢包和控制指令顺序混乱。

由于 Internet 网络的带宽资源有限,为了避免阻塞、减小时延对操作的影响,应传送尽量少的控制数据。因此,我们只传送机器人状态和末端的坐标数据,而且仅在机器人状态和末端的坐标值改变时才发送数据,在服务器中对这些简单的数据进行分析,反解出各关节值和状态,在本地通过局域网控制机器人运动,这样可以减少数据传输时延。由于服务器与客户端仿真平台中使用的是同样的反解算法程序,反解的结果是一样的,如果忽略建模时的误差,机器人的实际运动情况与在仿真平台中看到的模拟运动情况是一致的。

另外,在服务器建立一个命令缓冲区,把来自客户端的控制命令缓存起来,避免服务器中还没有执行的指令被后来的指令覆盖,造成指令丢失。

10.1.3.2 TCP/IP 协议简介

网络通信有多种协议可供选择,在局域网(LAN)上有 IPX 协议、NetBios 协议、TCP/IP 协议等;在广域网(WAN)上有 ISDN、X.25、ATM 等协议。在众多协议中,TCP/IP 协议的应用最为广泛,已经成为事实上的工业标准,而且无论是局域网还是广域网都可以用 TCP/IP 协议作为网络通信协议。因此,基于 TCP/IP 协议开发的网络通信软件,不需改动就可在局域网与广域网之间移植,具有广泛的适用性。

1. TCP/IP 与 OSI 模型

在 20 世纪 80 年代早期,随着网络技术的发展,为解决网络互联与协议交换,国家标准化组织 ISO 创建了一个有助于开发和理解计算机的通信模型,即开放系统互连参考模型 OSI/RM(open system interconnection/reference model),使得全球范围的计算机平台可进行开放式通信。OSI 模型将网络结构划分为七层,如图 10-8所示,即物理层、数据链路层、网络层、传输层、会话层、表示层和应用层。每一层均有自己的一套功能集,并与紧邻的上层和下层交互作用。总的来说,在顶端与底端之间的每一层均能确保数据以一种可读、无错、排序正确的格式被发送[14]。

对应于 OSI 模型的七层结构,TCP/IP 协议组可被大致分为四层,如图 10-8所示。应用层大致对应于 OSI 模型的应用层和表示层;传输层大致对应于 OSI 模型的会话层和传输层;互联网层对应于 OSI 模型的网络层;网络接口层大致对应于 OSI 模型的数据链路层和物理层。

图 10-8　TCP/IP 与 OSI 模型的比较

2. TCP/IP 协议族

TCP/IP 的前身是由美国国防部在 20 世纪 60 年代末期为其远景研究规划署网络(ARPAnet)而开发的。由于低成本以及在多个不同平台间通信的可靠性,TCP/IP 迅速发展并开始流行。它实际上是一个关于因特网的标准,迅速成为局域网的首选协议。

TCP/IP 的正式名称是 TCP/IP 互联网络协议族。TCP/IP 不是一个简单的协议,而是一组小的、专业化的协议,是一组不同层次上的多种协议的组合,包括 TCP、IP、UDP、ARP、ICMP 以及其他的一些被称为子协议的协议。

TCP/IP 通常被认为是一个四层协议族,每层有各自的协议,每一层分别负责不同的通信功能,如图 10-9 所示。

(1) 应用层:应用程序借助于协议如 Winsock API、FTP(文件传输协议)、TFTP(普通文件传输协议)、HTTP(超文本传输协议)、SMTP(简单邮件传输协议)以及 DHCP(动态主机配置协议)通过该层利用网络。

(2) 传输层:该层包括 TCP(传输控制协议)以及 UDP(用户数据包协议),这些协议负责提供流控制、错误校验和排序服务。所有的服务请求都使用这些协议。

(3) 互联网层:该层包括 IP(网际协议)、ICMP(网际控制报文协议)、IGMP(网际组报文协议)以及 ARP(地址解析协议)。这些协议处理信息的路由以及主机地址解析。

(4) 网络接口层:该层处理数据的格式化以及将数据传输到网络电缆。

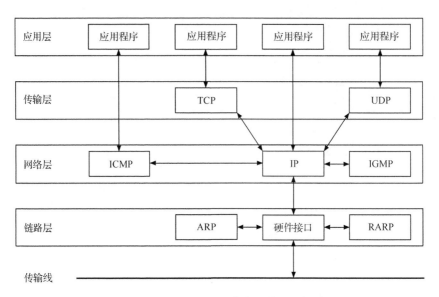

图 10-9 TCP/IP 协议族分层结构示意图

3. 传输层协议

传输层为两台主机上的应用程序提供端到端的通信,有两种传输协议:传输控制协议 TCP(transfer control protocol)和用户数据包协议 UDP(user datagram protocol)。

TCP 协议提供端到端数据流服务,其中包含确保数据可靠传送的机制。这些机制包括校验和、序列号、计时器、确认以及重传过程。TCP 是一种面向连接的协议,可以为应用层提供可靠、有序的数据传送。

TCP 是一种面向连接的协议,意味着在该协议准备发送数据时,通信节点之间必须建立起一个连接。它将一个字节流划分为段序列,并通过一种滑动窗口协议将它们发送到目的地。它通过建立、维护和释放连接提供了基本握手。它可靠地处理将信息投递至目的地的请求。TCP 协议位于 IP 子协议的上层,通过提供校验和、流控制及序列信息弥补 IP 协议可靠性的缺陷。如果一个应用程序只依靠 IP 协议发送数据,IP 协议将杂乱地发送数据,不检测目标节点是否脱机或数据是否在发送过程中已被破坏。图 10-10 描述了一个 TCP 协议段和它的各个域。

UDP 协议是一个简单的不可靠的数据报协议。与 TCP 不同的是,UDP 提供的是一种无连接的传输服务,不提供可靠性,它不保证数据包以正确的序列被接收。事实上,该协议根本不保证数据包的接收。

与 TCP 协议段相对照,UDP 报头仅包含了四个域:源端口、目标端口、长度和校验和,如图 10-11 所示。从 UDP 段的格式可以看出,它没有 TCP 那么复杂。它包含了很少开销,同时也说明它能力有限。这个段包含了通常的源地址和目标地址、段长度以及用于差错检测的校验和。由于它是无连接的,因此无须握手来建立连接。当 UDP 有数据要发送时,它创建一个 UDP 段,把它交给 IP 等待投递。在接收端,UDP 从 IP 那里收到数据并进行差错检测。如果没有差错,UDP 将数据传递给它的用户。如果有差错,UDP 将丢弃数据。它没有差错应答或流量控制或段定序的正式机制。它仅仅是更高层和 IP 的一个接口而已。

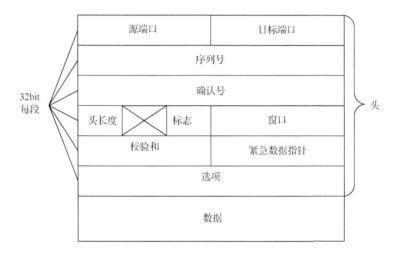

图 10-10 TCP 协议段

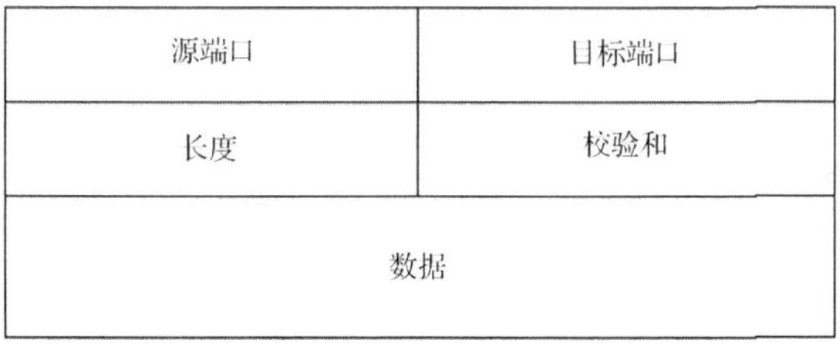

图 10-11 UDP 协议段

综上所述,与 UDP 相比,TCP 中采用超时重发与确认响应的措施,保证将传送的数据送达对方,而 UDP 只能通过应用程序去确认数据到达与否,增加应用软件开发周期;TCP 采用数据流的形式,把请求发送的数据整理成可以更好发挥网络传输效率的大小再发送出去,而 UDP 把请求的数据原样发送出去;TCP 借助于滑动窗口进行流控制和拥塞控制,而 UDP 不具备流控制和拥塞控制功能。因此,在机器人遥操作的网络通信中,我们采用 TCP 协议进行数据与控制指令的传输,以避免由于数据、指令的丢失而造成机器人运动的混乱。

10.1.3.3 Socket 套接字

在利用 TCP/IP 协议的网络操作系统中,不同的应用程序可以通过网络编程接口套接字(socket)与其下层核心协议通信。它允许一个应用程序可以透明地与另一台机器上的应用程序连接而不必考虑下层协议的细节。

作为网络通信的基本操作单元,它提供了不同主机间进程双向通信的端点,使编程人员能够简单地对网络进行操作,构造任意的跨操作系统、跨网络协议的分布式处理系统。

1. Windows Socket 简介[15,16]

Socket 最早是作为 UNIX BSD release 4.3 规范提出来的,并且很快就成为 UNIX 操作系统下 TCP/IP 网络编程的标准。随着网络技术的不断发展,socket 良好的性能也就越来越受到人们的喜爱,各种操作系统平台纷纷开始提供 socket 接口。

Windows socket 规范建立在 Berkeley 套接口模型上,是 socket 的 Windows 实现。它不仅包含了人们所熟悉的 Berkeley socket 风格的库函数;也包含了一组针对 Windows 的扩展函数,以使程序员能充分地利用 Windows 消息启动机制进行编程。

Windows socket 套接字有两种形式:流式套接字(stream socket)和数据报套接字(datagram socket)。前者定义了一种可靠的面向连接的服务,而后者则定义了一种无连接的服务。在 socket_stream 这种方式下,两个通信的应用程序之间先要建立一种虚拟的连接,利用传输层字节流协议(TCP)的可靠性将数据当成字节流处理,以实现无差错、无重复地顺序数据传输。而 socket_dgram 则是通过相互独立的包进行传输。包的长度一定,传输是无序的,并且不保证是否出错、丢失和重复。

2. 基于 Winsock API 的网络通信

Winsock(windows socket)是一套开放的、支持多种协议的 Windows 下的网络编程接口,经过不断完善已成为 Windows 网络编程的事实上的标准。它是一个基于 socket 模型的 API,在 Windows 系统中,Winsock API 为网络开发提供了一个协议无关的接口,它包含了一组网络 I/O 和获取网络信息的库函数,网络应用程序通过调用这部分函数实现自己的功能。

Winsock 规范定义了一个 TCP/IP 网络上开发 Windows 程序的接口标准,它位于 TCP/IP 协议栈和应用程序的中间,管理与 TCP/IP 协议的接口,如图 10-12 所示。应用程序调用 Winsock API 实现相互之间的通信,Windows socket 又利用下层的网络通信协议功能和操作系统调用实现实际的通信工作。这样,对于程序员,Windows socket 在很大程度上屏蔽了 Internet 协议族,从而更能集中于核心问题的解决。

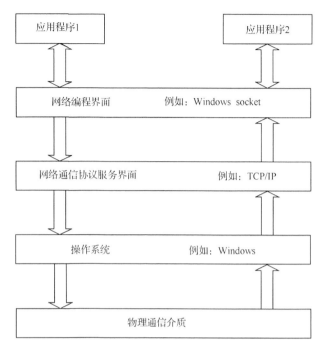

图 10-12 应用程序与 Winsock 的关系

3. 基于 C/S 模式的流式 socket 通信程序设计

基于 TCP/IP 协议的应用程序一般采用客户/服务器模式，一般需要客户和服务器两个进程，而且应该首先启动服务器进程。

C/S 模式最终可归结为一种"请求/应答"关系，一个请求总是首先被客户发出，然后服务器总是被动地接收请求，返回客户需要的结果。在客户发出一个请求之前，服务进程一直处于休眠状态，一个客户提出请求后，服务进程被唤醒，并且为客户提供服务，对客户的请求做出所需的应答，C/S 模式通信程序流程图如图 10-13 所示。

基于 C/S 模式开发的系统能给系统的设计者更多的自由度，便于从底层到高层全方位介入，实施系统的优化、监控和提高系统效率；而且由于系统中数据交换等策略都充分考虑了网络环境下的机器人遥操作的系统特点和需求，系统的整体性能较好，但系统开发起来工作量大、周期长，需要考虑自动控制、计算机操作系统、网络通信协议和人机接口等诸多方面的细节。

4. MFC Windows socket 网络编程

在 MFC 中，为了提供面向对象的编程方式而封装了两个 Winsock 类：一个是 CAsyncSocket 类，另一个是 CSocket 类。

CAsyncSocket 类对 Windows socket API 进行了封装，CAsyncSocket 类是从 CObject 类继承下来的，它的目的在于向程序员提供一种面向对象的编程接口，一边可以方便地处理有关网络行为的通知消息，而同时又保证程序员可以使用较为

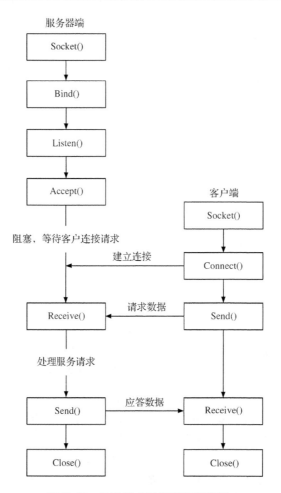

图 10-13 C/S 模式通信程序流程图

底层的 API 函数。

CSocket 类是从 CAsyncSocket 类继承来的,它封装了 socket 实现中的许多细节,它为程序员提供了更高级的抽象。由于它和 CArchive 与 CSocketFile 类结合使用,并且管理了通信的大多数操作,从而使通信程序员从一些网络编程的底层细节中解脱出来。

CSocket 类的缺省方式为阻塞方式,而 CAsyncSocket 类缺省方式是非阻塞的。在协作式多任务条件下,非阻塞方式比阻塞方式工作效率明显提高。而且 CAsyncSocket 类更加面向底层,因而使用起来也就更灵活些。因此,我们选用非阻塞的 CAsyncSocket 类进行网络通信编程。

客户端的程序设计要点:

① 调用 WSAStartup 启动并进行版本验证;

② 调用 socket 创建套接字;
③ 调用 WSAAsyncSelect 选择异步网络事件;
④ 调用 connect 建立服务器地址、端口号与套接字的连接;
⑤ 当主窗口收到接受套接字上的连接消息 FD_CONNECT,完成连接;
⑥ 由消息驱动通过调用 send()和 receive()异步地进行通信。

服务器端程序设计要点:
① 调用 WSAStartup 启动并进行版本验证;
② 调用 socket 创建套接字,如成功,设置地址和端口号,然后调用 bind 将地址与套接字建立连接;
③ 调用 listen 将套接字变成被动套接字,等待接收连接;
④ 当主窗口收到接收套接字上的连接消息 FD_ACCEPT,保存旧的套接字,调用 accept 创建新的套接字用于数据传输,并通过调用 WSAAsyncSelect 来选择异步网络事件(如发送 FD_WRITE、接收 FD_READ);
⑤ 由消息驱动通过调用 send()和 receive()异步地进行通信。

10.1.3.4 遥操作中网络通信程序设计

1. 客户端程序设计

客户端首先要与服务器端建立连接,然后通过服务器对远端的实际机器人初始化。实际机器人初始化成功后,操作者就可以在客户端遥控机器人运动。操作者通过客户端对机器人的操作有两种方式:一种是通过 3D 控制器控制虚拟臂运动,根据运动学的仿真结果控制实际机器人;另一种是可以向机器人发送控制指令,让机器人执行规划好的任务或是制动。客户端流程图如图 10-14 所示。

客户端通信程序界面如图 10-15 所示,程序中对 PA10 机器人和模块机器人分别进行通信连接。因此,既可单独控制每个机器人运动,又可以同时控制两个机器人协作,有较大的灵活性。而且通过命令框可以向远端机器人发送控制指令,在列表框中会显示指令的执行结果。

2. 服务器端程序设计

服务器程序启动后,要等待客户端的连接请求,直到接收到客户端的连接请求并与之成功建立连接,然后才能接收客户端传输过来的数据。若是指令数据,服务器会先比较指令的优先级,优先级高的会直接执行,否则加入指令缓冲队列。根据指令查找服务器的知识库,按照事先规划好的路径控制机器人运动。若是位姿数据,服务器会执行插补计算和机器人逆运动学计算,得出机器人的各个关节值,控制机器人运动。服务器会根据各种传感器的信息判断机器人是否会发生碰撞等异常情况,以便做出及时处理。最后,服务器把传感器的信息和当前机器人的状态回传给客户端,以供参考。服务器端流程图如图 10-16 所示。

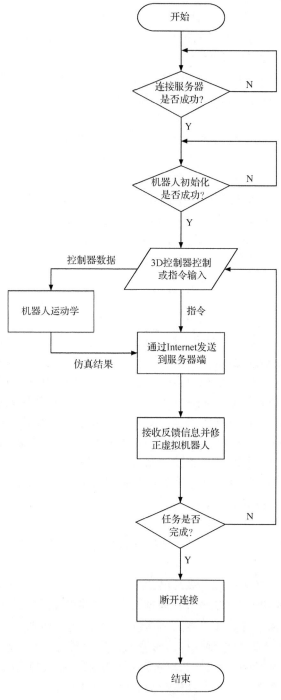

图 10-14　客户端流程图

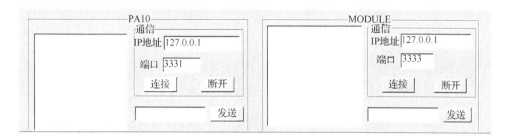

图 10-15　客户端通信程序界面

3. 机器人控制器程序设计

机器人控制程序根据服务器传送的数据控制实际的机器人运动，并把采集的传感器信息回传给服务器。如图 10-17 和图 10-18 所示，分别为 PA10 机器人和模块机器人的控制程序界面。

10.1.4　多机器人遥操作控制策略的研究

在遥操作多机器人的作业过程中，如何提高工作效率和实现机器人之间的协调控制是一个十分重要的问题。

由于机器人还没有达到完全自主作业的智能程度，因此人的辅助作用在机器人的作业中是必不可少的。把人作为机器人控制回路中的一部分，将人的智能和机器的智能有机地结合起来，可以使机器人成功地完成许多复杂的操作任务。但在智能化不高的机器人系统中，人的引入也势必会影响到机器人的工作效率。如何协调好人的智能和机器的智能的关系，采取合理的遥操作控制方式，是遥操作中的一个重要问题，它直接影响到整个遥操作任务的效率。

在多个机器人的遥操作中，操作者除了担心单个机器人与操作对象的碰撞外，还要考虑机器人之间可能发生的碰撞情况，这无疑增加了操作者的负担，影响了遥操作的效率。为了减小操作者的负担，就要在多机器人遥操作中采用一些协调控制策略，避免碰撞情况的发生。而且，即使由于操作者的误操作使机器人之间发生了碰撞的可能，操作者也会有足够的时间去纠正错误，避免发生碰撞。

本章提出了分区控制方法，把机器人的作业空间划分不同的操作区域，在不同区域中采用适合的控制方式，以提高遥操作的工作效率；同时，综合运用比例速度控制和虚拟斥力场的协调控制方法，使操作者能安全、无碰撞的遥控远端机器人协作。

10.1.4.1　分区控制策略

1. 遥操作的控制方式

目前常用的机器人遥操作方式主要有以下几种。

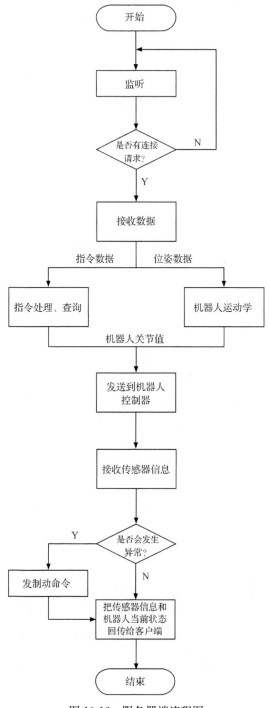

图 10-16 服务器端流程图

第10章 拟人双臂机器人系统遥操作研究

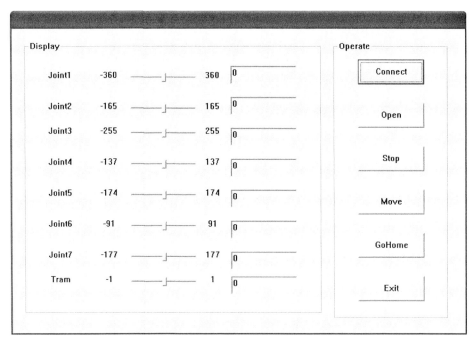

图 10-17　PA10 机器人控制程序界面

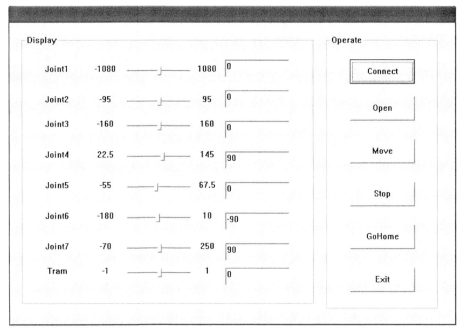

图 10-18　模块机器人控制程序界面

1) 直接控制（direct control）

即由操作者负责机器人的任务和路径规划，并借助于 VR 设备对机器人直接发送动作指令以完成某项任务，机器人的运动完全由操作者控制，其基本结构如图 10-19 所示。其优点为充分利用人的感知、判断和决策能力，增强系统的适应能力，具有较强的故障恢复能力；其缺点为在直接控制方式下对人的依赖过多，忽略了机器的智能，任务的执行效率较低。

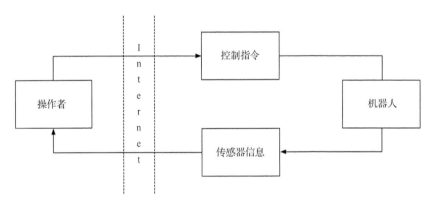

图 10-19 直接控制方式结构简图

2) 监督控制（supervisory control）

这种控制方式的基本思想是将操作人员置于控制结构的闭环之外，主要依靠遥机器人的自主能力，其基本结构如图 10-20 所示。在监督控制方式下，远端的机器人能够自主工作，操作者监控机器人的运动并可以在任何时候干预机器人的运动。其优点在于可将时延排除在底层控制回路之外，从而在局部获得较高的稳定性能和控制精度，但受限于机器人的智能程度不高，很难完全依赖于机器人自主完成较复杂的任务，而且在遇到差错、意外情况时，也很难依靠自身进行误差恢复。

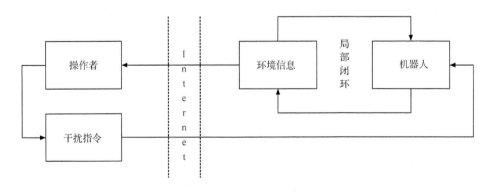

图 10-20 监督控制方式结构简图

3) 共享控制(shared control)

就是让操作者和遥机器人在操作过程中责任共享,操作者和机器人的自主控制都能控制机器人的行为,既允许操作者进行直接控制,发挥其判断决策能力,又保证遥机器人具有一定的自主性。共享控制结合了直接控制和监督控制各自的特点,扬二者之长而避二者之短,实现了上述两种控制方式的互补。

2. 机器人的工作空间

在多机器人遥操作系统中,每个机器人都有自己的工作空间。当多个机器人协作完成某项任务时,它们的工作空间会形成一个交集,当机器人进入这个交集空间时,彼此之间就有可能发生碰撞。如图 10-21 所示,以两个平面三杆机器人为例,对多机器人的交集空间进行分析。由图可知,两个机器人的交集空间为曲线 L_1 和 L_2 所组成的封闭点区域 S,当两个机器人进行操作时,碰撞只能在区域 S 中发生[17]。若两机器人工作空间没有交集,那么机器人之间就不会发生碰撞,因此减小或是完全消除交集空间则可以减少或避免碰撞情况的发生。

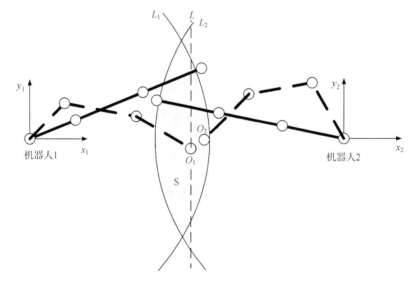

图 10-21 两平面机器人工作空间示意图

为了避免两机器人发生碰撞,当机器人 1 运动到图中虚线所示的位置时,我们过机器人 1 的末端中心做一条平行于 y 轴的直线 L,直线 L 把整个平面分成了两部分。显而易见,若规定机器人 2 的工作空间只能在直线 L 的右边,那么这两个机器人的工作空间就不会出现交集,两机器人也就不可能碰撞。对机器人工作空间这样的约束虽然使它丧失了一部分活动范围,但却避免了机器人间发生碰撞的可能,减小了操作者的负担,给了操作者更大的控制自由。

3. 遥操作的分区控制方法

当机器人工作在不同的作业空间时,对操作的精度和速度有不同的要求[18~20]。我们根据机器人的工作空间和特点,把机器人的操作空间划分为接触区和非接触区,针对不同的区域操作,采用不同的控制方式。

1) 在非接触区运动——直接遥操作

机器人在非接触区运动时,双臂之间或是机械臂与被操作对象之间不会发生碰撞,机器人可以自由、安全地运动,所以允许机器人有较大的误差和运动速度。操作者利用人机交互设备通过图形预测仿真平台控制机器人快速地进入接触区,以便进行下一步的操作任务。

2) 常规任务的执行——监控遥操作

在通常情况下,机器人执行的都是一些常规任务,这些任务是固定的和重复的。此时,可以预先规划好机器人的任务,并且存储在服务器的知识库当中。操作者只需发送任务指令,从端就会根据指令调用本地知识库中事先规划好的任务并执行操作。之后,操作者监控从端反馈回来的信息,若发生异常情况,及时进行处理。

3) 在接触区的运动——共享遥操作

这种控制方式结合了上述两种控制方式的优点,既允许操作者进行直接遥操作,发挥其判断决策能力,又保证遥机器人具有一定的自主性。当机器人进入接触区以后,为了避免发生碰撞,要放慢操作速度,操作者遥控机器人逐渐接近被操作对象。当机器人靠近目标进入工作区后,由机器人自主完成操作任务。

10.1.4.2 协调控制策略

1. 机器人遥操作协调控制方法概述

网络时延是影响多机器人遥操作系统的主要因素,到目前为止,一些学者已经提出了几种不同的协调控制方法并取得了一定的效果[21,22]。

1) 虚拟厚度修改

虚拟厚度修改方法由 Ohba 等[23]提出,通过改变从机器人在主操作手端显示时的厚度,弥补通信时延造成的从操作手运动的不确定性。它最大的优点是方法简单,可以通过从操作手厚度的改变补偿通信中的时延问题,并且能够明确地表达出可能发生运动干涉的区域,但是这种方法中的干涉区域牺牲了一些从操作手可以进入的有效区域,使得从操作手的运动空间受到了一定的限制,操作精度降低。

2) 估计预测重叠

采用估计预测重叠的方法进行协调控制是 Kawabata[24]等提出的,其基本思想是在主操作手端重叠预测出从操作手的运动轨迹和从操作手具有时延的模型。首先对从操作手末端的五个采样周期的速度进行平均,使从操作手以平均速度移动克服时延,然后利用传输回来的从操作手运动状态信息建立实体模型,并在其上重叠预测从操作手的轨迹轮廓,最后操作者对照预测轨迹轮廓操纵从操作手。

3) 比例速度协调控制

前两种方法虽然能够补偿从操作手在时延条件下运动的不确定性,显著地降低了产生运动冲突的可能性,但是不能避免瞬间突发的运动冲突。实际上操作者即使意识到从操作手之间的运动可能会有冲突,立即停止远端的从操作手的运动也是非常困难的。但是如果在允许的界限内控制从操作手的速度,有利于安全、迅速地终止从操作手的运动。Kosuge 等[25]在宏微遥操作中提出一种比例调节控制方法,用两个比例因子(运动比例系数和力比例系数)简化主手和从手之间运动和力的关系,据此 Chong 等[26]提出了比例速度协调控制方法。当预测到从操作手要发生运动冲突时自动调整从操作手的速度,而且在两个从操作手之间的距离不够安全,可能发生运动干涉时,从操作手末端的速度会降下来。主操作手的控制指令根据从操作手之间的距离成比例地缩放调整后再发送给从操作手,这样不仅能使操作者免于担心从操作手的运动状态,而且可以给出大步距的操作命令以提高协作任务完成的效率,但是破坏了主操作手的可操作性。

4) 虚拟阻抗协调控制

Chong 等在比例速度控制方法的基础上又提出采用基于虚拟阻抗协调控制方法[27]来解决多机器人遥操作系统中由于通信时延而引起的从操作手之间的运动冲突。在主从遥操作中设置了一个可调阻抗,初始时在主操作手端加上一个低阻抗,根据两个从操作手之间的距离调整阻抗,距离越小阻抗越高。需要明确指出的是,在从操作手上加上虚拟阻抗并反馈给主操作手,从操作手之间可以等同一个弹簧、质量和阻尼系统。当从操作手没有发生运动干涉时,从操作手末端操作器上的阻抗不会被激活,对主操作手不会有任何影响,只有在从操作手可能发生碰撞前这种附加的阻抗才发出信号给操作者停止主操作手当前的控制。直接测量从操作手末端的力并反馈给主操作手是具有力反馈的主从遥操作中的一个简单明了的方法,但是把从操作手端的力不断地反馈给主操作手的控制是难以接受的,因为具有时延的力反馈对主操作手有一些意想不到的干扰,会导致系统稳定性下降。因此他们采用预测显示模型解决了图像传输中的时延问题,并引入虚拟阻抗克服了力反馈中的时延问题。这一方法提高了操作性能,保证了整个操作过程中主操作手控制的一致性,但是对操作者作业能力要求较高。

5) 虚拟斥力场引导协调

Chong 等[28]提出在预测图形仿真器中采用虚拟斥力场引导协调控制方法,通过把预测仿真器内计算出来的虚拟反应力 F 反馈给操作者来控制远端多个机器人的协调运动。当从端机器人相互接近时预测仿真器中对应的机器人末端操作器周围会产生一个虚拟斥力场,斥力 F 会给从机器人一个推力,使得机器人之间保持一定的距离,同时操作者操作会感到有阻碍。当两个机器人之间的距离远到可以安全地进行协作时斥力场就不再起任何作用。这一方法能够帮助操作者克服视觉信息延迟,保证通过网络控制远端的机器人安全地、无碰撞地协作,提高操作性能和作业效率,但是此方法仅能依靠人在主操作端的图形仿真器内的操作实现机器人末端操作器之间的避碰。

6) 基于事件的控制

传统的控制系统以时间作为控制器输入、输出信号的参考,基于 Internet 的遥操作系统存在的变化网络时延打乱了主从操作手之间的同步,因此以时间作为参考就很难保证系统的稳定。Tan 等[29]提出的基于事件的控制是使用系统中一个与时间无关或不是时间显函数的参变量,即发生的事件来规划控制。如果原系统在时间参变量下是稳定的,假定事件是时间的非减函数,则事件下系统仍是稳定的。既然基于事件的控制系统不直接依赖于时间,因而时延对控制系统的稳定性将不会产生任何影响。Xi 等采用这种方法来解决通过 Internet 网络移动机器人与放置其上的六自由度机器人之间的协调控制的问题。尽管网络时延是不确定的,采用此方法仍然能够保证系统的稳定性和同步性,并且在两个协作过程中具有很好的动态响应性能,但是关键在于为系统找到一个合适的非时间参变量,系统的透明度等操作性能以及控制器设计的难易会因不同参变量的选取而发生较大的变化。

2. 基于比例速度控制和虚拟斥力场的协调控制方法[30,31]

Chong 等[26,28]分别提出了在图形预测仿真平台中采用比例速度控制和虚拟斥力场的协调控制方法,这两种方法能够帮助操作者克服信息时延,安全、无碰撞地遥控远端机器人协作,提高操作性能和作业效率。

综合运用这两种方法,我们对拟人双臂机器人进行远程协调控制。假设当机器人运动到接触区时,机器人末端执行器上就会产生一个虚拟斥力场,机器人末端越接近,斥力场的作用就越强,机器人末端之间产生的斥力就越大,机器人末端相互靠近就越困难。因此,机器人末端只能无限接近却不能接触,避免双臂机器人在协调作业时发生碰撞。同时,在斥力的阻碍作用下,机器人末端做减速运动,速度根据阻力大小按比例逐渐减慢,即机器人越接近时速度越慢,使操作者有充分的时间对可能发生的碰撞提前预测,可以有效避免机器人作业时碰撞发生。在斥力场作用下产生的斥力经过数据处理后反馈给操作者,操作者操作就会感到有阻碍,使操作者意识到碰撞可能发生的方向,因此,操作者可以沿碰撞发生方向的反向操作机器人运动,避免发生碰撞。当机器人离开接触区运动到非接触区后,斥力场就消失不再起任何作用了,机器人恢复到常规的运动速度。

为了简化起见,假设碰撞只在两机器人的末端之间发生,并且两机器人为对等体,即两机器人末端的速度始终保持一致。由于本系统采用了单个操作者控制多机器人的方式,没有对等操作者的操作在本地仿真平台延迟显示的问题,预测仿真平台中没有时延地实时显示所有虚拟机器人的运动情况,实际的机器人根据仿真结果执行操作。因此,在不发生异常情况下,只要保证仿真平台中的虚拟机器人不发生碰撞,就可以避免实际的机器人发生碰撞。

设 L 为两机器人末端之间的距离,S_{min} 为机器人之间最小的安全距离,当 $L<S_{min}$ 时,斥力场起作用,在机器人末端产生斥力 F_r,则 F_r 为

$$F_r = f(L) \tag{10-4}$$

其中,f 为以 L 为变量的函数,当 L 趋近于 0 时,$f(L)$ 趋近于无穷大,即斥力 F_r 将趋近于无穷大。由于机器人末端之间的斥力的阻碍作用,使机器人末端速度降低。设在没有斥力场作用下机器人末端常规速度为 v,则在斥力场作用下末端速度 v_c 为

$$v_c = kv \tag{10-5}$$

其中,k 为速度关系的比例系数,它是根据斥力 F_r 变化而变化的变量,有

$$k = \Delta/F_r \tag{10-6}$$

这里,Δ 为一个选定的常数值。把式(10-4)代入式(10-6)可得

$$k = \Delta/f(L) \tag{10-7}$$

把上式代入式(10-5),可得

$$v_c = v\Delta/f(L) \tag{10-8}$$

上式即为机器人末端之间距离与速度的关系。

3. 协调控制方法中的参数选择

根据拟人双臂机器人工作空间和操作台空间的大小,我们选定两机器人末端之间的最小安全距离 S_{min} 为 0.5m;根据机器人自身的性能,我们设定在没有斥力场作用下机器人末端常规速度 v 为 0.1m/s。

由上节中叙述可知,$f(L)$ 为机器人末端所受斥力 F_r 与末端距离 L 之间的函数,当 L 趋近于 0 时,F_r 趋近于无穷大,且 F_r 随 L 的增大而减小,因此,$f(L)$ 应为一个单调递减的函数,并在 L 取 0 值时,$f(L)$ 为无穷大。符合上述特性的函数有 $\cot x$、x^n 等,我们令 $f(L)$ 按照 x^{-3} 在区间 $(0,1)$ 上的曲线特性变化,则可得 $f(L)$ 的值域为 $(1,+\infty)$。又因为 L 的取值范围是 $(0,0.5)$,则函数 $f(L)$ 的表达式为

$$f(L) = (2L)^{-3} = \frac{1}{8L^3} \tag{10-9}$$

令 $\Delta = 1$,又知 $v = 0.1$,则根据式(10-8)可得

$$v_c = 0.8L^3 \tag{10-10}$$

由式(10-10)可得理想的末端速度与距离之间的关系曲线图,如图 10-22 所示。

4. 仿真实验

我们对基于比例速度控制和虚拟斥力场的协调控制方法进一步简化。因为机器人执行任务操作时是一步一步进行的(把从初始位姿到给定的新位姿的运动称为一步),如果在执行每一步任务过程中都要根据两机器人末端工具中心之间的距

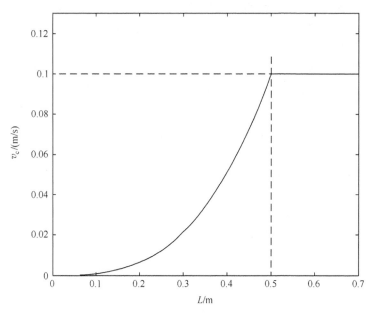

图 10-22　两机器人末端工具中心之间距离-速度关系曲线图

离来调整末端速度,即机器人末端以变速运动,这样势必会加快机器人的损耗,而且也增加了计算量,加大了控制程序的负担。因此,在对机器人进行协调控制时,我们让机器人执行每一步操作时末端都以匀速运动,而这个速度就是根据这一步终止时两机器人末端中心之间距离计算得到的。

利用拟人双臂机器人仿真平台,我们对简化的协调控制方法进行实验研究。首先,调整好两个虚拟臂的初始位姿,使它们末端中心的连线与 x 轴平行;然后,控制两个虚拟臂沿与 x 轴平行的连线移动,具体步骤如表 10-1 所示。

表 10-1　协调控制仿真实验步骤

步骤	PA10 机器人 移动距离/m	模块虚拟臂 移动距离/m	两机器人末端 中心点之间距离/m	机器人末端 速度/(m/s)
初始化	0	0	0.6	0
第一步	0.05	0.05	0.5	0.1
第二步	0.05	0.05	0.4	0.0512
第三步	0.05	0.05	0.3	0.0216
第四步	0.05	0.05	0.2	0.0064

仿真实验过程中,PA10 机器人和模块机器人的关节角曲线、关节速度曲线如图 10-23 和图 10-24 所示,从图中可以看出,各机器人的关节角和关节速度都在允许范围内。

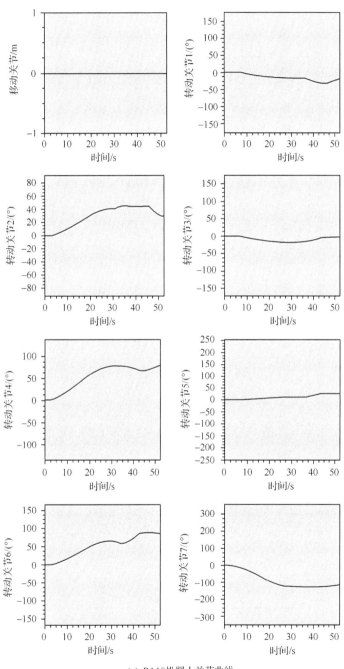

(a) PA10机器人关节曲线

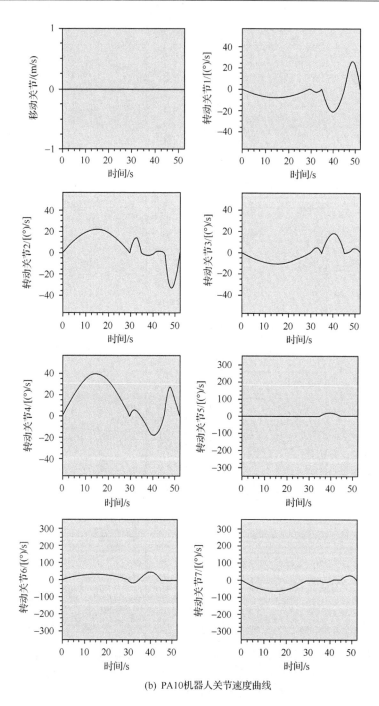

(b) PA10机器人关节速度曲线

图 10-23　PA10 机器人关节曲线和关节速度曲线

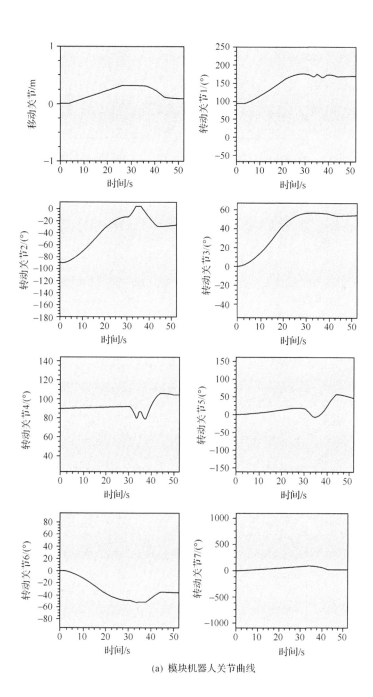

(a) 模块机器人关节曲线

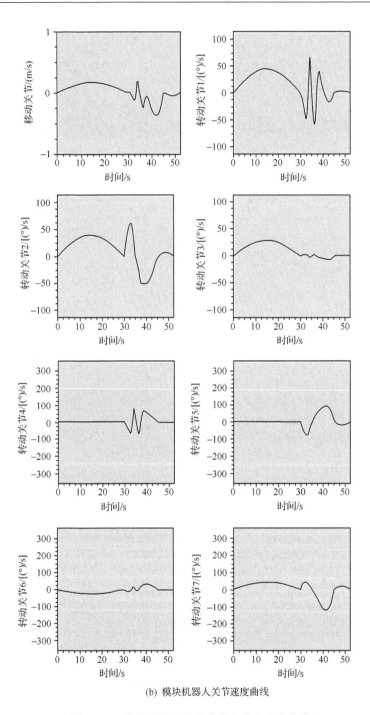

(b) 模块机器人关节速度曲线

图 10-24　模块机器人关节曲线和关节速度曲线

在仿真实验过程中，机器人末端的实际移动速度要比根据式(10-10)计算得到的速度慢。这是因为仿真环境中的虚拟臂的运动不是真正的连续运动，而是仿真平台不断刷新和重绘画面使虚拟臂实现的动画效果，刷新和重绘过程增加了运动的时间，因此，机器人末端的移动速度要比计算得到的速度慢。

通过仿真实验验证了基于比例速度控制和虚拟斥力场的协调控制方法的正确性，同时也验证了根据本实验平台所选用的参数的合理性。

10.1.5 遥操作实验研究

多机器人遥操作系统结合了遥操作和多机器人协调两种技术，是一个新兴的研究方向，在网络、空间及水下环境有着十分广泛的应用前景，是我国机器人技术发展所面临的重要研究课题。国外早已着手这方面的实验研究并已投入实际应用，而国内这方面的研究还不够系统和完善，实际应用上基本还属于空白。

在遥操作研究中，实验环节是必不可少的。本章介绍了几个具有代表性的实验，验证我们的技术和理论，这些实验资料对多机器人遥操作的进一步发展、应用是非常有意义的。

10.1.5.1 工件装配实验

本实验在局域网环境中进行，模拟时延 3s。实验中所采用的圆柱形工件直径为 48mm，实验台上装配孔直径为 50mm。PA10 机器人初始位形末端工具中心与实验台面的距离为 30cm，在实验台平面坐标系下投影坐标为 (30,100)，装配孔中心坐标为 (30,80)，单位 cm。

实验中，机器人首先运动到预先设定的初始位形，然后由 CCD 摄像机识别出工件的位置，设其在实验台平面中坐标为 (x_1,y_1)，则可得机器人末端工具中心与工件实际位置在 x 轴和 y 轴上的偏移量 dx_1、dy_1 为

$$dx_1 = x_1 - 30 \tag{10-11}$$

$$dy_1 = y_1 - 100 \tag{10-12}$$

通过沿 x 轴和 y 轴方向的直线插补和逆运动学算法，机器人控制器自主规划运动轨迹，控制机械臂移动到工件上方（机器人末端中心的高度不变），如图 10-25 所示。

之后，利用遥操作调整三指灵巧手的位姿以利于对工件的抓持，如图 10-26 所示。

三指灵巧手抓取工件后，垂直提高 20cm，此时机器人末端中心的投影坐标约为 (x_1,y_1)，与实验台装配孔在 x 轴、y 轴上的偏移量 dx_2 和 dy_2 为

$$dx_2 = 30 - x_1 \tag{10-13}$$

$$dy_2 = 80 - y_1 \tag{10-14}$$

图 10-25 机器人依靠 CCD 识别的位置信息自主规划路径到工件上方

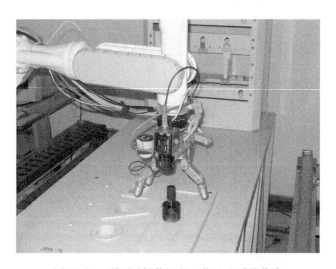

图 10-26 利用遥操作调整三指灵巧手的位姿

根据计算所得偏移量 dx_2、dy_2,PA10 机械臂自主规划路径移动到工件孔的上方(机器人末端中心的高度不变)准备装配,如图 10-27 所示。

由于机械手的精度不高,对工件不能精确抓取,造成工件位姿与工件孔有偏差,需要人为遥控机器人调整位姿,使工件与工件孔对齐,能够继续装配。如图 10-28 所示。

最后,机器人抓持工件垂直向下直线运动,进行工件装配。当工件与工件孔没有对齐而与孔的边缘发生碰撞,或是工件顺利装配与工件孔的底端接触后,工件底

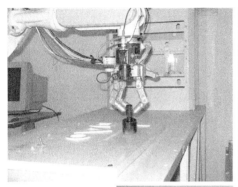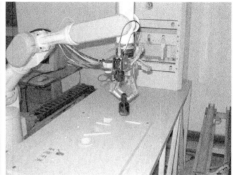

图 10-27　机器人抓取工件按预先规划的路径移动到工件孔的上方

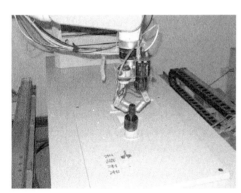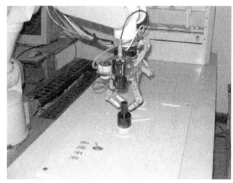

图 10-28　遥操作调整工件位姿

面都会受到一个反向作用力,因此通过检测腕力传感器的值并结合视频信息,可以判断工件是否完成装配。设定腕力传感器的阈值为 3N,当反向作用力大于设定的阈值时,机器人停止运动,通过视觉信息判断装配任务是否完成,若成功完成则机器人回位,否则继续利用遥操作调整工件位姿,以便执行装配任务,如图 10-29 所示。

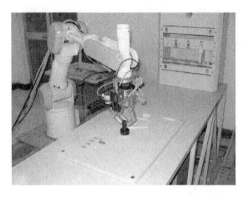 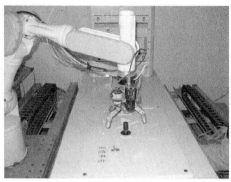

图 10-29　机器人进行工件的装配

通常由于机器人的智能不高,而且机器人的重复定位精度不够,传感器的信息也不是很精确,这些都使得单靠机器人自主完成一些较复杂的、精度要求高的操作任务是很困难的,一般都需要在人的辅助下,人为地及时调整操作对象的位姿才能使任务顺利完成。

本章结合遥操作技术与机器人的自主规划完成了工件的装配,体现人的智能和机器智能的完美结合。

10.1.5.2　拧螺栓实验

本实验中所用螺栓为标准元件六角头螺栓-C 级(GB5780-86),公称直径为 M30,螺杆和螺母分别置于平台的中央。在实验中,PA10 机器人抓取螺母,模块机器人抓螺杆,实验大致流程如图 10-30 所示。

在操作端,操作者通过六维鼠标来控制仿真环境中的虚拟臂抓取螺母,然后通过基于 TCP/IP 的 socket 网络数据通信,将虚拟臂仿真运动数据传送到远端的机器人控制器,控制实际的机械臂执行仿真运动,进行真实的螺母抓取任务,如图 10-31 所示。

之后,双臂机器人接收操作端的控制指令,运动到预先规划好的位置,如图 10-32 所示。

此时双臂机器人各关节值如表 10-2 所示。

表 10-2　双臂机器人在工作区预定位形时各关节值

机器人 \ 关节	关节 1	关节 2	关节 3	关节 4	关节 5	关节 6	关节 7
PA10 机器人关节值/rad	−0.44	0.86	−0.01	0.72	1.58	2.02	−0.01
模块机器人关节值/rad	2.46	−0.65	0.50	1.70	−0.92	0.64	1.46

第 10 章　拟人双臂机器人系统遥操作研究

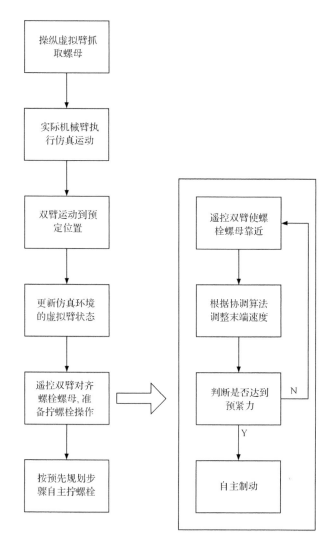

图 10-30　拧螺栓实验流程图

机器人运动到预定位形后,机器人的实际状态数据通过网络传回到操作端,更新仿真环境中虚拟臂的位姿,使其与实际的机器人位姿一致,以便依据仿真平台进行下一步操作。仿真环境更新后,遥控双臂使螺栓螺母轴线对齐并逐渐靠近,如图 10-33 所示。在双臂抓持螺栓螺母靠近的过程中,根据协调控制算法(见第 4 章中的论述)调整末端速度,以免因速度过快而来不及制动发生碰撞。螺栓螺母之间要有一定的预紧力才能顺利拧入,根据力传感器的信息判断是否达到所需的预紧力,设定腕力传感器的阈值为 3N,若达到所需力的大小,机器人就停止运动,否则继续靠近。

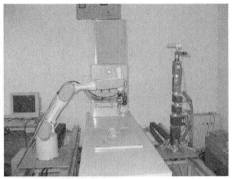
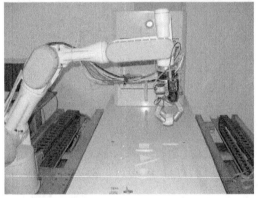

图 10-31 结合仿真环境抓取螺母

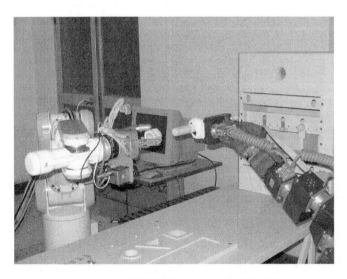

图 10-32 双臂运动到工作区中的预定位置

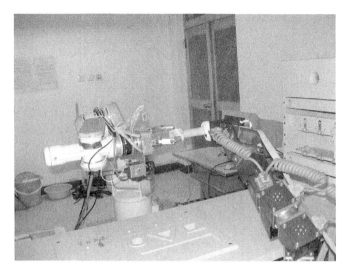

图 10-33 调整螺栓螺母到预装配位置

当两机器人运动停止后,操作端发送控制指令给服务器,服务器再把指令同时分别发送给两个机器人控制器,两个机器人控制器接收到控制指令后发给服务器"确认"信号,服务器收到 PA10 机器人和模块机器人的两个"确认"信号后,再同时发送给两个机器人控制器"确认"信号,机器人控制器接收到服务器的"确认"信号后开始执行运动。经过服务器和机器人控制器的三次握手,确保双臂机器人能够同步运动。

双臂按预先规划的步骤同步运动,实现拧螺栓任务。在双臂协调拧螺栓的过程中,PA10 机器人抓持螺母绕腕部轴线做旋转运动,每次转 π/3rad,速度为 0.2rad/s,则一次旋拧完成时间 t 为

$$t = \theta/\omega = \frac{\pi/3}{0.2} \approx 5\text{s} \tag{10-15}$$

模块机器人抓持螺栓沿轴线平移,则模块末端移动速度 v 为

$$v = d/t = \frac{l/3}{t} = \frac{3.5/3}{5} \approx 0.25\text{mm/s} \tag{10-16}$$

其中,l 为螺栓的螺距。

设定腕力传感器的阈值为 8N,若检测到的力大于 8N,则模块机器人停止移动,而 PA10 机器人继续旋拧,当腕力传感器检测到的值小于 3N 后,模块机器人继续移动,直到一次旋拧过程结束。实验过程如图 10-34 所示。

在一次旋拧过程中,腕部轴向所受的力如图 10-35 所示。

本实验中,由于夹持器对螺栓的抓取不够牢固,在装配过程中容易晃动或是脱落,因此,没有对螺栓抓取,而是直接把它绑定到夹持器上。在局域网环境中模拟

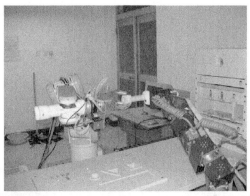

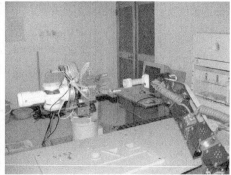

图 10-34　按规划路径自主完成拧螺栓任务

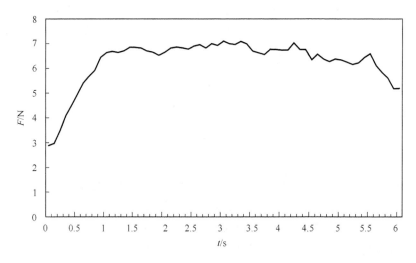

图 10-35　拧螺栓过程中机器人腕部轴向所受到的力变化曲线图

时延 3s，共进行了五次双臂协调拧螺栓实验，每次任务完成时间少于 3min，其中有两次没有成功拧上螺栓，主要是因为受到硬件设备的限制而降低了实验的成功率：一是灵巧手不稳定，有时抓取螺母会造成变形，使螺母与腕部不同轴，因此，在与螺栓装配时不能顺利旋拧；二是机器人身上的控制线限制了腕关节的活动范围，使一次旋拧只能有三分之一圈，有时旋转一次会拧不上。虽然实验成功率只有 60%，但它达到了我们最初的目的，验证了本文中方法和系统的可行性。

10.1.6 本节小结

基于互联网的拟人双臂机器人遥操作系统具有很高的灵活性，适合完成复杂的遥操作任务，因此，研究太空、核环境、深海等环境下的多机器人遥操作技术有更现实和深远的意义。

提出的一种"单机-单操作者-多人机交互设备-多机器人"的遥操作体系结构，降低了多操作者-多机器人遥操作系统的复杂度，减小了多操作者之间的通信时延，具有更好的协调性。

研究通过虚拟双臂来遥控实际的双臂机器人的方法，改变传统的主/从方式。利用两个六维鼠标作为输入设备，分别独立地控制两个虚拟臂，实现了一个操作者对多个机器人的直观控制。

基于 TCP/IP 协议和预测仿真技术，开发了一套遥操作网络通信软件。操作者在仿真环境中进行的操作通过互联网传送到机器人控制器，对远端实际机器人实时控制，并通过网络反馈回实际机器人状态信息，对操作情况监控。

根据拟人双臂机器人协调操作的特点，对机器人的工作空间交集进行分析，采取限制机器人的工作空间以减小交集空间的方法，避免了碰撞情况的发生。提出了基于比例速度控制和虚拟斥力场的协调控制方法，有效地解决了多机器人遥操作协调作业时的碰撞问题。

最后，基于拟人双臂机器人平台开展了具体的实验研究，并取得了预期的效果，验证了本章提出的系统结构的有效性。

10.2 多操作者-多机器人遥操作体系

10.2.1 多操作者多机器人遥操作系统体系结构

10.2.1.1 总述

由于在多操作者-多机器人遥操作体系中会增加各个操作者之间的通信和协调，使系统变得更加复杂，操作变得更加困难。因此在遥操作中我们将采用单机-单操作者-多人机交互设备-多机器人的遥操作体系。但由于该体系是由多操作者-多机器人遥操作系统发展而来,因此这里有必要简单地介绍一下多操作者-多机器人遥操作体系。

多机器人的遥操作(multi-operator-multi-telerobot,MOMR)是以单个机器人遥操作为基础的,与单机器人遥操作系统一样,存在着通信时延问题和操作性能问题,但是多机器人遥操作并不是多个机器人的简单组合,要提高多机器人系统的整体性能,还需要解决一些基础性理论问题和关键技术。例如,在这样的系统中,由于是多操作者协同工作,这就要求作为人机交互接口的预测图形仿真系统采用分布式结构,以使每个操作者在不同计算机上实现对不同控制对象的遥控,并将多台参与图形仿真的计算机通过网络相连,以保证每台计算机能为操作者提供相同的仿真环境。而由此引出的仿真模型同步协调问题就显得十分重要,因为不仅要保证各个仿真单元中操作者能看到同样的仿真环境,又要保证整个系统以很快的速度刷新各个单元中的仿真模型。同时,在传统的多机器人系统中,研究人员虽已提出了许多协调方法,但这些方法主要集中在全自主方式下机器人之间的规划和协调,而且许多算法的实时性不高,不能直接用于多机器人遥操作系统中。因此,需要对面向 MOMR 遥操作的体系结构、分布式预测图形仿真技术、仿真模型的同步控制技术、多机器人的协调控制技术等方面进行进一步的研究。

本节针对多机器人遥操作中存在的问题,提出了基于多 agent 的 MOMR 遥操作系统体系结构,为了克服时延的影响,实现了分布式预测图形仿真系统,并针对分布式仿真系统中存在的模型同步问题提出了基于神经网络预测的同步算法。

10.2.1.2 MOMR 遥操作系统的体系结构

在 MOMR 遥操作系统中,由于涉及多个操作者、多个机器人系统,因此系统十分庞大、复杂而且结构松散,体系结构的确定对整个系统的功能实现和稳定性起着至关重要的作用。同时,如何克服时延对系统稳定性的影响,如何最大限度地发挥遥操作者的高层规划能力和机器人的局部自主能力,如何配置系统中各分散的子系统(各操作者之间、各机器人之间、操作者与机器人之间)的组织协调关系,以及如何布置整个系统的软硬件结构,都要依赖于遥操作体系结构的确立。因此,遥操作体系结构的研究是我们必须要首先解决的问题。

1. MOMR 系统的功能分析

我们从 MOMR 系统中存在的问题出发分析它的组成部分。首先,在 MOMR 系统中存在运动冲突问题。当多个从机器人在同一个工作空间内运动时,极有可能发生碰撞,因为传输给每个操作者的另一个机器人的图像是具有时延的,他并不清楚从机器人的实际构形,容易被有时延的图像造成误解而发出错误的命令。实际上操作者仅仅依靠现场的摄像机提供的具有时延的视觉信息不足以确定其他地点的操作者控制的从机器人的运动,因此会因为担心相互协作的从机器人之间发生运动冲突而感到紧张。因此操作者控制机器人时不能给出大步距的命令,必须保证相互协作的机器人之间有一定的距离,致使系统的效率很低。

其次,安全的人机交互协调操作是远程控制的一大难点。为了克服遥操作系统中的通信时延,我们仍然采用了将虚拟现实技术和预测图形仿真技术相结合的方法来消除时延的影响。由于每个操作者只能控制自己可控的机器人,因此在他的仿真系统中只能对自己可控机器人的运动进行预测,却无法预测由其他操作者控制的机器人的运动。然而,由于多个机器人共处在同一工作环境中,为了实现协调操作,操作者又必须要了解其他机器人的运动情况才能对机器人的下一步运动做出规划。所以就需要利用模型同步技术使每个机器人模型的变化情况能同时在所有的仿真单元中实时地显示出来,以保证每个操作者都面对同样的仿真环境进行规划和控制。

最后,多个对象之间的协作策略是 MOMR 系统存在的另一问题。在操作端,操作者之间必须依据一定的协调策略进行协作,即 MOMR 系统存在多人协作问题;在从端,由于多个机器人系统同在一个工作环境中协调作业,因而也必须利用多机器人的协调与协作技术来协调各个机器人的运动,即系统存在多机协作问题;在主端和从端,为了能在人和机器人之间进行合理的分工和协作,也需要依据一定的协调策略,充分发挥操作者和机器人的优势,以更高效地完成遥操作任务,即系统还存在人机协调问题。

此外,与单机器人遥操作系统类似,在 MOMR 系统中也需要利用虚拟现实和增强现实技术来增强人机之间的协调交互能力,以提高遥操作的效率和精度。因此,为了实现方便、自然和高效的交互,MOMR 系统的各个操作端需要采用基于虚拟现实的人机交互接口;为了能完成对仿真模型的在线修正和校准,在 MOMR 系统中视频融合技术也是不可缺少的。

基于以上分析并参考以往的研究工作,充分考虑我们自己的条件和作业环境,本着结构化、模块化、智能化、柔性化的思想,我们认为 MOMR 系统应由以下技术单元组成:

① 分布式预测图形仿真系统(distributed predictive graphical simulation system,以下简称 DPGSS);
② 基于虚拟现实的人机交互技术;
③ 仿真模型的同步协调技术;
④ 面向遥操作的多机器人协调控制技术;
⑤ 预测仿真和视频图像匹配叠加;
⑥ 模块间的网络实时通信和远端视频图像监控。

2. MOMR 系统的体系结构

下面我们对 MOMR 系统的结构进行分析。一方面,操作端与从端、操作者之间、机器人之间在地理位置上是分布的。另一方面,操作者之间的地位是互相平等的,而且也是独立的,机器人之间也是如此。因此,这些遥操作单元在地位上平等,各单元自身具备独立的信息流程和体系结构,通过一定的接口与其他单元进行信息交流,并在共同完成某项遥操作任务这一共同目标的驱使下组合在一起,通过分工、协作的方式完成任务。这些特点表明各个独立单元已经初具 agent 雏形。此外,考虑到遥操作相关技术的不断发展和作业任务的复杂性,系统的可扩展性也十分重要。

考虑到 MOMR 系统的分布性、平等性、独立性、开发性、可扩展性等特点,在综合比较空间环境智能遥控机器人控制系统参考模型(NASREM)等先进遥操作控制系统的基础上,我们借鉴分布式控制、agent 等思想,提出了基于多智能体(multi-agents)的体系结构。MOMR 遥操作系统的体系结构如图 10-36 所示。

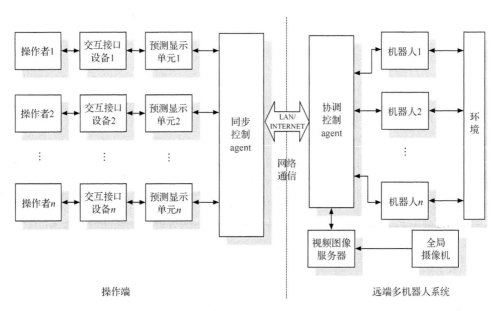

图 10-36　多操作者-多机器人遥操作系统的体系结构

由图 10-36 可以看出,整个系统可以分为两大部分:操作端和从端。操作端由同步控制 agent 和多个操作者以及与之对应的人机交互装置和预测显示单元构成,我们仍采用预测图形仿真技术克服通信时延的影响,操作者可以面对仿真系统生成的虚拟环境通过人机交互装置控制自己可控机器人的运动,该机器人运动状态的变化会送往同步控制 agent,它会更新自己的模型数据库,并通过仿真模型同步技术刷新其他仿真单元中该机器人的运动状态。这样,每个操作者就可以面对同样的仿真图形控制各自的虚拟机器人相互协调地完成遥操作任务。在操作端,同步控制 agent 是整个操作端的核心,我们把每个预测仿真单元视为一个 agent,

这些 agent 都要服从同步控制 agent 的管理与控制。整个操作端构成的多 agent 系统采用了主从式的层次结构,同步控制 agent 是上层,各个预测仿真单元 agent 是下层。

从端多机器人系统主要由协调控制 agent、视频图像服务器、各个机器人系统及操作环境构成。协调控制 agent 作为操作者和机器人交互的代理,接收来自操作端的命令,在对命令进行解释、细化、分工后,将命令分配给各个机器人去执行,同时又把机器人和工作环境的状态和各种传感器信息传送给远程操作者。视频图像服务器负责全局视觉图像的采集和传输。同样,在从端多机器人系统中,协调控制 agent 是整个从端的核心,每个机器人系统都可以看成一个 agent,这些 agent 都要服从协调控制 agent 的控制与管理。整个从端构成的多 agent 系统也采用了主从式的层次结构,协调控制 agent 是上层,各个机器人 agent 是下层。

综上所述,通过对系统功能的分解,使得系统具有通用性、开放性和易于移植的特点;agent 技术的应用简化了系统的结构,并且可以增加新的 agent 使系统具有扩展性;同时 agent 具有一定的智能,可以和其他 agent 进行协调,从而保障多机器人系统可以相互协调、安全可靠地完成任务。

3. 远端多机器人子系统

从图 10-36 中可以看到,协调控制 agent 是整个从端的系统核心。它主要的功能如下:

(1) 通过通信模块接收来自操作端的任务指令和数据。对于接收到的任务指令,它首先结合自己的知识库判断任务指令的可行性和安全性,然后对可行的任务指令进行任务规划和任务分解,产生任务调度并分配给下层的各个机器人 agent 完成,由这些自主的机器人 agent 协同完成遥操作任务。

(2) 通过通信模块向主端反馈从端所有机器人的各种运动状态信息、各种传感器信息和环境信息,形成一个操作者在回路的闭环控制。当检测到 agent 自身不能处理的意外事件时,中断任务的执行,向操作者发出干预请求,等待操作者干预处理。

(3) 在遥操作过程中,该 agent 提供底层的任务决策与规划协调功能,形成本地的闭环控制,控制底层的机器人完成相应任务,同时提供安全容错保护,保证系统安全可靠。它根据给定的任务要求、传感器信息和下层各机器人 agent 反馈的信息,协调下层各机器人之间的运动和操作,并依据传感器信息实时修正任务规划。在两个机器人处于无约束状态时,该 agent 通过对机器人运动进行监控,从控制的底层保证它们之间不会发生碰撞;在机器人实现协调操作时,该 agent 利用多机器人协调控制算法控制机器人完成协调操作任务。

在协调控制 agent 的下层是各个机器人 agent,每个 agent 分别由机器人、末端操作工具及它们本身具有的局部传感器、控制器构成。它负责把上层分派给自己的任务依据自己的规划器进一步规划分解成可由本单元执行的动作序列,然后传给底层系统执行;同时向高层发送状态和信息,请求其他 agent 的工作配合。它们具有一定的自主性,可利用本身的局部传感器实现基于多传感器的局部自主控制。它们不但可以执行来自协调控制 agent 的低级命令,而且也可以利用自己的局部自主功能实现上层指定的任务级命令。同时,它们也有自己的安全保护机制,避免因误差累积或意外情况对机器人本身和环境造成破坏。

10.2.2 分布式预测图形仿真子系统

考虑到要为多个操作者提供人机交互接口,操作端的预测图形仿真系统采用了分布式的体系结构,系统的逻辑结构如图 10-37 所示。每个预测图形仿真单元都是一个独立的 agent,它通过人机交互装置接收操作者的命令,实现与操作者之间各种信息的交互,并通过网络和同步控制 agent 相连。同步控制 agent 是整个操作端管理和协调控制的中心,它的主要功能如下:

(1) 负责各个仿真单元之间仿真模型的同步。操作者通过交互装置控制本地的仿真单元中可控机器人的运动时,该机器人的状态变化情况会传送给同步控制 agent,由同步控制 agent 将该机器人的运动变化情况传送到其他各个仿真单元,以使每个仿真单元更新该机器人的状态,这样可以保证各个操作者能看到同样的仿真环境,能及时了解不可控机器人的运动情况。

(2) 负责维护和更新仿真环境中所有对象的模型信息和状态信息,这些信息分别存储在两个数据库中,一个是模型数据库,一个是对象状态数据库。状态信息是指机器人及操作工具、位置、姿态、速度等运动学和动力学信息,这些信息包括两类:一类是整个预测仿真系统中所有机器人运动状态信息和环境信息;另一类是从远端现场返回的机器人运动状态信息和环境信息。

(3) 作为操作端和从端通信联系的中介,将各个操作端的遥控命令发送到从端,同时接收来自从端的机器人运动状态信息、传感器信息和环境信息。

(4) 仿真系统的初始化和管理。它负责仿真单元的加入和退出管理,以及指定和存储每个仿真单元的输入设备、可控的机器人、不可控的机器人及网络参数等信息。

从图 10-37 中可以看到,我们在每个仿真单元中都建立了机器人及其环境模型数据库,这样在生成仿真图形时,在本地就可以完成如各个杆的几何尺寸等大量模型参数的查询,通过网络传输的仅是如关节位置、关节速度、抓持状态、控制命令等数据量很小的运动和状态参数,这样可以提高分布式仿真的运行速度和降低对网络通信带宽的要求。

在分布式图形仿真系统中,网络通信协议采用 TCP/IP 协议,各个子单元与同步控制 agent 的通信采用了基于 TCP/IP 的 socket 通信方式。因此,该仿真系统不仅适用于局域网,也可应用于Internet等广域网,这样更便于不同地理位置的操作者通过分布式仿真系统相互协调地完成遥操作任务。

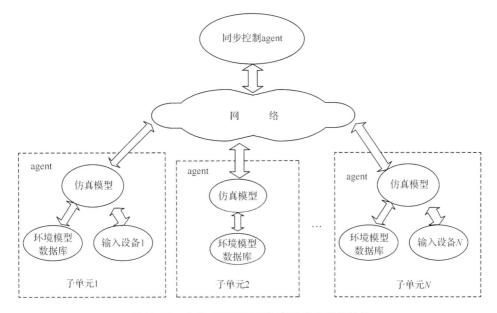

图 10-37　分布式预测图形仿真系统的逻辑结构

10.2.2.1　DPGSS中的仿真模型同步方法

分布式图形仿真系统中,为了保证各个操作者能同时看到相同的仿真环境,要求各个子单元中的所有仿真对象的模型和状态始终保持一致。然而对于每个仿真单元,操作者只能控制其中的一个机器人,其余的机器人运动状态要通过网络通信技术从其他单元得到,这样,通信过程中存在的通信时延会导致不同仿真单元中的仿真模型的状态不一致,必须要利用仿真模型同步技术使所有仿真模型能保持时空一致性。

10.2.2.2　虚拟环境中对象的分类

在每个仿真单元中,某些对象的运动是由本地的操作者控制的,而某些对象是由其他操作者控制的。为了描述方便,这里将每个仿真单元中所有的对象分为三类,如图10-38所示。第一类是可控运动对象,是指在该单元内操作者通过输入设备可以遥控的对象;第二类是在该单元内操作者不可以控制的运动对象,我们称为不可控运动对象,不可控运动对象是由别的操作者在他自己的单元中控制,由本单元通过通信从服务器定期取得当前的运动状态,以刷新本单元中该对象的运动状态;第三类为在仿真过程始终保持静止的对象我们称为静态对象,如导轨基座、桌子等。在图 10-37 所示的子单元 N 中，由于没有输入设备，所有的运动对象都是不可控对象，其状态通过同步控制 agent 取得，这样的单元可以用来作为辅助显示，为操作者提供多视点的仿真图形。

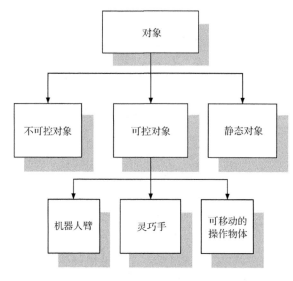

图 10-38　仿真单元中对象的分类

我们通过同步控制 agent 来实现各个子单元中模型的同步。同步控制 agent 采用了基于多进程的客户-服务器结构：控制中心程序是服务器，仿真系统中的子单元是客户。客户向服务器发出请求，得到服务器的认可后，客户就可以向同步控制 agent 发送当前状态信息或从控制中心中取得当前状态信息以刷新自己的仿真环境。在每个仿真周期中，若某个单元中的可控对象状态发生变化，该单元就会向同步控制 agent 发送最新的状态信息，这样在同步控制 agent 中始终保存着所有仿真对象的最新的状态和信息，各个单元则定期从同步控制 agent 取得本单元内不可控运动对象的最新的状态信息，以刷新这些对象。同步控制 agent 与各个客户传送的信息格式如下：

$<\$><$Destination address$><$time stamp$><$command type$><$uni ID$>$
$<$objec ID Array$>$．．$<$length of Array$><$optional data$><*>$

其中，字符"$"表示命令的开始；"*"表示命令的结束。在上面的命令中，包含了时间戳信息，它用于对各个单元中的仿真模型进行同步，保证它们的时空一致性。当客户接收到包含对象状态的命令时，它首先对命令进行翻译，并按照当前时间 t_c 和命令中的标记时间 t_s，计算该命令中指定对象的状态，并利用得到的状态信息刷新自己的本地模型。在每个预测仿真单元中所有不可控运动对象都按照该方式进行刷新。

10.2.2.3 DPGSS 仿真模型的同步问题

在每个仿真单元中,虽然不可控机器人的运动状态可以由同步控制中心 agent 取得,但如果操作者相距很远,他们之间的通信时延很大时,得到的这些状态信息是过时的信息,操作者通过仿真系统看到的只能是机器人时延前的运动情况。如果根据此时的情况进行规划,很可能导致机器人之间的碰撞。

为了解决该问题,Chong 等人对不可控机器人运动状态进行预测,他的思想是根据不可控机器人以往的几个采样周期中的运动状态,利用二次多项式的方法预测当前机器人的运动状态,即 DR(dead reckoning)算法。设机器人的运动状态为 x,是位置信息,根据具体情况可以是关节角度值,也可以是直角坐标值;$x_{t-j}(j=0,1,\cdots,N)$ 表示延时的前 N 个机器人状态,$\hat{x}_{t_c}$ 表示预估的机器人当前时刻 t_c 的状态,则有

$$\hat{v}_t = \frac{1}{N}\sum_{j=0}^{N}\left(\frac{x_{t-j}-x_{t-(j+1)}}{\Delta t}\right) \quad (10\text{-}17)$$

$$\hat{x}_{t_c} = x_t + \hat{v}_t(t_c - t) \quad (10\text{-}18)$$

其中,t_c-t 为时延的大小;Δt 为采样周期的大小;$\hat{v}_t$ 为最近的仿真周期中机器人运动的平均速度,可以根据最近 N 个周期中机器人位置的变化情况求平均值得到。利用该算法可以近似地预测出不可控机器人在当前时刻 t_c 的运动情况。

DR 预测算法的优点是方法简单、可行,但存在的缺点是预测不准确。主要的原因是不可控机器人是受人控制的,它的仿真模型虽然已知,但它的输入却是由他人控制的,因此其状态改变的随意性很大,而且运动没有明显的规律可循,无法用简单的状态方程表示其运动,因此采用基于状态方程的 DR 算法进行预测会存在较大的误差。此时,我们可以求助于人工神经网络来解决这些问题。

在每个仿真单元中采用该同步算法对不可控机器人的运动进行同步,这样任一操作者遥控机器人引起的状态变化都可以被其他操作者在自己的仿真单元中看到,因此每个操作者都能看到同样的虚拟场景。而操作者的命令经过一定的时延后同时送到远端机器人系统,这样操作者通过和 DPGSS 的交互可以实现连续地控制远端机器人完成操作,由此可以有效地克服时延的影响。

10.2.2.4 WTK 环境下的虚拟现实交互技术的初步研究

1. 开发平台

基于 PC 的可用于开发虚拟现实系统的开发平台有多种,比如:Sensor8 Corporation 的 WTK(world tool kit)、Silicon Graphics 的 OpenGL、Dimension International 公司超图景(superscape) VR 工具包(VRT)等。OpenGL 给用户提供了一套比较底层的图形库,它在微机上的开放性、移植性很好,但是它支持虚拟现实交互设备的接口工具很少,用户必须自己管理程序的仿真循环和设计立体视觉接

口,这势必造成过长的开发时间。而 VRT 允许具有一定程度的交互性和网络处理,是一种廉价的桌面系统,但是对于那些基于较高性能的、沉浸式的虚拟环境系统的功能要求而言,VRT 则无能为力。和 OpenGL 相似,从底层来看 WTK 可以认为是一个大量 C 语言函数(版本 Release 8 集成了多于 1000 个函数)的集合。但是 WTK 是基于 OpenGL 和 C 语言进一步开发的,它提供了一个完整的建立虚拟现实环境应用程序的开发平台。对于只希望付出中等代价就可以从细节层次上控制虚拟环境的研究工作来说,WTK 无疑是一个明智的选择。另外,WTK 有一个重要特征是硬件无关性,它可以在一系列图形平台上运行,这意味着开发工作可以在低成本的平台上进行,然后将软件移动到特定的较高性能的目标机上。

一个典型的 WTK 开发环境由以下元素组成:主计算机(图形工作站或 PC)、WTK 库、C 编译环境(如图形工作站上的 C 编译器或微机 NT 环境下的 Microsoft Visual C++等)、3D 建模工具软件(Sensor8 公司开发的 Modeler、Autodesk 公司的 3DMax 和 AutoCAD 等)、纹理文件生成工具(图像捕捉硬件/软件和位图编辑软件)、三维图形加速卡和内存管理系统。对我们的开发而言,主计算机选择 IBM 兼容微机,考虑到研究工作的应用背景和使用普及性,我们选择了 Microsoft Windows 系列操作系统,而 WTK 至今推出的版本并不支持 Windows XP,所以我们选择了 NT4.0 Server。WTK 选择最新的 Release8 版本。C 编译环境选择 Microsoft 的 Visual C++6.0。3D 建模工具除了 Sensor8 的 Modeler 外,还应用了 Autodesk的 3DMax 3.0 和 AutoCAD R14。3DMax 在变形和复杂曲线曲面造型上的功能尤为突出,但是其在位置和尺寸控制方面没有 AutoCAD 突出,两者辅助运用几乎可以创建任何复杂度的模型。三维图形加速系统选择 AGC-GL/PM 系列 8 兆显存的显示卡,它具有出色的三维图形加速性能。

2. WTK 仿真程序对传感器的管理

WTK 的函数按面向对象的形式进行组织,它包含下面这些类:universe(宇宙)、geometries(几何体)、nodes(结点)、polygons(平面多边形)、vertices(顶点)、lights(光照)、viewpoints(视点)、windows(视窗)、sensors(传感器)、path(路径)、tasks(任务)、motion links(运动连接)、sound(声音)、user interface(用户接口)、networking(联机使用)和 serial port(串口)。那么仿真管理程序怎么管理这些类的呢?这和 WTK 最重要的部分——仿真管理程序密切相关,如图 10-39 所示,它控制着虚拟环境中进程的执行。仿真循环可以执行一次或多次,程序员可以通过特定的动作函数来控制虚拟环境中的事件。在仿真循环中,每个对象都可以执行任务函数。

程序调用 WTuniverse_go()函数进入仿真循环,循环不会停止,直到调用 WTuniverse_stop()函数;而调用 WTuniverse_go1()函数,仿真循环只自动进行一次,用户可以应用这个函数对仿真循环进行管理,让编程有更多的灵活性。进入循环后,程序首先采集传感器的数据,采集来的数据往往会影响仿真循环的下面四步——宇宙动作函数(the universe's action function)的调用、虚拟环境对象的更新、对象执行任务(task)、路径的记录或者回放。仿真循环的最后一步是宇宙(或者说整个虚拟环境)渲染并输出。可以看出,仿真循环中传感器输入有举足轻重的作用,它可以用于控制仿真循环中间四步的动作,这是交互设备与WTK环境对话的方法。那么在WTK中传感器是怎么工作的呢?

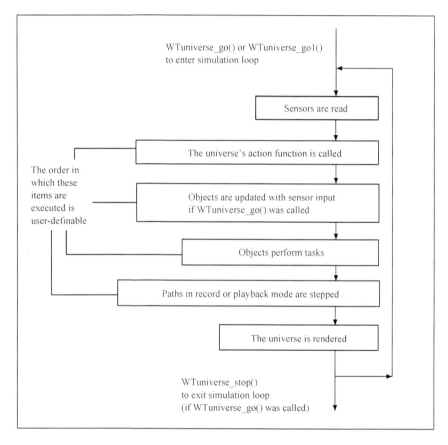

图 10-39　WTK 仿真管理程序流程

WTK 是通过管理对象的方法来管理传感器的。不管传感器的底层硬件怎么样,WTK 都用类似的方法管理。其一般的方法为:传感器对象的构造,包括传感器的一些初始化参数的设定;设定有关的传感器参数,比如灵敏度等;获取传感器的输入数据;数据的处理和利用;传感器对象的析构。WTK 支持多种标准的传感器,比如鼠标、Polhemus FASTRAK、Ascension Bird、Logitech Head Tracker 等。同时它也提供了为非标准传感器编写驱动的方法。不管是标准还是非标准传感器,在构造对象时都使用下面的函数：

```
WTsensor * WTsensor_new(int( * openfn)(WTsensor * ),
                        void ( * closefn)(WTsensor * ),
                        void ( * updatefn)(WTsensor * ),
                        WTserial * serial,
                        short unit,
                        short location)
```

对于非标准的传感器或者交互设备,编写驱动的重点在 openfn、closefn 和 updatefn 三个函数。具体参见 WTK 使用手册[1]的 Appendix E：Writing a Sensor Driver。

3. 键盘、鼠标的管理

在 WTK 中实现键盘的控制主要有三步：首先在程序初始化时,打开键盘输入控制,即在调用 WTuniverse_ready 函数前调用 WTkeyboard_open 函数；然后是在仿真循环中调用 WTkeyboard_getkey 函数(这可以在 action 函数或 task 中实现),该函数的返回值是一个短型整数,代表从键盘输入缓冲区取到的输入键码；最后是输入处理。键盘在 WTK 中并没有按对象来处理。

在 WTK 中,鼠标被当成一般的传感器处理,它和其他标准传感器一样,使用对象方法进行管理。使用前,可以调用 WTmouse_new 来创建鼠标对象,WTmouse_new 是与硬件平台无关的宏,它会根据缺省设置调用 WTsensor_new 函数创建鼠标对象。鼠标对象建立后,可以通过运动连接(motionlink)的方法用鼠标操作视点或几何实体等场景对象,也可以调用 WTsensor_getrawdata 函数取得鼠标的反馈数据。

4. Fastrak 实现头手位姿的跟踪

Polhemus 公司的 fastrak 也是 WTK 的标准传感器之一,它的使用也必须先创建其对象。如果用宏 WTfastrak_new 来构造对象的话,它缺省的串口传输速率为 19200bit,此时务必把 fastrak 的 DIP 开关设成 OFF OFF ON ON ON OFF OFF ON。如果缺省设置和实际应用有出入,可以在修改相应的 updata 函数后,调用 WTsensor_new 函数来生成 fastrak 对象。对象建立后,可以直接把 fastrak 与视点、光照、几何体等对象绑定,用以控制它们的位置与方向。WTsensor_getlastrecord 函数可以获得 fastrak 的接收器的位置和方位实时数据。

在 MS VC++的 console application 工程中,生成和管理 WTK 传感器对象的源代码结构如下所示：

```
main(int argc, char * argv[])
{
  ...
  WTuniverse_new(int display_config, int window_config);
```

```
    ...
    setup_sensors();
    ...
    WTuniverse_setactions(actions);
    ...
    WTuniverse_ready();
    WTuniverse_go();
    WTuniverse_delete();
    return 0;
}

setup_sensors()
{
    ...
    WTsensor * sensor   =   WTsensor_new(int( * openfn)(WTsensor * ),
                            void ( * closefn)(WTsensor * ),
                            void ( * updatefn)(WTsensor * ),
                            WTserial * serial,
                            short unit,
                            short location);  //创建传感器对象
    initialize_sensor(WTsensor *  sensor); //初始化传感器
    ...
}

actions()
{
    ...
    access_sensor(WTsensor *  sensor, WTp3 absolute_p, WTq absolute_q); //访问//
    传感器.WTp3 absolute_p 和 WTq absolute_q 存储传感器在自身坐标空间中的位//
    置和方向
    ...
    sensor_apply(WTp3 absolute_p, WTq absolute_q); //传感器反馈数据的应用
    ...
}
```

用 fastrak 实现头手位姿跟踪时,需要分别对两个接收器(receiver)创建对象,然后分别访问这两个对象,取得接收器相对于发送器(transmitter)的绝对位置和方向(WTp3 absolute_p 和 WTq absolute_q),然后应用它们分别控制场景视点和场景中的手模型对象。其途径有两种:第一种,直接把生成的 fastrak 对象与视点

和手对象分别进行运动连接,这样WTK会自动管理交互的过程,实现起来简单方便,可是灵活度较差;第二种,在initialize_sensor函数中记录下fastrak对象的初始位置和方向,然后在sensor_apply函数中求取相对位置和方向,然后选择需要的数据对视点或手模型对象的位姿进行控制,这种方法实现起来比较复杂,可是灵活度高,可以根据需要管理交互过程。

5. 立体显示

一般说来,对表示空间物体特征的数据进行分析和交互可以受益于三维立体显示。我们利用Virtual Research公司的V6立体显示头盔(HMD)实现了三维立体显示。

实现立体显示头盔与系统的连接首先要解决计算机硬件问题。立体显示头盔要求有两路独立的视频输出,一般要求计算机视频卡有两路独立的输出。这可以通过两种途径来实现:一是集成两路独立视频输出的专业视频卡,二是在同一台计算机上安装两块相同的视频卡。我们的系统是通过后者来实现立体显示的。

从软件的角度来说,WTK支持立体显示,它为立体显示的控制与调节提供了相应的函数。从编程实现的角度来看,首先要实现两路视频图像的绘制,这在WTK中可以通过设置void WTuniverse_new(int display_config, int window_config)函数的参数来实现。当第一个参数应设成WTDISPLAY_STEREO、第二个应设成WTWINDOW_DEFAULT| WTWINDOW_NOBORDER时,在仿真循环的最后一步,WTK系统自动往两个窗口绘制两个视点的视景。立体显示效果通过调节视差(parallax)、会聚度(convergence)和会聚距离(convergence distance)得到。

在MS VC++的console application工程中,实现立体视觉的源代码结构可以描述如下:

```
main(int argc, char * argv[])
{
    ...
    WTuniverse_new(WTDISPLAY_STEREO,WTWINDOW_DEFAULT|
                WTWINDOW_NOBORDER); //设置WTK的绘制方式
    ...
    WTviewpoint * uview = WTuniverse_getviewpoints(); //取得场景视点
    initialize_stereoview(uview); //初始化立体视点
    ...
    WTuniverse_setactions(actions);
    ...
    WTuniverse_ready();
    WTuniverse_go();
```

```
    WTuniverse_delete();
    return 0;
}


initialize_stereoview(WTviewpoint * uview)
{
    ...
    WTviewpoint_setparallax(uview , float parallax);  //视差设置
    WTviewpoint_setconvergence(uview, short convergence);  //会聚度设置
    WTviewpoint_setconvdistance(uview, float val);  //会聚距离设置
    ...
}

actions()
{
    ...
    /* 根据场景和视点的变化设置立体视点参数 */
    setup_stereoview(WTviewpoint * uview, float parallax, short convergence,
    float val);
    ...
}
```

由于WTK自动管理立体视觉的场景绘制过程,实现立体显示在编程上难度不大。要实现优质的立体显示效果,其难点在于怎么根据场景显示对象的大小和视点的变化对视差、会聚度和会聚距离参数进行计算,这需要建立场景的立体显示数学模型,并据此实时计算立体显示参数。

6. 软件结构

软件是在WTK环境下实现的,其结构流程如图10-40所示。它主要由数据库(database)、程序状态设定、传感器数据读取、全局行为函数执行、仿真对象更新、指定任务执行和路径处理等模块组成。

其中,数据库的建立、根据传感器数据更新对象以及对象执行任务这三个模块是影响程序效率和仿真效果的关键。为了提高程序的效率,利用场景图(scene graph)管理场景对象,引入开关节点(switch node)优化场景树,场景显示采用LOD(level of detail)技术;对象更新模块中,采用先预测后更新的原则;而任务执行模块中,应用面向对象技术,任务实时构造、及时析构,避免冗余任务的存在,及时释放内存和系统资源。为了提高显示效果,建立关键模型时应用B样条或非均匀有理B样条(NURBS)曲面进行表面平滑。

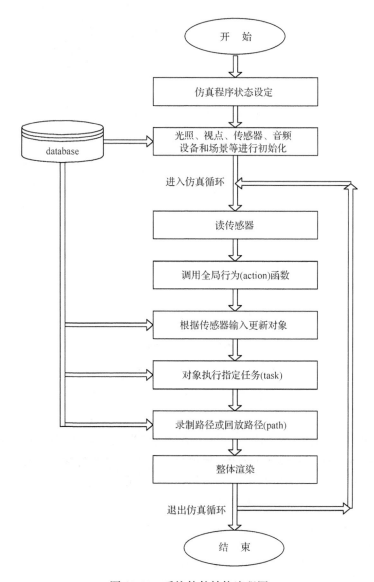

图 10-40　系统软件结构流程图

WTK 系统采用层结构场景图管理场景对象。场景图中包含场景中的各种对象，比如几何体、光照、雾化和位置信息等，场景图分层次有序地组织场景对象，如图 10-41 所示。场景图结构优化了空间对象选择算法。换句话说，系统可以从当前视点出发快速判断场景中不可见的几何体，在场景渲染前把其剔除出去。

LOD 技术指的是在场景显示时，根据当前视点的位置方位动态实时地从一系列子结点中选择满足显示要求的对象的算法，子结点由不同精细度的场景模型组

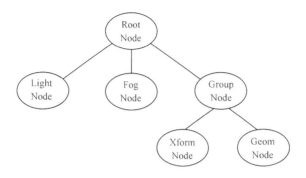

图 10-41 场景结构示意图

成。比如,需要显示病人脑部时,当视点离病人脑部很远时显示 102 级别的模型,而较近时显示 103 级别的模型,很近时显示 104 级别的模型。这样可以既保证显示效果,又避免系统资源浪费。

另外,在场景绘制时,系统采用了三维模型动态快速绘制算法。一般地,基于三维子视域的体绘制算法在进行绘制时,二次合成和混合显示可以由硬件实现,速度较快;而三维子视域纹理图像的生成是由软件实现的,速度较慢。由于三维子视域纹理图像生成时间在整个算法时间中所占的比例很高,所以提高绘制速度的关键在于提高三维子视域纹理图像的生成速度。在三维体模型的动态绘制中,由于视点和视线方向在不断改变,三维视域的空间位置也在不断改变。如果对每一次改变都重新生成一个新模板、重新计算新的三维子视域纹理,那么这种方法不能满足实时显示的要求。系统应用了一种三维体模型动态快速绘制算法,该算法充分利用了在视点位置和视线方向改变时三维子视域空间以及相应纹理图像之间的相关性,在动态绘制中通过对三维子视域纹理图像的修改,充分利用前一帧的绘制结果,减少了大量的绘制,加快了绘制速度,更好地满足在三维体模型中漫游时的动态绘制需要。

10.2.2.5 本节小结

针对遥操作中存在的大时延和人机交互问题,实现了面向多操作者的分布式预测图形仿真系统 DPGSS,克服了时延的影响。在每个仿真单元中都建立了机器人及其环境模型数据库,在同步控制中心的协调下,DPGSS 系统允许多个操作者面对各自的仿真单元进行操作,保证了系统的同步性。

10.2.3 MOMR 系统的协调控制技术

如前所述,在 MOMR 系统中,如何实现多对象之间协调控制是一个十分重要的问题。Chong 等根据多个机器人在完成任务时机器人彼此之间的相互关系把多机器人协作分为两种情况：约束条件下的协作和无约束条件下的协作。这种分类方法仅以机器人之间的相互关系作为约束条件，并不包括机器人的工作环境、工作目标等附加约束。约束条件下的协作指的是需要多个机器人共同合作完成一个任务，操作者必须考虑其他辅助完成任务的机器人，而不能独立地控制其中一个机器人；无约束条件下的协作是指每一个机器人都能被独立地控制，但是由于机器人同在一个操作空间，操作者必须小心地监视其他机器人的运动，以免发生碰撞或运动冲突（或运动干涉）。我们针对约束和非约束两种情况采用了不同的协调控制方法。

10.2.3.1 非约束条件下的协调控制方法

在非约束情况下，每个机器人都可以独立控制，主要的问题是如何协调在同一工作空间中运动的各个机器人之间不会发生冲突或碰撞。为了避免冲突，操作者不但需要及时了解其他操作者的下一步操作意图，还需要能从本地的仿真单元中了解由其他操作者控制的机器人的当前运动状态。因此，此时的协调控制主要是通过同步控制 agent 来协调各个仿真单元中的机器人运动来实现的，使操作者能及时地了解机器人之间的运动情况。

为了避免机器人之间的碰撞，我们利用仿真单元中的碰撞检测功能辅助操作者避免碰撞。碰撞检测不是检测机器人的几何交互情况，而是检测机器人之间的最短距离。我们预先定义一个安全距离，在遥操作过程中，在机器人可能发生碰撞的区域启动碰撞检测，若机器人之间的最短距离小于安全距离，表明机器人之间可能发生碰撞，并通过改变机器人颜色提示操作者。具体的协调过程与操作者之间的相对地理位置有关，可以分为两种情况：一种情况是操作者之间相距很近，他们之间的通信时延很小，如在局域网范围内；另一种情况是操作者之间相距遥远，他们之间的通信时延很大，如在 Internet 范围内。

1. 局域网范围内的协调控制

如果操作者之间相距很近，各个仿真单元之间可以通过局域网相连。在局域网范围内，协调控制过程比较简单。由于局域网内的通信时延很小（约在几十毫秒以内），而且遥操作过程中机器人运动速度相对较低，在这么短的时间内状态变化不大，对于 DPGSS 系统中的仿真模型同步影响很小，操作者几乎可以实时地观测到不可控机器人当前的运动情况。目前局域网范围内的实时语音传输技术已经十分成熟，如微软的 NetMeeting、SGI 的 Inperson 等软件都可以实现实时的语音通信，因此，操作者之间可以通过语音通信进行实时地沟通和交流，这样操作者便可以及时了解其他操作者的操作意图，从而实现任务和运动地协调，避免冲突的发生。

2. 操作者异地时的协调控制

如果操作者相距很远，他们之间的通信时延很大时，就给协调控制带来了新问题。由于多个操作者身处异地，彼此之间对于其他操作者的控制意图不能及时了解，很可能导致机器人之间的碰撞。此时必须借助 DPGSS 系统提供的预测仿真图形完成操作者之间的协调。

在 DPGSS 系统中，由于采用了仿真模型同步技术，在每个仿真单元可以对不可控机器人运动进行实时预测，并利用预测的状态刷新虚拟环境中该机器人的运动状态，从而可以为操作者提供当前时刻不可控机器人的运动情况，这样操作者通过仿真图形就可以及时了解当前时刻所有机器人的运动情况，并遥控可控机器人规划出它的下一步运动。在遥控过程中，为了避免可能发生的运动冲突，可以利用图形的碰撞检测技术实时对机器人之间的运动情况进行监控，考虑到安全性的原因，应将机器人之间的碰撞检测设置一个安全距离，当机器人之间的最短距离小于该值时，就发出碰撞检测警告，提示操作者可能发生碰撞。

为了对预测的机器人运动状态和实际机器人运动状态进行对比，我们在仿真单元中生成了两个不可控机器人的虚拟模型：一个是根据预测得到的当前时刻运动状态绘制的，另一个是根据实际机器人在 t_s 时刻的运动状态绘制的。为了便于区分，预测的仿真模型我们采用透明方式进行绘制，而实际的仿真模型采用实体方式绘制。在如图 10-42 所示的仿真单元中，PA10 机器人是本单元可控的机器人，对于不可控的模块化机器人，仿真环境中有两个仿真模型，图中左侧透明的是预测的仿真模型，右侧是实际的仿真模型。在遥操作过程中，对于每个仿真周期都利用碰撞检测计算出预测的模块化机器人与 PA10 机器人之间的最短距离，若小于预先设定的安全距离，PA10 机器人就会以红色显示，提示操作者可能发生碰撞，应控制 PA10 机器人远离碰撞位置。

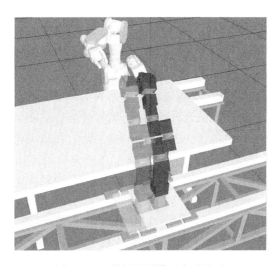

图 10-42　利用预测模型实现避碰

采用这样的协调机制,操作者就可以了解到当前不可控机器人的运动情况,从而可以避免冲突的发生,有效地解决了因时延引起的协调问题。

10.2.3.2 约束条件下的协调控制方法

在约束条件下,由于各个机器人的运动存在相互耦合,操作者既要考虑机器人之间的约束,又要考虑下一步的规划,会导致操作的效率和安全性难以保障。因此,若操作者直接遥控很可能破坏机器人之间的约束条件,导致操作任务无法完成。为此,我们采用监控控制的方式实现约束条件下的遥操作,操作者只是完成一些高层的任务规划,仅将一些宏指令传送到从端,由从端协调控制 agent 负责组织和协调多机器人完成指定的任务。由于多机器人的协调控制是由协调控制 agent、各个机器人 agent 以及相关的全局或局部传感器构成的本地闭环系统实现的,这不但可以有效地克服时延的影响,也便于采用现有的多机器人协调控制算法使机器人之间实时的协调控制更易实现。在操作端,操作者既可以根据现场反馈的视频图像,也可以利用实时反馈的传感器信息生成远端操作现场的虚拟场景,观测各个机器人的运动情况,并在必要的时候干预机器人的运动。

10.2.3.3 本节小结

针对有约束和无约束情况下多机器人的协调控制问题,分别利用碰撞检测和监控控制的方法进行协调,在预测仿真系统的辅助下,能以主从、监控或共享控制方式遥控远端的多机器人系统,相互协调地完成复杂操作任务。

10.2.4 多机器人遥操作技术

10.2.4.1 多机器人遥操作方式

遥操作的一个重要的特性是操作者处于机器人控制回路中。这样就可以将人的智能和机器的智能有机地结合起来用于机器人的控制。我们实现的 MOMR 系统支持三种方式的遥操作:主从遥操作方式、监控控制方式和共享控制方式。在主从控制方式下,操作者负责机器人的任务和路径规划,机器人的运动完成由操作者控制;在监控方式下,机器人自主地工作,操作者监控机器人的运动并可以在任何时候干预机器人的运动;在共享控制方式下,操作者和机器人的自主控制都能控制机器人的行为。

按照操作阶段的不同,我们采用了不同的遥操作控制方式。一般说来,多机器人运动可以分为精细运动和粗运动。例如,当机器人的末端离操作点很远时或没有与环境发生接触时,它的运动是粗运动;当机器人的末端离目标点很近、与环境有约束时或多机器人开始协调工作时,它们的运动是精细运动。当机器人做粗运动时,可以采用主从控制方式,此时,操作者之间可以通过语音通信进行机器人遥操作之间的协调,DPGSS 此时主要用于碰撞检测。在机器人接近目标点时,可以采用共享控制的方法,此时不仅操作者的命令参与机器人控制,而且机器人的自主控制在任务执行时也参与了控制。在 DPGSS 中我们利用虚拟接近觉传感器来辅助仿真系统完成共享控制,虚拟接近传感器可以用 α 角度的扇形来扫描,测量与其他物体之间的最近距离。采用虚拟传感器可以将系统状态中不可见的信息以信息可视化的方式提供给操作者,便于操作者完成遥操作任务。当机器人共同操作物体完成协调操作时,考虑到安全性的原因我们采用了监控控制。为了提高协调速度和效率,机器人之间直接通过协调控制 agent 实现协调通信。在此阶段采用了常规的多机器人协调控制方法,操作者起监控作用,可以在任意时刻干预机器人的运动。

10.2.4.2 具体的实验系统

基于以上的分析,并结合我们的实际条件,我们实现的面向空间舱内作业的 MOMR 系统的物理结构如图 10-43 所示。

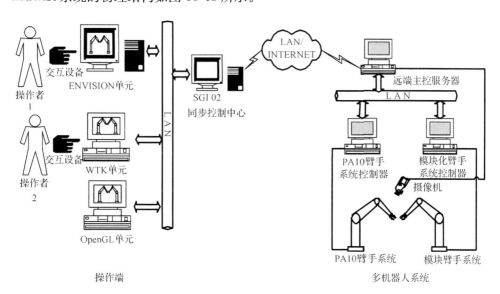

图 10-43 多操作者-多机器人遥操作实验系统

我们搭建了模拟空间舱内作业的多机器人系统的虚拟模型,是由两个双冗余度的机器人臂/手集成系统构成:一个是由日本三菱公司的七自由度 PA10 机器人和三指九自由度 BH-III 型多指灵巧手构成的臂/手系统,另一个是由德国七自由度模块化机器人和 BH-III 型多指灵巧手构成的臂/手系统。此外,两个机器人分别固定在两个互相平行的直线导轨上,整个臂手系统可以沿导轨做直线运动。在每个机器人的腕部装配有六维力/力矩传感器、局部视觉传感器和接近觉传感器,在多指灵巧手每个手指的指端还配有六维指端力/力矩传感器,用于完成抓持和操作的力控制。工作环境中还有一个全局 CCD 摄像头,它将环境的视频图像通过网络通信实时反馈给操作端。协调控制 agent 存在于远端主控服务器上,每个机器人臂/手系统、导轨及其本身具有的局部传感器构成一个机器人 agent。

在操作端,DPGSS 可以使遥操作者沉浸在计算机产生的虚拟场景中,对每个操作者都产生了一个远端机器人系统的预测仿真系统,操作者可以通过人机交互设备和虚拟环境进行交互。DPGSS 由通过网络相连的两个 SGI 工作站和两个 PC 机构成,可以分为四个单元:Envision 单元、WTK 单元、OpenGL 单元和同步控制 agent。各单元和同步控制 agent 之间采用 socket 方式完成通信,实现信息的交换和共享。整个系统采用了模块化的结构,以增强系统的可靠性、可扩展性和可维护性。

DPGSS 的 Envision 单元、WTK 单元和 OpenGL 单元负责为操作者提供预测显示,分别在 SGI octane 和两个 PC 机上实现,在每个计算机内都有一个关于整个多机器人系统的虚拟场景。在 Envision 单元,操作者可以利用 cyberglove 数据手套和 fastrak 定位仪遥控虚拟的 PA10 臂手系统,其中利用定位仪控制 PA10 机器人臂,用数据手套控制多指灵巧手,利用鼠标控制导轨的运动。同时可以将虚拟环境中手指与环境的接触情况通过数据手套上的触觉反馈装置反馈给操作者。在 WTK 单元,另一个操作者利用我们自制的机械臂和带触觉反馈的数据手套控制模块化机器人臂手系统,其中机械臂控制模块化机器人,数据手套控制多指灵巧手,利用鼠标控制导轨的运动。OpenGL 单元用做整个系统的辅助显示,为操作者提供多视点和多视角的虚拟场景显示,并以图形的方式显示各个机器人运动状态和传感器信息。此外,在该单元内专门开辟窗口,用于显示远端的实时视频图像,并可以通过视频融合技术完成对仿真模型的校正。整个 DPGSS 系统的逻辑结构如图 10-44 所示。

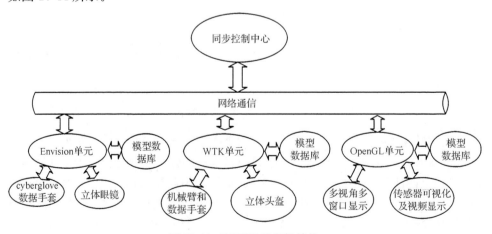

图 10-44　DPGSS 的逻辑结构

10.2.4.3 虚拟图形环境的实现

DPGSS中的各个单元都具有相同的机器人和周边设备的仿真模型,每个单元的结构采用了模块化结构,如图10-45所示,均由五个子模块构成。其中用户接口模块接受操作者的控制命令,并通过交互装置反馈触觉信息。由于交互装置如机械臂和机器人的结构是异构的,因此必须在预处理模块中完成运动学的解算,实现操作者运动空间和机器人运动空间之间的映射。网络接口完成通过网络和其他单元的通信。仿真模块按照仿真命令计算对象的变化,同时将这些变化送到模型更新和显示模块,以提供给操作者以实时的预测显示。值得一提的是,各个单元与人机交互设备的接口均采用了统一的标准化接口,在运动映射层,是将主手末端的位姿变化映射到机器人臂的末端,只要人机交互设备能提供这样的软件接口,就能接入仿真单元中。这样,在每个单元可以采用机械臂或游戏杆遥控机器人,也可以用fastrak遥控机器人,从而提高了系统的模块化程度和可扩展性。

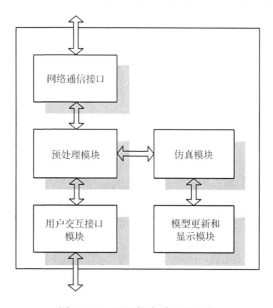

图 10-45 预测仿真单元的结构

DPGSS中的各个单元是在不同的平台上完成的。三个预测仿真单元分别是在两个不同的平台上实现的,Envision单元是在UNIX操作系统下,借助于美国Deneb公司的商业软件Envision实现了机器人及其环境的建模和仿真;WTK单元是在Windows NT下,采用了Sense8公司的WTK软件包作为仿真工具;OpenGL单元是在Visual C++环境利用OpenGL图形库开发实现的。

每一个单元都具有相同的机器人和周边设备的几何模型。为了便于实现跨平台的传输和数据转换,我们采用了 VRML1.0 格式作为其几何模型的数据格式。该文件格式通用性好,许多图形软件都支持该格式,而且由于它是面向 Internet 上应用开发的,特别适合在网络上应用。我们首先在 Envision 环境下建立了机器人系统及周边设备的几何模型,并将模型存为 VRML 格式,这些文件就可以直接传输到 WTK 环境下,由 WTK 直接调入其环境中,再利用杆件之间的关系完成运动学的建模。在 OpenGL 单元中我们利用自己开发的几何转换接口将 VRML 模型文件读入到 OpenGL 环境下,图 10-46、图 10-47 和图 10-48 分别为在 Envision、WTK 和 OpenGL 单元下的预测图形显示。

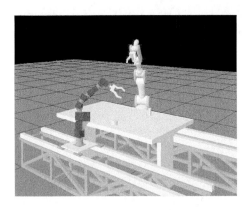

图 10-46 Envision 环境下的预测仿真环境

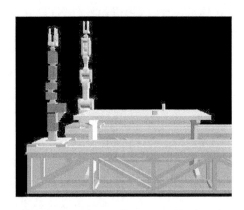

图 10-47 WTK 环境下的预测仿真环境

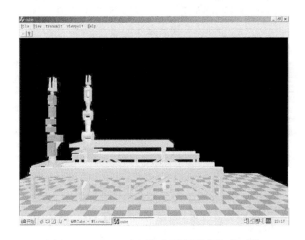

图 10-48 OpenGL 单元下的图形仿真环境

参 考 文 献

[1] Kheddar A, Tzafestas C, Coiffet P, et al. Parallel multi-robots long distance teleoperation[C]. Proceedings of the 1997 IEEE International Conference on Advanced Robotics, Monterey, 1997:

1007-1012.
- [2] 许欢庆,赵晨.Win32进程间通信技术[J].西北纺织工学院学报,2000,14(4):351-355.
- [3] 李志刚,纪玉波,程小苗,等.Win32应用程序中进程间通信方法分析与比较[J].计算机应用研究,2000,20(2):48-50.
- [4] 陈雄,周文胜,陈鹤鸣.Windows下的进程间通信[J].南京邮电学院学报,2000,20(2):51-54.
- [5] 李山,卢锦.如何利用邮槽进行内部处理通讯[J].计算机应用研究,2002,22(3):94-95.
- [6] 刘正龙.用共享内存实现IPC[J].电脑与信息技术,2000,20(6):56-57.
- [7] 朱辉生.进程及应用程序间通信的实现技术[J].计算机应用与软件,2004,21(1):118-120.
- [8] 刘宇.用六维鼠标控制机器人模拟系统的研究与开发[D].河北:河北工业大学,2004.
- [9] 赵颖.基于六维控制器飞行仿真虚拟现实系统的研究与开发[D].河北:河北工业大学,2004.
- [10] http://publishblog.blogchina.com/blog/tb.b?diaryID=1517085.
- [11] http://game.99net.net/study/program/vc/1085624756.html.
- [12] 杨巧龙.双冗余度机器人协调操作技术研究[D].北京:北京航空航天大学,2004.
- [13] 贾斌.网络编程技巧与实例[M].北京:人民邮电出版社,2001.
- [14] 陶华敏,韩存兵,宋德伟.计算机网络实用教程[M].北京:机械工业出版社,2000.
- [15] 戴建明.面向连接的SOCKET编程与通信软件的设计[J].成都气象学院学报,1996,11(4):291-300.
- [16] 江国星,胡曹元,杨勇.一个基于ClientServer模型的网络应用模式[J].华中理工大学学报,1997,25(11):47-50.
- [17] 贾庆轩,战强,孙汉旭.双冗余度机器人的避碰运动规划方法研究[J].北京航空航天大学学报,2004,30(4):349-352.
- [18] 孟偲,王田苗,丑武胜,等.基于智能控制器的网络遥操作体系结构及控制策略研究[J].高技术通讯,2003,23(7):58-63.
- [19] 李焱,贺汉根.应用遥编程的大时延遥操作技术[J].机器人,2001,23(5):391-396.
- [20] 丑武胜.容错冗余度双臂空间机器人系统的协调控制及遥操作研究——基于虚拟现实的多机器人遥操作研究[R].北京:北京航空航天大学机器人研究所,2003.
- [21] 赵杰,闫继宏,蔡鹤皋.基于Internet多操作者多机器人的遥操作系统的研究[J].机器人,2002,24(5):459-463.
- [22] 闫继宏.基于Internet多机器人遥操作系统及其协调控制的研究[D].黑龙江:哈尔滨工业大学,2004.
- [23] Ohab K, Kawabata S, Chong N Y, et al. Remote collaboration through time delay in multiple teleoperation[C]. Proceedings IEEE/RSJ International Conference on Intelligent Robot and Systems, San Francisco, 1999:1866-1871.
- [24] Kawabata S. A study on collaboration tasks by remote teleoperation of robots using a network[D]. Tokyo: The University of Electro-Communication, 1999.
- [25] Kosuge K, Itch T, Fukuda T. Scaled telemanipulation with communication time delay[C]. Proceedings of the IEEE International Conference on Robotics and Automations, Minneapolis, 1996:2019-2024.
- [26] Chong N Y, Ohba K, Kotoku T, et al. Coordinated rate control of multiple telerobot systems with time delay[C]. Proceedings of the IEEE International Conference on Systems, Man and Cybernetics, Tokyo,1999:1123-1128.

[27] Chong N Y, Kototu T, Ohab K, et al. Virtual impedance based remote tele-collaboration with time delay[C]. Proceedings of the IEEE International Workshop on Robot and Human Interactive Communication, Osaka, 1999:267-271.

[28] Chong N Y, Kototu T, Ohab K, et al. Virtual repulsive force field guided coordination for multi-telerobot collaboration[C]. Proceedings of the IEEE International Conference on Robotics and Automation, Japan, 2001:1013-1018.

[29] Elhajj I, Tan J, Xi N, et al. Internet based cooperative teleoperation[C]. Proceedings of International Workshop on Bio-Robotics and Teleoperation, US, 2001:84-91.

[30] 丁希仑,李海涛,解玉文,等. 基于 Internet 拟人双臂机器人的遥操作系统的研究[J]. 高技术通讯, 2006,26(5):56-61.

[31] 李海涛. 基于互联网的拟人双臂机器人遥操作系统研究[D]. 北京:北京航空航天大学, 2006.

第 11 章 典型操作任务仿真及实验研究

本章以 VC++开发环境下基于 OpenGL 的三维动态仿真平台 OG-DARSS 为控制软件,在北京航空航天大学机器人研究所的冗余度双臂空间机器人实验平台上进行了实验,以验证本文所提出的双臂空间机器人协调控制理论和控制方法的正确性及可靠性,最终评价本系统的工作性能是否达到要求。

11.1 模拟实验的条件及目的

11.1.1 模拟实验的条件

空间环境和地面环境差别很大,空间机器人工作在微重力、高真空、温差大、强辐射、照明差、灰尘大的环境下,因此,空间机器人机械臂与地面工业机器人机械臂的要求也必然不相同,有它自身的特点。首先,工业机器人是固定在固定的基座上,而空间机器人是固定在能够平移和旋转的空间平台上,所以,空间机器人的基座在空间移动所带来的问题是工业机器人所未曾遇到的。由于空间机器人的载体是非固定的,操作臂的运动和载体之间存在着相互干扰,与地面上的固定基座的机器人操作臂相比,空间机器人有着独特的运动学和动力学特性。其次,为了使航天飞行的消耗降低,空间机器人应具有较小的在轨质量,空间机器人必须是很轻的,因而带有柔性,不像工业机器人那样手臂具有很粗重和刚硬的特点。然而,空间机器人手臂的柔性引起弹性振动,这将对末段夹持器的性能产生不利影响,使空间机器人的运动精度受到限制,同时也给建模和控制设计带来了困难[1]。

综合考虑本系统当前的实验条件和实验基础,本章的实验暂不考虑空间环境的特殊性,来对空间舱内的一些双臂机器人典型操作任务进行模拟,主要目的是进行操作功能上的模拟,为系统今后的实际应用奠定理论与技术基础。

在实验中需要确定一些预定条件,如双臂机器人的预装配位姿,对于一些被操作物体需要预先抓持等,这主要是因为系统有一些缺陷所致。

1. 软件方面

因为仿真平台的环境模型误差和实验中对各类传感器的实时性要求,如果使双臂机器人按照仿真规划的那样,完全自主地完成作业任务是很困难的,仿真只是对双臂机器人完成实际任务的一种预演。

2. 硬件方面

系统的双臂机器人和末端执行器有一些不足,如 Module 机器人很难垂直抓取物体,二指夹持器的夹持量程过小(PA10 机器人不能抓取螺母)等。如果按照第 5 章所述的 exchange 和 regrasp 抓持方法实现双臂的抓持操作是很难的,这也是今后所要研究和改进的一个方向。

11.1.2 模拟实验的目的

模拟实验的主要目的是进行操作功能上的模拟,为系统今后的实际应用奠定理论与技术基础。模拟双臂空间机器人系统智能规划协调实验不但能验证本文所提出的双臂协调控制策略的准确性,而且还可以及时发现应用中存在的问题,以便对控制系统作进一步地调整和完善。模拟双臂空间机器人系统智能规划协调控制实验主要包括三个空间舱内典型操作任务:协调插孔、旋拧螺母、搬运箱体。具体的实验验证内容如下:

(1) 验证本研究中所采用的基于模型知识库的目标物体识别方法和视觉位姿检测方法的适应性、有效性和准确性。

(2) 对智能规划系统(任务规划、路径规划、轨迹规划)进行功能检验,验证其控制算法的正确性和有效性。

(3) 验证本文所提出的基于遗传算法的双臂机器人模糊力/位混合控制方法的有效性和可靠性。

(4) 验证基于多传感器信息的分阶段控制方法的适用性和有效性。

(5) 检验双臂机器人末端二指夹持器基于指端力控制方法和臂-手集成控制的可靠性。

11.2　实验平台通信结构及协调控制过程

运动仿真平台机与 PA10 机器人控制器和 Module 机器人控制器之间通过以太网(局域网)进行通信。两个导轨由一个导轨控制器来控制,导轨控制器通过 RS232 串行总线分别与两台机器人控制器进行通信。两个二指夹持器控制器通过串行总线分别与各夹持器所在的机器人控制器进行通信。

在运动仿真平台机、PA10 机器人控制器以及 Module 机器人控制器上都开发了各自端的 socket 网络通信程序,程序界面已在前面章节进行了介绍。运动仿真平台机与双臂机器人操作机之间都采取双工通信,互为服务器/客户端[2,3]。

双臂机器人实验平台的通信结构如图 11-1 所示。

第 11 章 典型操作任务仿真及实验研究

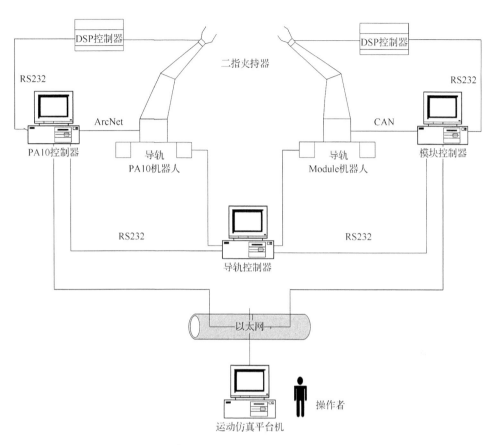

图 11-1 冗余度双臂空间机器人实验平台通信结构图

协调控制过程如下：

(1) 首先,在三维仿真平台上根据任务对两机器人进行运动规划仿真,得到不同时刻两机器人末端位姿所对应的各个关节值,并分别写入两个文本文件。

(2) 然后,仿真平台分别与两机器人控制器进行通信连接,连接成功后,仿真平台把两个关节值文件通过网络分别传送给两个机器人的控制端。

(3) 当三维仿真平台得知两个机器人控制器都成功接收到文件以后,操作者就可以向两个机器人控制端同时发出执行文件中的仿真结果的命令。

(4) 两个机器人控制器在接到启动命令以后,就会读入文件开始运行。当任务执行完毕后,各机器人控制器就会通知三维仿真平台,此时操作者可以指令各个机器人回到 Home 位形,关闭机器人控制器。

整个控制过程只需一个操作者在三维仿真平台上进行操作便可完成。下面以空间舱内三种典型双臂协调操作任务为例,即双臂协调插孔、双臂靠压力协调搬运箱体、双臂协调旋拧螺母,进行仿真与实验,以验证本书所提出的双臂规划和控制策略的有效性和可靠性。

11.3 空间舱内典型双臂协调操作任务模拟实验

11.3.1 双臂协调插孔

11.3.1.1 任务描述

双臂协调插孔属于松协调任务,在空间舱内比较常见,与一般的双臂协调插孔(一个手臂运动,另一个手臂停止)的区别是双臂都要有相对运动,同时进行插孔。实验中,棒料直径 27mm,长 208mm;孔件直径 34mm,长 296.5mm。双臂完成协调插孔任务可分为以下几步:

(1) 当系统接收到双臂协调插孔任务后,根据知识库中存储的双臂协调插孔任务知识和机器人能力描述进行任务的分解和分配。设定 PA10 机器人为主臂,竖直抓取棒料;Module 机器人为从臂,水平抓取孔件。

(2) 仿真系统根据全局视觉传感器和模型知识库对目标物体进行识别和匹配,然后利用全局视觉测定的目标物体初始位姿,对双臂的抓持任务进行路径规划和轨迹规划。

(3) 双臂运动到预先指定的预装配位姿,然后根据局部视觉测定的棒料末端与孔末端的位姿信息进行在线仿真,规划完毕后,再控制 PA10 机器人抓持棒料接近 Module 机器人抓持的孔件。

(4) 两臂保持末端姿态不变(轴对孔没有相对转动)倾斜着进行插孔装配,双臂在协调插孔过程中,棒料与孔件可能有稍微接触,在允许的范围内并不影响操作任务的完成。当受力超过设定阈值时,机器人控制器会根据接触力的大小实时调整,以保证任务的顺利进行。

11.3.1.2 仿真与实验[4]

虽然实验中没有具体抓取棒料与孔件,但完成了棒料和孔件的识别过程,其全局视觉图像如图 11-2 所示。利用该图像采用 7.3.3 节的物体识别方法即可实现对未知物体的自动识别。

设定参考坐标系与 PA10 机器人的基坐标系重合,两机器人基坐标系之间的齐次变换矩阵为

$$C_{\text{ref}} = \begin{bmatrix} 1 & 0 & 0 & 1.3 \\ 0 & 1 & 0 & 0.04 \\ 0 & 0 & 1 & 0 \\ 0 & 0 & 0 & 1 \end{bmatrix} \tag{11-1}$$

第 11 章　典型操作任务仿真及实验研究

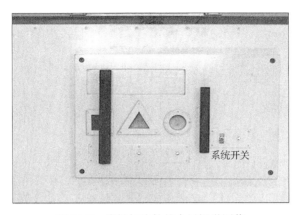

图 11-2　棒料与孔件的全局视觉图像

设定双臂预装配的关节值如下（单位：(°)）：
PA10：(−45.7　0.5　1.7　90.2　91.0　93.0　0.0　)
Module：(−30.0　0.0　30.0　−20.0　−15.0　30.0　111.0　)

为了保证实验的连贯性，预先使双臂机器人抓持好棒料和孔件。在预装配位置，从臂停止不动，主臂根据局部视觉测得的位姿信息接近孔件。当两机器人轴孔对齐准备装配时，主臂末端执行器的初始位姿为

$$T_M^7(0) = \begin{bmatrix} -0.7546 & -0.0035 & 0.6561 & 0.7019 \\ -0.0113 & -0.9998 & -0.0183 & -0.7707 \\ 0.6560 & -0.0212 & 0.7544 & 0.0664 \\ 0 & 0 & 0 & 1 \end{bmatrix} \quad (11\text{-}2)$$

$$R_0^7(0) = \begin{bmatrix} -0.7546 & -0.0035 & 0.6561 \\ -0.0113 & -0.9998 & -0.0183 \\ 0.6560 & -0.0212 & 0.7544 \end{bmatrix} \quad (11\text{-}3)$$

从臂末端执行器的初始位姿为

$$T_S^7(0) = \begin{bmatrix} 0.5775 & -0.2451 & -0.7787 & -0.4338 \\ 0.1597 & 0.9693 & -0.1867 & -0.8021 \\ 0.8005 & -0.0165 & 0.5989 & 0.2849 \\ 0 & 0 & 0 & 1 \end{bmatrix} \quad (11\text{-}4)$$

则根据约束关系式(4-7)可得

$$r(0) = \begin{bmatrix} 0.1644 & 0.0079 & 0.2185 \end{bmatrix}^T \quad (11\text{-}5)$$

由于轴孔装配过程中，轴没有旋转，所以有

$$R(x_n^1, \theta) = \begin{bmatrix} -1 & 0 & 0 \\ 0 & -1 & 0 \\ 0 & 0 & 1 \end{bmatrix} \quad (11\text{-}6)$$

根据轴孔接近过程中 X、Y 轴方向移动的距离比例为 37∶50,则在轴孔装配过程中,也按照此比例运动。本实验中,X 轴方向移动 37mm,Y 轴方向移动 50mm。最终,主臂末端位姿为

$$T_M^6(t_f) = \begin{bmatrix} -0.7546 & -0.0035 & 0.6561 & 0.7389 \\ -0.0113 & -0.9998 & -0.0183 & -0.7707 \\ 0.6560 & -0.0212 & 0.7544 & 0.1164 \\ 0 & 0 & 0 & 1 \end{bmatrix} \quad (11-7)$$

$$r(t_f) = \begin{bmatrix} 0.1274 & 0.0079 & 0.1685 \end{bmatrix}^T \quad (11-8)$$

由位置和方位的约束关系式可实时导出从臂的位姿矩阵,任务完成时间为 10s。仿真过程如图 11-3 所示,双臂机器人的各关节值及关节速度值如图 11-4 所示。

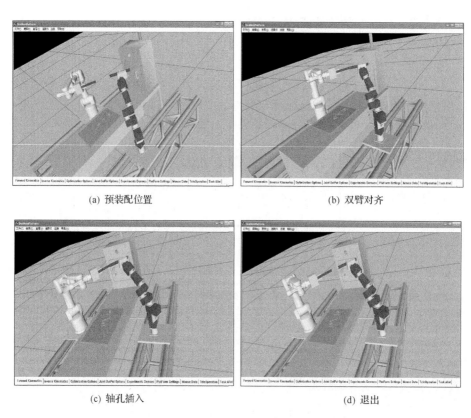

(a) 预装配位置　　　　　　　　　　(b) 双臂对齐

(c) 轴孔插入　　　　　　　　　　　(d) 退出

图 11-3　双臂机器人协调插孔的三维仿真

本节在上述实验数据条件下,进行了三次协调插孔实验,整个协调插孔实验过程如图 11-5 所示,它与图 11-3 的仿真过程是一一对应的。

第 11 章 典型操作任务仿真及实验研究

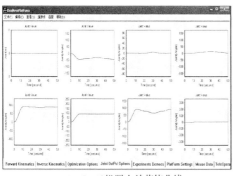
(a) PA10机器人关节值曲线

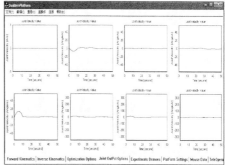
(b) PA10机器人关节速度值曲线

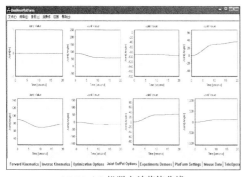
(c) Module机器人关节值曲线

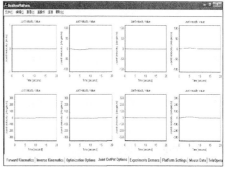
(d) Module机器人关节速度值曲线

图 11-4 双臂机器人协调插孔过程的关节值和关节速度值曲线

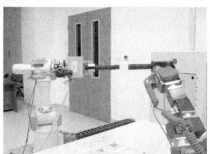

图 11-5 双臂机器人协调插孔实验

双臂在三次协调插孔过程中,其腕力传感器各轴方向所受力的平均值如图 11-6 所示。

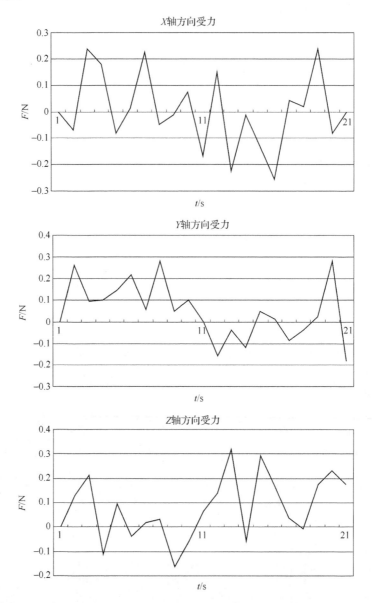

图 11-6　双臂机器人协调插孔过程中各轴受力曲线

从上述仿真和实验的结果可以看出,实验结果很好地再现了仿真过程,这说明了视觉检测数据和运动规划过程的有效性和正确性。在三次实验过程中,每次都能很好地完成实验演示任务,成功率相当高,这可从图 11-6 的受力曲线中看出,各轴方向的三次平均受力都不超过 0.3N,这说明双臂规划的位姿误差相当小。同时,也验证了 11.1.2 节中实验验证内容的第(1)、(2)、(4)、(5)项的有效性、可靠性和准确性。

11.3.2 双臂协调拧螺母

11.3.2.1 任务描述

双臂协调拧螺母也属于松协调任务,但是这种松协调任务与上一节的双臂协调插孔任务不一样,在执行具体任务过程中一个臂运动而另一个臂不运动。双臂协调拧螺母任务的详细规划过程见第 5 章所述,任务完成步骤与协调插孔任务类似,在此不再赘述。双臂协调拧螺母的实验条件如表 11-1 所示。

表 11-1 双臂机器人拧螺母实验条件

螺栓:C 级标称(GB5780-86),直径 M30,长度 150mm,螺距 3.5mm
螺母:长度 35mm
初始预紧力:2N
螺母每次旋转角度:2π rad
螺母每次前进距离:3.5mm(一个螺距)
螺母每次旋转时间:10s
完成条件:旋拧 2 次

由于本实验在初始时是预先抓持好螺母和螺栓的,因此在时间分配上与理想的情况(表 5-1)不同,双臂拧螺母时间分配如表 11-2 所示,从表中可以看出,完成一次旋拧任务(拧入两次)的时间是 80s。

表 11-2 双臂机器人拧螺母任务时间分配

步骤	PA10 机器人(s) Bolt	Module 机器人(s) Nut
1	预装配 10	预装配 10
2	接近螺母 10	暂停 10
3	暂停 10	拧入螺母 10
4	暂停 5	张开手爪 5
5	暂停 5	腕部旋转 5
6	暂停 5	闭合手爪 5
7	暂停 10	第二次拧入 10
8	暂停 5	张开手爪 5
9	退出 10	暂停 10
10	返回 10	返回 10

11.3.2.2 仿真与实验

同样,完成了对螺母和螺栓的自动物体识别过程,螺母和螺栓在全局视觉中的图像如图 11-7 所示。

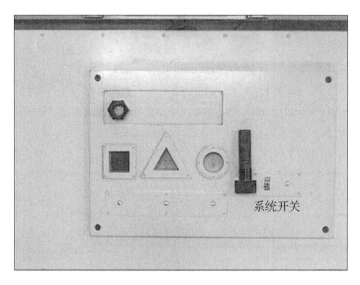

图 11-7　螺母与螺栓的全局视觉图像

设定双臂预装配位置的关节值如下(单位:(°)):
PA10:(0.0　−8.32　0.0　83.0　0.0　104.7　0.0　)
Module:(0.0　0.0　−37.0　−32.0　0.0　−25.0　9.0　)

为了保证实验的连贯性,预先使双臂机器人抓持好螺母和螺栓。三维仿真平台中的规划结果如图 11-8 所示,整个实验过程如图 11-9 所示。

图 11-10 是整个旋拧过程中双臂机器人的位置变化曲线。

在一次旋拧过程中(一次旋拧时间 10s,腕力采样周期 0.1s),机器人腕部各轴方向所受到的力和力矩如图 11-11 所示。

从上面的受力曲线图可以看出,X 轴方向的受力和 Y 轴方向所受的力矩要比其他方向的力和力矩大很多,而且 X 轴方向的受力曲线与 Y 轴方向所受的力矩曲线形状也及其相似,这说明 Y 轴方向的力矩与 X 轴方向的力成正比,符合实际情况。其他方向的力和力矩比较小,都在允许范围内。

本节对双臂协调拧螺母操作任务进行了五次实验,其中有两次没有成功,这主要是由于仿真误差和传感器误差所致。尽管实验的成功率只有 60%,但是验证了 11.1.2 节中实验验证内容的(1)、(2)、(4)、(5)项的有效性和可靠性。

第 11 章　典型操作任务仿真及实验研究

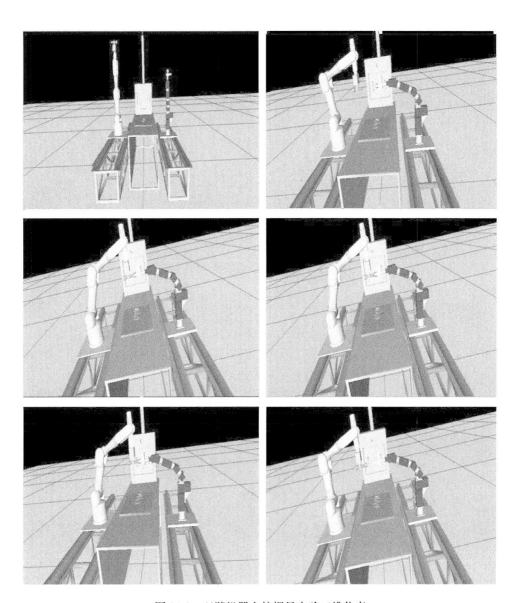

图 11-8　双臂机器人拧螺母实验三维仿真

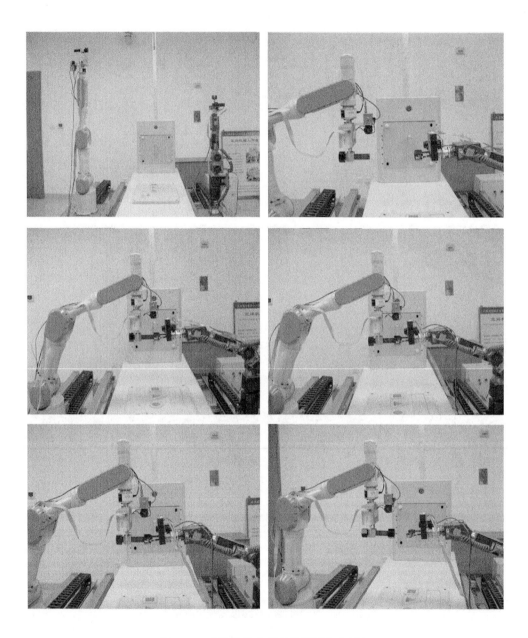

图 11-9 双臂机器人完成拧螺母作业任务

第 11 章 典型操作任务仿真及实验研究

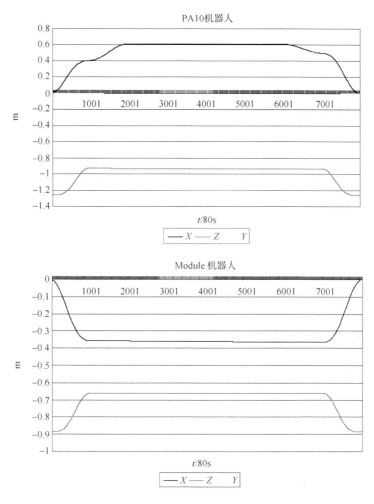

图 11-10 双臂机器人旋拧过程中的位置变化曲线

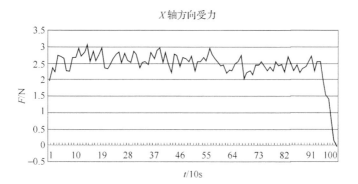

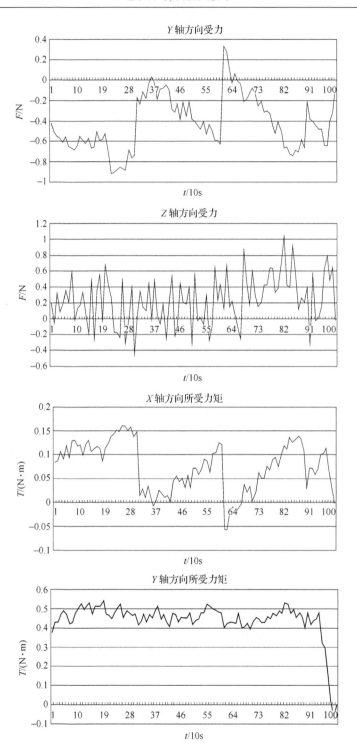

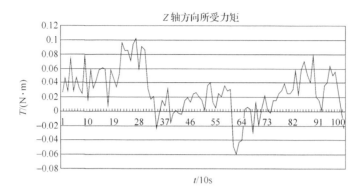

图 11-11　机器人腕部各轴方向所受到的力及力矩变化曲线图

11.3.3　双臂协调搬运箱体

11.3.3.1　任务描述

双臂协调搬运箱体属于紧协调任务,在空间舱内比较普遍。双臂协调搬运箱体任务比较简单,主要是双臂与被操作物体形成闭链后的协调控制问题,因此不需要复杂的任务分解,这一步可以省去。实验中,箱体的尺寸长 212mm,宽 135mm,高 121mm。

本节采用了一种基于遗传算法的双臂机器人模糊力位混合控制方法来解决双臂协调搬运箱体过程中的力跟踪问题,具体的协调控制规划请见第 4 章、第 8 章相关章节。

11.3.3.2　仿真与实验

1. 训练数据的获取

通过实验测定,在双臂机器人靠压力搬运箱体过程中,当接触压力最小为 -2 N 时(腕力传感器 z 轴正向向上),双臂才能夹持住物体。为了留出一定的余量,设定期望接触力为 -3 N,同时为了保证协调操作的安全性,设定最大接触力为 -5 N。这样,受力范围为 $[-2,-5]$ N,则力误差范围为 $[-2,+1]$ N,力误差变化范围为 $[-30,+30]$ N/s,力传感器的采样周期为 0.1 s。

模糊力控制器是一个双输入-单输出系统,其给定 n 组期望输入-输出数据对为

$$(x_1^{(1)},x_2^{(1)},y^{(1)}),\quad (x_1^{(2)},x_2^{(2)},y^{(2)}),\cdots,(x_1^{(n)},x_2^{(n)},y^{(n)})$$

其中,x_1、x_2 为输入;y 为输出。要根据这 n 组输入-输出数据来对控制规则进行评价。根据实验,我们测定了几次双臂机器人搬箱过程中的受力信息,以此作为实

际接触力的训练数据,由这些实际接触力的训练数据即可得出力误差和力误差变化量。输出量是位置的补偿值,根据实验设定输出量的范围为[-2,+2] mm,期望的输出量可根据力误差范围与输出量的范围按比例得出,与期望输入配对组合。

2. 遗传优化

遗传算法的初始种群大小选为60,遗传代数为30(图8-25中只显示了前20代),交叉概率P_c和变异概率P_m的初始值分别为0.25和0.01,在进化过程中自适应调节。训练数据采用一次双臂协调搬箱过程的受力,共有100组,运算时间大约为30 s。最终,在进化到第11代时,平均适应度值为86.83,并且在以后代数中变化不大。图8-25是进化到20代时平均适应度值的变化情况。此时得到了最佳适应度值,其值为89.86,相应的最优模糊控制规则矩阵向量如下,与之相对应的模糊控制规则如表11-3所示。

$$\begin{bmatrix} 6 & 5 & 7 & 2 & 6 & 3 & 0 \\ 7 & 7 & 3 & 6 & 2 & 5 & 5 \\ 5 & 1 & 4 & 0 & 2 & 7 & 7 \\ 6 & 2 & 2 & 6 & 3 & 6 & 0 \\ 0 & 2 & 6 & 4 & 2 & 6 & 2 \\ 6 & 7 & 2 & 5 & 5 & 0 & 3 \\ 3 & 5 & 1 & 5 & 7 & 2 & 5 \end{bmatrix}$$

表 11-3 模糊控制规则表

c^* \ e^*	-3	-2	-1	0	1	2	3
-3	1.68	1.0	1.2	0.08	0.92	0.0	-1.2
-2	0.75	0.75	0.0	0.5	-0.25	0.25	0.25
-1	0.25	-0.5	0.0	-0.75	-0.25	0.75	0.96
0	0.5	-0.25	-0.25	0.5	0.0	0.5	-0.75
1	-0.75	-0.25	0.92	0.36	-0.25	0.5	-0.25
2	0.5	0.75	-0.25	0.25	0.25	-0.75	0.0
3	0.68	0.25	-0.5	0.25	0.75	-0.25	-0.08

3. 任务实现

箱体自动匹配识别过程的全局视觉图像如图11-12所示。

双臂在预装配位置的关节角度(单位:(°))如下:

PA10:(-46.5 42.8 17.2 50.6 77.9 119.8 0.0)

Module:(-51.0 53.2 -28.5 -7.5 52.5 -36.5 83.5)

实验前可先进行离线仿真,利用训练数据对本文所提出的控制策略进行预演,如图11-13所示。

第 11 章　典型操作任务仿真及实验研究

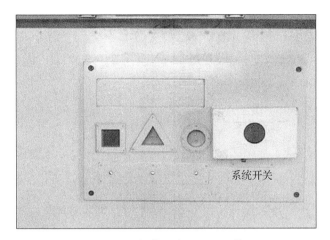

图 11-12　箱体的全局视觉图像

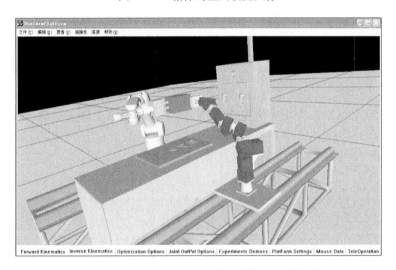

图 11-13　双臂机器人协调搬运箱体的三维仿真

虽然仿真结果与实际情况有所出入,但相差不大,这主要是由于实验中的实际受力与训练数据中的实际受力有细微差别。但是,我们仍可根据仿真结果很好地判断协调控制策略的优劣。

实验前先进行受力标定,此时的腕力传感器受力为 0。初始状态时,双臂机器人末端夹持箱体,力传感器测得 z 轴受力为 $-3N$。双臂机器人开始协调搬运箱体运动时,机器人末端所受到的接触力可实时地显示在控制界面上。同时,力控制器进行模糊推理计算,不断调整机器人末端的位置以使机器人跟踪期望接触力。任务完成后,点击 Stop 按钮,停止采集和运算,再单击 Collect 按钮,可把受力信息、力误差和力误差的变化信息以及相应的位置补偿信息分别保存到文本文件中,以便查看。

双臂机器人协调搬运箱体过程如图 11-14 所示。在搬运过程中,箱体姿态保持不变,只移动位置。在 10 s 内,双臂机器人将箱体沿主臂基系的 X 轴正向、Y 轴负向、Z 轴正向同时匀速移动 30 mm、50 mm、60 mm。

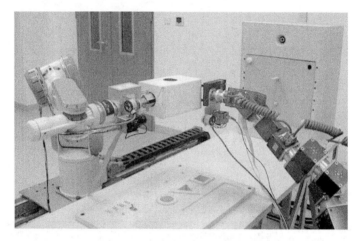

图 11-14　双臂机器人协调搬箱实验

图 11-15 是实验中机器人实际接触力跟踪期望接触力的曲线图。从图中可以看出,实际接触力被控制在有效范围内,可以很好地跟踪期望接触力,仿真和实验的结果也验证了 11.1.2 节中实验验证内容的(1)、(3)、(4)、(5)项的可靠性、有效性和适用性。

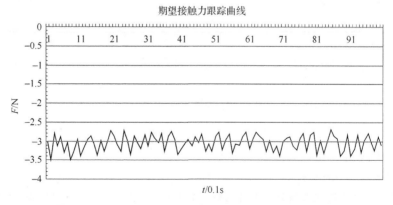

图 11-15　搬箱过程中实际接触力跟踪期望接触力曲线图

根据本书所提出的双臂机器人智能规划与协调控制策略,可以很好地完成仿真和模拟空间舱内典型双臂协调操作任务,仿真和实验的结果也验证了该策略的有效性和可靠性,基本上达到了本项目的研究要求和目标。此外,从上述这些实验的受力曲线图可以看出,双臂在执行这些任务过程中受力是很小的,都在允许范围之内。根据实验测定,双臂机器人的位置误差小于0.2mm,角度误差小于0.3°,满足系统的精度要求。

11.4 本章小结

本章分析了模拟实验的条件和目的,概述了系统的通信结构和协调控制过程,在此基础上模拟空间舱内的三种典型操作任务——双臂协调插孔、双臂协调旋拧螺母、双臂靠压力协调搬运箱体,并对其进行了三维仿真和实验。仿真和模拟实验结果安全可靠,很好地完成了预定模拟演示任务,验证了本书所提出的双臂智能规划控制策略的有效性和可靠性。

参 考 文 献

[1] 罗均,谢少荣,翟宇毅,等. 特种机器人[M]. 北京:化学工业出版社,2006.
[2] 杨巧龙. 双冗余度机器人协调操作技术研究[D]. 北京:北京航空航天大学,2004.
[3] 李海涛. 基于互联网的拟人双臂机器人遥操作系统研究[D]. 北京:北京航空航天大学,2006.
[4] 周军. 冗余度双臂空间机器人智能规划与协调控制研究[D]. 北京:北京航空航天大学,2009.

附 录

有关的通信协议

1. 通信内容

向各个单元发送不可控机器人的关节数据和抓持状态信息。
各个单元向服务器发送可控对象的关节数据和可控信息。
协调机器人之间的进行协调运动或操作的控制信息。

2. 通信方式设计

通信格式:
WTK,OpenGL 将可控机器人数据送给服务器:
  请求时: 命令码+机器人号+'\n',如"2,3";

2	,	3	,	\n	

  向服务器发送时:工件号+机器人号+机器人数据+'\n'(包含臂(7个)、手(9个)、导轨(1个)等)如"1,2,60.0,30.0,40.0……";

1	,	2	,	0	0	6	0	.	0	,	……	\n

WTK,OpenGL 从服务器读数据：
　　请求时：命令码＋机器人号＋'\n'；
　　发送服务器时：工件号＋机器人号＋机器人数据＋'\n'（含臂和手）。
ENVISION 送给服务器：
　　臂请求时：命令码＋机器人码＋'\n'；
　　发送时：机器人码＋机器人臂数据＋导轨数据＋'\n'；
　　手请求时：命令码＋机器人码＋'\n'；
　　发送时：工件号＋机器人号＋手数据＋'\n'。
ENVISION 从服务器读取其余两个机器人信息时（分别有自己的 socket）；
　　臂请求时：命令码＋机器人码＋'\n'；
　　服务器发送：机器人码＋机器人臂数据＋导轨数据＋'\n'；
　　手请求时：命令码＋机器人码＋'\n'；
　　服务器发送：工件号＋机器人号＋手数据＋'\n'。

3. 通信数据格式

浮点数，％6.1f，即含小数点和正负号共 6 位，小数点后 1 位。

机器人臂的关节数据包含导轨的数据，前 7 个为机器人臂的关节，第 8 个是导轨关节。

关节数据均为绝对关节值，单位(°)。

直角坐标数据均为％7D，单位 mm。

通信时，数据均按格式转换成字符串。

机器人编码：
　　　PUMA560 臂手　　　　　　　　→1
　　　PA10 臂手　　　　　　　　　　→2
　　　模块化机器人臂手　　　　　　→3
工件编码：
　　　未抓物体　　　　　　　　　　0
　　　销子　　　　　　　　　　　　1
　　　销孔　　　　　　　　　　　　2
命令码：

命令	意　义
1	WTK,OpenGL 向服务器发出请求，以发送本单元可控机器人臂手系统的当前关节值
2	WTK,OpenGL 向服务器发出请求，以取得本单元不可控机器人臂手系统的当前关节值

续表

命令	意 义
3	Envison 单元向服务器发出请求,以发送本单元可控机器人臂的当前关节值
4	Envison 单元向服务器发出请求,以发送本单元可控机器人手的当前关节值
5	Envison 单元向服务器发出请求,以取得本单元可控机器人臂的当前关节值
6	Envison 单元向服务器发出请求,以取得本单元可控机器人手的当前关节值
7	WTK 向服务器请求协调的状态。收到该命令后服务器根据协调状态向 WTK 发送状态,若服务器发出 0,表示没有开始协调,1 表示开始协调,2 表示结束协调,WTK 根据返回值确定收回或释放 Modual 的控制权
8	Envision 向服务器发出进行协调的信号,服务器将协调状态由 0 置 1
9	Envision 向服务器发出结束协调的信号,服务器将协调状态由 1 置 2
10	当 WTK 中 Moudual 机器人达到预定位置,可以开始插孔操作时,向服务器发送该命令。服务器向 Envision 发出信息,告诉 PA10 可以开始插孔
11	当 WTK 中接到开始协调命令时,其释放对模块化机器人的控制权后,向服务器发送该命令。服务器向 Envision 发出信息,告诉 PA10 可以协调
12	当 WTK 中接到结束协调命令时,其收回对模块化机器人的控制权,并松开手后,向服务器发送该命令。服务器向 Envision 发出信息,告诉 PA10 可以将两个工件一起拿走

4. 通信流程

1) 同步时的通信流程

见图 1 所示。

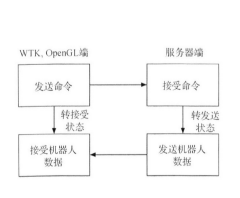
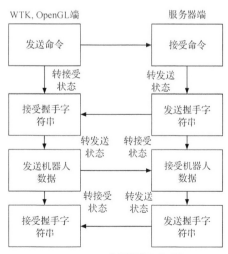

图 1 仿真模型同步时的通信流程

2) 协调时的通信过程

（1）服务器方：服务器在维护一个协调状态变量，初值为 0。根据接受到的命令，对变量进行赋值，并按协调命令向各个单元发送信息。

（2）ENVISION 方与 WTK 方：见图 2 所示。

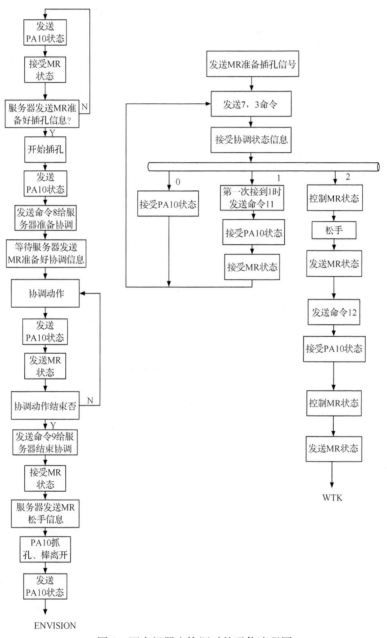

图 2　两个机器人协调时的通信流程图

5. DENEB socket 的包格式

在 SGI 工作站,socket 通信采用了 DENEB 的 socket 库,其包的格式与普通 socket 略有不同,因此,在另一个操作系统 PC 下,需要进行转换。

例如,对于发送'1234567890\n'这 11 个字符,其格式是:

		1	2	1	2	3	4	5	6	7	8	9	0	\n	\0

注意每个数字均为字符,即'1'。

其包头的前 5 个字符存放传送字符串的大小为: strlen(buffer)+1,buffer 为要发送的字符串;并以 ASCII 码按位表示,若不够,前面补空格。

由 PC 发送 buffer 字符串时,先转换成字符串 sendbuf。

  Sprintf(sendbuf, "%5d", strlen(buffer)+1);
  Strcat(sendbuf, buffer);
  Writesocket(sendbuf);

PC 机在接收数据时,只要将由 socket 读到的字符串去掉前 5 个字符即可。

6. 与机器人连接时与远端机器人通信服务器的通信协议

1) 命令码总表

命令	意 义
21	远端向服务器发出请求,以反馈实际机器人臂手系统的当前关节值
22	远端向服务器发出请求,以取得某个机器人臂手系统的当前关节值
23	远端向服务器发出请求,告诉服务器该机器人臂手系统已完成自主操作
24	仿真单元向服务器发送自主控制命令
25	仿真单元向服务器查询真实机器人是否完成自主
26	真实机器人向服务器查询仿真单元是否完成自主

2) 机器人臂手系统数据送给服务器

请求时:命令码+机器人号+'\n',如"21,3,\n":

2	1	,	3	,	\n	

向服务器发送时:0+机器人号+机器人数据+'\n'(包含臂 7 个关节值)如 "0, ,60.0,30.0,40.0……":

0	,	2	,	0	0	6	0	.	0	,	……	\n

3) 从服务器读取机器人的关节数据

请求时：命令码＋机器人号＋'\n'，如"22,3,\n"。

发送服务器时：自主命令号＋机器人号＋机器人数据＋'\n'。

自主命令号：
    0   遥控状态
    1   自主抓持物体
    2   自主（松开）放置物体

4) 向服务器发送自主完成命令

发送：命令码＋ 机器人号＋自主命令号＋\n，　如"23,3,1,\n"。

服务器：不向仿真单元发送应答。

5) 仿真单元向服务器发送自主控制命令

仿真单元发送格式：命令码24＋机器人号＋自主命令号＋\n，如"24,3,1,\n"。

服务器：不向仿真单元发送应答。

6) 仿真单元向服务器查询真实机器人是否完成自主

发送：命令码25＋机器人号＋自主命令号＋\n，如"25,2,1,\n"。

服务器：如真实机器人已完成自主，发送"1,\n"，并开始遥控；如没有完成，发送"0,\n"。